U0250322

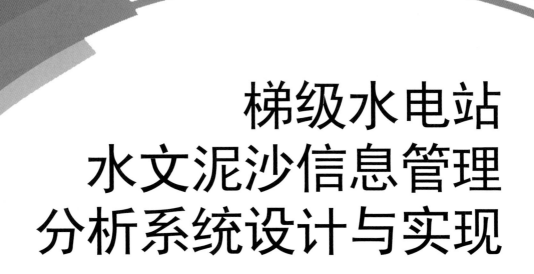

梯级水电站
水文泥沙信息管理
分析系统设计与实现

王　俊　王　伟　董先勇　魏进春　等　编著

WUHAN UNIVERSITY PRESS
武汉大学出版社

图书在版编目(CIP)数据

梯级水电站水文泥沙信息管理分析系统设计与实现/王俊等编著．—武汉:武汉大学出版社,2014.10
ISBN 978-7-307-13990-9

Ⅰ.梯…　Ⅱ.王…　Ⅲ.梯级水电站—水库泥沙—信息管理　Ⅳ.TV145

中国版本图书馆 CIP 数据核字(2014)第 183238 号

责任编辑:李汉保　　责任校对:鄢春梅　　版式设计:马　佳

出版发行:**武汉大学出版社**　(430072　武昌　珞珈山)
(电子邮件:cbs22@whu.edu.cn 网址:www.wdp.com.cn)
印刷:湖北恒泰印务有限公司
开本:787×1092　1/16　印张:26.25　　字数:618 千字　插页:3
版次:2014 年 10 月第 1 版　　　2014 年 10 月第 1 次印刷
ISBN 978-7-307-13990-9　　　定价:79.00 元

作者简介

王　俊，长江水利委员会水文局局长、党组副书记，男，汉族，1958年8月生，江苏常州人，教授级高级工程师。1982年7月华东水利学院（现河海大学）水文系陆地水文专业毕业，获工学学士学位；1999年7月获武汉水利电力大学管理科学与工程专业工学硕士学位。现受聘担任联合国教科文组织国际水文计划（IHP）中国国家委员会委员、中国水利学会水资源专业及水文专业委员会副主任委员、水利部建设项目水资源论证报告书评审专家、武汉大学兼职教授、河海大学水文学及水资源学科博士研究生合作导师。曾荣获长江水利委员会首批治江事业重大成就奖，2012年获批享受湖北省政府专项津贴专家，2013年获批为享受国务院特殊津贴专家。

王俊同志参加工作以来，致力于工程水文、流域规划、水文水资源评价、水文预报、水文管理等多方面的研究工作，并在工程实践中发挥了重大作用。

在工程水文方面，王俊作为主要起草人编写及修订了部颁标准《水利水电工程设计洪水计算规范》。参与了包括长江三峡工程和南水北调工程等大型水利水电工程水文计算相关工作，近年来一直负责以设计洪水为主的工程水文专业的审查、核定。

在流域规划方面，王俊作为水文专业规划负责人主持或协助主持编制了《长江流域防洪规划》、《全国水资源综合规划》、《南水北调中线工程规划》、《金沙江干流综合规划》、《长江流域、西南诸河水资源综合规划》、《长江口综合治理规划》等十多项大型流域规划的专业部分。

在水文水资源评价方面，王俊是第二次长江流域、西南诸河水资源评价的专业主持人；近年来，作为水利部建设项目水资源论证评审专家承担并审查了数十项建设项目水资源论证和防洪影响评价。

在水文预报方面，王俊自1994年以来长期主持长江流域水文气象短、中、长期预报工作，历次大洪水尤其是"98长江大洪水"的预报均达到了准确及时的要求；此外，为国标《水文情报预报规范》的主要起草人。

在水文技术创新方面，王俊同志主持的"长江委水文局118个中央报汛站自动报汛"2005年7月1日起在全国率先成功实施，使水文报汛方式实现历史性突破，标志我们向水文现代化迈出了坚实的一步，报汛自动化的成功实施和稳定运行不但为保障防洪安全打下了坚实基础、提供了可靠支撑，而且为水文观念、测报方式和管理体制的转变奠定了基础，并获得了2007年度湖北省科技进步一等奖。

王俊同志近年来主持开展的长江水文测验方式方法创新工作，以"与国际接轨，有中国特色"为原则，从简化规范要求入手，从水文水资源、洪水预报等需求分析，从误差理论深入，以水文测验精度、水文测验需求、规范适应性和技术管理等专题研究为支撑，优化流量、泥沙测验方案，使用先进的流量、泥沙测验技术，实现了水文巡测。经过三年多的努力，全局共完成89个测站6大方面共计261项技术创新成果，有效地简化了单站测次（单站从目前的80–300次/年向国际6–8次/年靠近），增加了站网密度，改善了测验条件，提高了测验手段，从而达到了精兵高效的目的，极大地促进长江水文事业可持续发展。

在科技奖项方面，王俊同志主持完成的项目多次获得省部级奖励。其中《长江防洪系统水情监测预报技术研究》获1996年度水利部科技进步二等奖；主持完成的《长江防洪报汛自动化技术研究与实践》获2007年度湖北省科技进步一等奖；主持完成的《通用型水文预报平台开发与应用》获2009年度湖北省科技进步二等奖；主持完成的《南水北调中线工程水源区汉江水文水资源分析关键技术研究与应用》获2010年度湖北省科技进步一等奖；主持完成的《大型水利水电工程截流龙口水文预报研究》获2011年度湖北省科技进步二等奖；主持完成的《水文信息资源统一组织平台技术研究与应用》获2012年度大禹水利科学技术三等奖；主持完成的《长江入海控制站水沙通量实时监测关键技术研究》获2013年度大禹水利科学技术二等奖。

在重大科研专项方面，2002年主持完成了国家自然科学基金重大项目《洪水特征与减灾方法研究》；2004年协助主持完成国家"973"计划项目《长江流域水沙产输及其与环境变化耦合机理研究》；目前正在主持的有"973"计划项目《长江中游通江湖泊江湖关系演变过程与机制》和国家自然科学基金重点项目《分布式新安江模型实验应用研究》等。

在著作论文方面，编著了《水文应急实用技术》、《水文情报预报技术手册》、《长江水文测报自动化技术研究》，《水文分析计算与水资源评价》等专著6部。近年在国内外核心期刊发表论文60余篇。主要有《水文应急管理体系的建立》、《地震诱发堰塞湖的应急水文分析方法与实践》、《长江流域水旱灾害》、《1998年长江暴雨洪水》、《1998年长江洪水及水文监测预报》、《三峡工程入库洪水研究》、《全球变暖对长江洪水的可能影响及其前景预测》、《长江洪水与全球变暖相关及其前景初步预测》、《Flood Characteristics on Changjiang River and Counrensures for Flood Contral》等，是《三峡工程气候效应综合评估报告决策者摘要》的主要起草人之一。

编写人员名单

长江水利委员会水文局

王　俊　　王　伟　　魏进春　　许全喜　　李圣伟

原　松　　袁德忠　　袁　晶　　白　亮

中国长江三峡集团公司

刘尧成　　董先勇　　尹　晔　　张继顺　　居志刚

华小军　　陈翠华　　曹　辉

前　言

　　20 世纪长江流域自有系统性的水文泥沙监测活动以来，使用各种监测技术获得了各种监测资料。在计算机广泛应用之前，绝大部分都是以图板、图纸、孤立的电子文档形式存在。在传统的管理中，特别是在 2000 年以前，自动化能力低下，数据的采集、处理、存储基本上都要靠人工来完成。水文泥沙信息分析与管理采用的 GIS 软件，主要是以管理二维地图为主，对实际环境的表达能力不强，空间分析的能力比较弱；空间数据的组织和管理主要靠文件系统的方式，效率低下，空间数据的查询、管理很不方便。

　　为实现水文泥沙数据采集自动化，有效利用以前收集、积累的大量资料，长江水利委员会水文局做了大量具有前瞻性的工作。2005 年长江水利委员会水文局 118 个中央报汛站自动化报汛正式启动，实现了 118 个中央报汛站水位、雨量自动采集、存储和传输系统自动化；2006 年完成了"基于 GIS 的内外业一体化河道成图系统"的研制开发，实现了内外业一体化河道成图；2005 年研制开发了长江水文泥沙信息分析管理系统，实现了初步的图形数字化、水文泥沙数据存储与科学计算分析为一体的综合应用与管理。

　　近年来，随着计算机技术、网络技术、三维数字技术的快速进步，长江水利委员会水文局为了充分发挥长江水文泥沙信息分析管理方面的技术优势，2008 年和中国长江三峡集团公司等单位从地理信息系统理论的发展和实际需要出发，利用强大的 GIS 工具，结合数据库与三维数字地球等技术，以金沙江下游梯级水电站为研究背景，设计开发了金沙江下游梯级水电站水文泥沙数据库及信息管理分析系统，系统于 2012 年开发完成并投入运行。本书以该系统的设计文档为素材，以梯级水电站水文泥沙信息分析与管理为研究背景展开论述，但同样适用于多个梯级水电站或单体水电站的水文泥沙信息的管理和综合分析。

　　本书以软件工程的思路，科学地阐述了地理信息系统在水利行业的发展应用趋势，着重介绍了梯级水电站水文泥沙信息分析与管理系统的需求分析要点，从水文泥沙监测理论和分析方法等方面对系统进行总体设计、平台搭建、数据库设计，实现系统各项功能，其间还特别对一些重要算法和关键技术手段进行了详细描述，让读者能够更加清晰地了解系统实现的理论依据和方法技巧。

　　全书系统地介绍了如何将多源多时相、异构分布式的巨型水库群大数据进行一体化管理，如何对水库群综合信息进行二维、三维联合查询与表达，实现了水库群水沙综合分析与管理、专题图制作、工程管理、河床演变分析、泥沙预测模拟与仿真显示，在梯级水电站建设、生产、联合调度运行、提供决策辅助支持等方面发挥重要作用。系统运用以来，已越来越多的应用在长江水文信息化建设、三峡工程建设、长江沿岸水利工程建设、长江水资源管理、长江水环境监测、长江航道管理以及科学研究等方面，发挥着越来越广泛的作用，产生了较好的社会效益和经济效益。

系统在技术路线设计与开发过程中采用了多项先进技术，主要体现在二维与三维一体化的 GIS 技术、灵活可扩展的跨平台集成技术、功能强大的河床演变综合分析技术、基于 Web Services 的模型库水沙预测模型管理与调度技术、河道泥沙分析预测与三维动态模拟仿真技术、三维地球浏览模式的水库群信息综合查询技术、权限模块化管理模式等方面。

该系统组织庞大、功能强悍，但结构清晰明了、功能目的明确、操作简单。通过本书的讲解，希望对读者在开发此类系统方面有所启发，使读者了解如何将海量的空间数据与属性数据进行组织，为数据管理和各类功能实现提供快速、合理的存储方式，了解如何利用相关算法和技术实现能满足日常水文泥沙分析预测的功能，从而了解如何开发一个能存、能看、能算的有机系统，提高对此类系统的分析和设计能力，适合有一定水文泥沙相关知识和 GIS 开发经验的读者学习。

本书得到中国长江三峡集团公司、长江水利委员会水文局的高度重视，由长江水利委员会水文局局长王俊亲任主编和统稿。全书分为 9 章和附录。

第 1 章，概述，介绍地理信息系统及在水利中的应用，金沙江流域及下游梯级水电站概况和系统的研发目标，主要由长江三峡集团公司董先勇、刘尧成、长江水利委员会水文局魏进春编写。

第 2 章，需求分析，从用户的角度提出了对系统功能性和非功能性的要求。主要由长江三峡集团公司董先勇、长江水利委员会水文局王伟、长江三峡集团公司尹晔编写。

第 3 章，总体设计，从总设计师的角度搭建了系统框架，提出技术路线、阐明了设计的理念与原则，规划了系统软件、硬件平台。主要由长江水利委员会水文局魏进春、王伟编写。

第 4 章，数据库设计，介绍了系统数据基石的组织方式与存储方式。由长江水利委员会水文局李圣伟、魏进春编写。

第 5 章，关键技术与算法，介绍了在系统实现中所用到的新技术、新方法以及重要的算法与关键的处理技巧。主要由长江水利委员会水文局王伟、魏进春、许全喜编写。

第 6 章，功能设计与实现，介绍了如何根据总体设计与数据库设计，将庞大纷繁的系统功能剥茧抽丝，逐个实现的过程。主要由长江水利委员会水文局王伟、原松、李圣伟，武汉大学李欣，三峡集团公司董先勇，中国水利水电科学研究院关见朝编写。

第 7 章，数据整理与入库，介绍了各类原始数据录入数据库的流程。主要由长江水利委员会水文局李圣伟、原松编写。

第 8 章，系统测试，介绍了系统在正式运行前进行测试的情况，并对测试结果进行了汇总分析。主要由长江水利委员会水文局原松、李圣伟编写。

第 9 章，系统在工程管理中的应用，介绍了系统在梯级水电站生产管理中的实际用例。主要由长江三峡集团公司董先勇、刘尧成编写。

附录介绍了各类数据库表结构与数据提交的格式和要求，由长江水利委员会水文局王伟、原松、李圣伟组织与编写。

在系统研发过程中，长江水利委员会水文局刘东生副局长、程海云副局长给予了专业的技术指导和帮助；在本书编制过程中，长江三峡集团公司工程建设管理局李文伟副局长、副主任刘尧成，中国水利水电科学研究院何明民，武汉大学王伟教授，长江水利委员会水文局陈松生副总工、熊明副总工、陈显维副总工、徐德龙处长等为本书的编写提供了大力支持，长江水文技术研究中心主任韩友平对本书的内容编排给予了有益的指导，长江水利委员会水文局陈泽方、董炳江，武汉大学占伟伟、李鹏飞、孙黎明、杜臣昌、胡传博、汪淑萍、曹卫川、杨光、马志豪、余伟、冯曼琳等参加了算法测试、插图绘制和校对等工作，在此向他们致以衷心的感谢！

　　由于时间和水平有限，书中难免存在疏漏和不当之处，敬请读者批评指正。

作　者

2014 年 8 月

目　　录

第1章 概　　述

1.1　地理信息系统概况

地理信息系统（GIS）通常泛指用于获取、储存、查询、综合、处理、分析、显示和应用地理空间数据及其与之相关信息的计算机系统。地理信息系统主要由四个部分组成[1]：①存储处理和表示数据的硬件；②管理和分析数据、获取所需信息的软件；③描述客观对象并被储存于信息分类中的相关地理数据；④使用信息系统的部门，他们的管理和使用方法以及各组织间的联系。地理信息系统是一种用来管理、分析空间数据的空间数据库管理系统，几乎所有使用空间数据和空间信息的部门都可以应用 GIS。

目前，GIS 成为以应用为基础、市场为导向、软件为核心的产业，被应用于城市规划与管理、社会调查与统计分析、环境保护与管理、土地管理、地理测绘与管理、交通与管道管理等与空间信息密切相关的各个方面。其中，水利信息化建设数据量大，而且类型多，70% 以上与空间地理位置相关[2]，充分利用地理信息系统的作用将极大地促进水利现代化的建设步伐。国家水利部早在"十五"规划中就明确指出："建设水利信息系统时，要以地理信息系统（GIS）为框架"。在水利信息化系统建设中，GIS 是系统构建的框架，是辅助决策的工具和成果展示的平台，不仅可以用于存储和管理海量水利信息，还可以用于水利信息的可视化查询与发布，其空间分析能力甚至可以直接为水利决策提供辅助支持。国内水利行业应用 GIS 经历了认识了解、初步应用和结合 GIS 技术进行深入研究三个阶段。随着 GIS 在水利领域应用范围的不断扩大，其应用层次也逐渐深入，从最初的只注重数据的可视化，发挥查询、检索和空间显示功能，到成为分析、决策、模拟甚至预测的工具，在防汛减灾、水资源管理、水环境和水土保持等方面都得到广泛应用[3]。

1.2　地理信息系统在水利中的应用

1.2.1　防洪减灾中的应用

我国幅员辽阔，自然地理地貌条件十分复杂，洪涝灾害发生频繁，使国家和个人都蒙受了很大的经济损失。随着社会经济和科学技术的飞速进步，我国的防洪工作将逐步从"以洪水为敌"的控制洪水向体现水资源特性的洪水管理转变，全面建成覆盖全国的水利信息网络，其中防洪减灾属于重点应用系统。目前 GIS 技术在防洪减灾方面的应用主要有以下四种类型：

1

1. 防汛决策支持系统或信息管理系统的平台

在国家防汛指挥系统总体设计框架下，目前流域或省、自治区、直辖市的防汛决策支持系统或防汛信息管理系统都以 GIS 为平台。GIS 在这些系统中的作用主要有以下几个方面：

（1）空间数据处理、查询、检索、更新和维护；

（2）利用空间分析能力和可视化模拟显示为防汛指挥决策提供辅助支持；

（3）为各类应用模型提供实时数据；

（4）优化模型参数；

（5）预报预测和防汛信息及决策方案的可视化表达。

2. 灾情评估

在灾情评估中，GIS 作为基础平台，GIS 充分利用了自己的查询和分析功能以及可视化模拟的能力，发挥了许多别的系统不具备的作用：

（1）基础背景数据（包括地理、社会、经济）的管理；

（2）空间和属性数据查询、检索、统计和显示的基础；

（3）灾情数据的提取和分析；

（4）灾情的模拟和可视化表达；

（5）对决策起辅助作用的工具。

3. 洪涝灾害风险分析与区划

洪涝灾害风险分析是分析不同强度的洪水发生概率及其可能造成的损失。这项工作包括洪水的危险性分析，承灾体的易损性和损失评估。采用 GIS 技术，可以将上述三方面所涉及的诸多自然、地理和社会因子附上相应的权重进行空间叠加，是进行洪涝灾害风险分析与区划的有效手段。GIS 发挥的作用有：

（1）多源、多尺度和海量数据的管理；

（2）空间数据的叠加与综合处理；

（3）图形处理的特殊功能。

4. 城市防洪

由于城市社会经济地位和社会影响的特殊性，防洪工作尤其重要。同时由于许多城市都是依水而建和城市不透水面积大，产流量大等特点，防洪工作的难度比农村地区大，所以 GIS 在城市防洪中发挥的作用除了一般防洪减灾决策支持系统外，还利用其时空特征分析和高分辨率数据的处理功能在城市防洪减灾中发挥了更多更大的作用，目前比较突出的有以下几个方面：

（1）城市积水、退水的预报预测；

（2）现有排水设施（排水管网、泵站等）信息的管理；

（3）排水设施的规划、设计和施工管理；

（4）暴雨时空特征分析；

（5）以街道为统计单元和以街区为空间单元的社会经济数据空间展布；

（6）暴雨分布及积水街道分布的可视化显示；

（7）高分辨率、多层次、多源和更新频繁的数据的存储、维护和管理。

1.2.2　水资源管理中的应用

我国水资源短缺，而且分布极不均匀。同时由于社会经济飞速发展的过程中对环境保护不力，因此在资源性缺水的同时又加上水质性缺水，水资源严重短缺又存在水资源浪费。面对如此严峻的形势，水资源的管理工作已经被赋予了维系社会经济可持续发展的历史性重任。由此也决定了必须用现代化的手段，实现以信息化为基础的技术来对水资源进行监控管理，才能解决好资源水利中的诸多复杂问题，这也为 GIS 提供了大显身手的机会。

水资源信息的面非常广，有水文气象、地理、地质、水质、水利工程、水处理工程，各行各业与生活需水量，等等。所以这些数据既有历史的，又有实时或现状的，从性质上决定了其多源，多时相，多种类和动态这几个基本特征。水资源信息管理系统发挥了从时间，空间上了解水资源的现状与变化，通过模拟可视化直观地表示水资源状况，有助于让研究人员和决策人员了解水资源的变化规律，通过信息处理和分析，提供管理的基础信息与手段，完善水资源信息的管理与更新，实现数据共享。在水资源信息管理系统中 GIS 发挥的作用大致有以下几个方面：

（1）历史数据管理和实时数据的动态采集和加载；

（2）信息的空间与属性双向查询和分析；

（3）时空统计；

（4）以多种方式直观地可视化表达各类信息的空间分布及模拟动态变化过程；

（5）区域水资源的空间分析；

（6）区域水资源管理模式区划，如地下水禁采与限采区划、水环境区划等。

1.2.3　水资源与水土保持中的应用

由于社会经济高速发展中过多的人类活动影响，我国水系的污染已经十分严重，土壤侵蚀面积达国土面积的 20% 以上，而土壤侵蚀本身也是造成水系污染的主要因素之一。为了进一步了解和监测水环境和水土保持的情况，水利部门已有包括 170 多个主要测站的全国水环境信息管理系统，有如广东那样的省级系统，有如三峡库区那样的区域性系统，也有如九州江那样的江河级系统。水环境信息管理系统是空间决策支持系统的基础或者是组成部分，而 GIS 是其基础，同时也是提取数据和显示数据的平台。这些以 GIS 技术为支撑的信息管理系统和空间决策支持系统的功能主要有以下几个方面：

（1）自然、地理、社会经济等基础背景数据，水利工程与设施，监测站点，水质与水量的历史与实时数据，水环境评价等级，水质标准及法规和条例，决策项目和边界条件数据，水污染预测数据的采集和管理。

（2）建立数据空间数据和属性特征的拓扑关系，用来进行数据的双向查询。

（3）通过对区域或上下游水质的空间分析，找出某水质参数严重超标的污染源。

（4）各类数据的可视化表达和可视化共享。

（5）水质水量模拟与预测。

（6）污染排放管理与控制。

（7）取水口位置最优化选择和各类突发事件的处理方案及优化。

1.3 水利行业应用发展趋势

GIS 在水利行业中的应用随着各种信息技术的发展和人们认识的转变而不断加深，发展趋势也呈现出多方面的特点[2]：

（1）多媒体技术与数据库、通信技术和知识信息处理相结合，开发界面友好、具有一定智能的决策支持系统，与计算机图形模拟技术和 GIS 结合来解决水利行业管理中的实际问题。

（2）引入神经元网络技术、模糊控制理论及人工智能理论，集成专家系统（ES）与地理信息系统，将使 GIS 在水利信息化中的应用进入全新的领域。

（3）网络技术的进步和信息高速公路的建设促进具有统一规范标准的多级、分布式具有网络通信功能的地理信息系统发展，将更有利于处理具有分布式特点的水利问题。

（4）利用全球定位系统（GPS）的实时定位功能和遥感（RS）大面积同步数据收集功能，与 GIS 强大的空间分析功能相结合，3S 集成技术在水利信息化中将发挥重要作用。

（5）现代无线通信技术的发展，使得在移动终端上开发实时数据接收与分析的地理信息系统成为可能，对于水利信息化也有着重要意义。

1.4 金沙江流域概况

长江发源于青藏高原唐古拉山脉主峰各拉丹冬雪山西南侧，全长 6300 余 km，流域位置介于 24°30′~35°45′N，90°33′~122°25′E 之间，流域形状呈东西长、南北短的狭长形。

根据河谷地貌形态的明显差异，长江干流可以分成 7 个河段：源头河段，由江源至切美苏曲口，比降大于 10.8‰；高平原河段，由切美苏曲口至登艾龙曲口，比降约 1.27‰；深谷河段，由登艾龙曲口至新市镇，比降约 1.47‰；丘陵盆地河段由新市镇至奉节，比降约 0.24‰；三峡河段，由奉节至宜昌，比降约 0.18‰；平原河段，由宜昌至镇江，比降约 0.026‰；河口三角洲河段，由镇江至河口，比降约 0.005‰。

长江干流上游自青海玉树至四川宜宾称为金沙江，流经青、藏、川、滇四省区。从河源至宜宾全长 3464km，流域面积 47 万 km^2，如图 1-1 所示。雅砻江汇口以下至宜宾为金沙江下游，河口多年平均流量 4920m^3/s，年径流量 1550 亿 m^3，水量充沛且稳定，水能条件优越，规划有乌东德、白鹤滩、溪洛渡和向家坝四座梯级水电站。同时，金沙江又是长江上游泥沙最多的河流，多年平均悬移质输沙量 2.47 亿 t，约占长江上游输沙量的 47%。

金沙江流域内山岳占 90%，上游人口稀少，土地利用率低。下游攀枝花至宜宾河段，人口相对较密，工农业也较为发达。本区有众多的断裂带，特别是深大断裂带及其派生的次一级断裂带，常常是崩塌、滑坡、泥石流等山地灾害的活动区。滑坡、崩塌主要分布在主河道两岸及支流腊普河、金棉河、黑水河、龙川江和小江流域，活动频繁，是重要的泥沙来源。本区新构造运动强烈，地震频繁，降低了岩石强度和山坡稳定性，震后往往伴随水土流失。加之金沙江流域生态环境基础较为薄弱，是强度流失区，年土壤侵蚀量达到8.29亿 t。

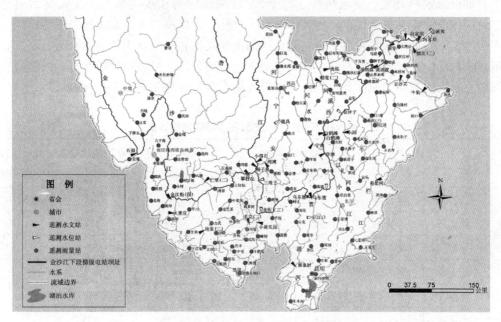

图 1-1　金沙江流域现有水文站布置图

1.5　金沙江下游水文泥沙概况

金沙江下游段地处亚热带季风气候区，冬半年受青藏高原南支西风环流影响，天气晴朗干燥，降雨稀少；夏半年受副热带西风和西南季风影响，降水较为频繁，年内干、湿季的交替变化极其明显；年平均气温基本呈纬向分布，高纬度气温低，低纬度气温高，由于山势起伏不定，同一地区气温随海拔高度的变化明显，山势越高，气温越低，金沙江河谷地区最为干热。各库区范围气温差别较大，如白鹤滩气象站 1994—2002 年资料统计，全年气温高于 35℃的天数有 61 天，而屏山历年最高气温才 35.4℃。本河段西南部攀枝花至宁南一带多年平均气温 14～21℃，多年平均降水量 700～1200mm。东北部昭觉至屏山一带多年平均气温 8～22℃，多年平均降水量 900～1400mm。

金沙江下游西北部为横断山脉，地势西北高，东南低，最高峰为丽江县境内的玉龙雪山，海拔 5596m，最低点为东南的金沙江河谷，海拔 1016m，境内高峰林立，以山地为主；流域东北部为云贵高原的北缘，地势南高北低，最高山峰是东川市境内的拱王山，海拔 4247m，最低点是水富县金沙江水面，海拔 267m，地势起伏大，"V"形谷多。流域内坡度大于 25°的土地面积占总面积的 38.9%，地处横断山脉的迪庆藏族自治州、丽江地区坡度大于 25°的土地面积高达 62.1%和 45.2%；东北部的东川市、昭通地区坡度大于 25°

的土地面积也分别达到62.5%和43.8%；处于流域中部的昆明市、楚雄州、大理白族自治州、曲靖地区坡度大于25°的土地面积占21.3%~33.6%。区域内地质构造复杂，地貌类型多样，山高坡陡，断裂带发育，岩层破碎，雨量充沛，风化和重力作用强烈，加之历史上长期以来毁林开荒、陡坡耕作，大于25°陡坡地的耕作较为普遍。受人类活动的影响，区域内原始森林极其稀少，植被以灌木、草地、农作物为主，水土流失强烈。

金沙江下游河段水系发达，自右岸汇入的主要支流相继有龙川江、普渡河、小江、以礼河、牛栏江、横江等，自左岸汇入的主要支流有雅砻江、鲹鱼河、黑水河、西溪河、美姑河等。根据实测水文泥沙资料分析计算得各站产沙特性成果如表1-1所示。

表1-1　　　　　金沙江下游主要干支流泥沙特征值统计表

序号	河　名	测　站	集水面积		年均含沙量 /（kg/m³）	年均输沙模数 /（t/（km²·a））	年沙量 /（10⁴t）
			/（km²）	占流域/（%）			
1	金沙江	攀枝花	259177	55	0.92	142	5210
2	雅砻江	小得石	116490	93	0.51	232	2710
3	安宁河	湾　滩	11100	99	1.70	946	1270
4	龙川江	小黄瓜园	5560	86	5.33	662	
5	金沙江	龙　街	423202	89	0.80	222	
6	小江	小　江	2116	68	5.29	2958	
7	金沙江	华　弹	425948	95	1.39	359	17800
8	黑水河	宁　南	3074	84	2.18	1230	462
9	牛栏江	小　河	10870	82	3.06	1076	
10	美姑河	美　姑	1607	50	1.80	1180	189
11	金沙江	屏　山	458592	97	1.73	501	25000
12	横　江	横　江	14781	99	1.56	920	1330

从表1-1可以看出，金沙江上游（攀枝花以上）地区来沙量较少。干流攀枝花（渡口站）站集水面积占金沙江流域面积的55%，多年平均径流量占全流域的36%，其多年平均悬移质输沙量仅为流域的1/6，多年平均含沙量在1.0kg/m³以下，多年平均输沙模数142t/（km²·a）。金沙江上游地区，加上雅砻江小得石以上部分，集水面积为37.8万km²，占金沙江流域面积的80%，多年平均径流量约占金沙江流域的70%，多年平均悬移质输沙量占金沙江流域的近30%；平均输沙模数近200t/（km²·a），远小于长江上游地区的平均输沙模数。

金沙江下游区间集水面积8.5万km²，占全流域面积的18%；多年平均来水量405亿m³，占流域总径流量的27%；多年平均悬移质来沙量1.7亿t。占流域总输沙量的2/3；多年平均含沙量4.3kg/m³，为上游地区的6倍；平均输沙模数2060t/（km²·a），约为上游区的10倍，远大于长江上游地区的平均输沙模数。可见，金沙江的泥沙主要是产生在下游区，并主要来自攀枝花、雅砻江汇口至屏山的干流区间。下游较大支流如龙川江、牛栏江和横江流域的输沙模数均在1000t/（km²·a）左右，属中度水土流失区。扣除这三大支流流域，干流区间集水面积为5.4万km²，仅占全流域面积的11%；多年平均径流量为269亿m³，占流域的18%；而多年平均输沙量为1.47亿t，占全流域的57%。多年平均含沙量为5.5kg/m³。多年平均输沙模数达2710t/（km²·a），其中干流河谷地区的输沙模数在3000t/（km²·a）以上，是长江上游水土流失最严重的地区，如图1-2所示。

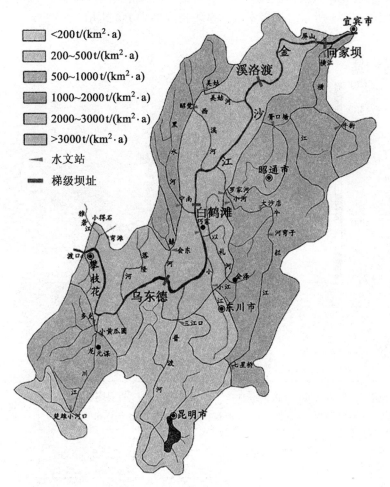

图1-2　金沙江下游地区输沙模数图

金沙江的径流以汛期（6～10月）所占比例较大，产沙更是主要集中在汛期。金沙江出口控制站屏山站，历年汛期的平均径流量占年径流量的75%。其中主汛期（7～9月）径流量占年径流量的54%，8月径流量最大，占年径流量的19%。输沙量的年内分配极不均匀。历年汛期的平均输沙量占年输沙量的95%，其中主汛期的输沙量占全年输沙量的77%，7、8月输沙量最大，均占28%。

1.6　金沙江下游梯级水电站概况

国家已授予中国长江三峡集团公司对金沙江下游乌东德、白鹤滩、溪洛渡和向家坝等四座巨型水电站的开发权，总装机容量相当于两座三峡电站，并且溪洛渡和向家坝工程已经正式开工。金沙江下游梯级水电站的设计总装机容量约4000万kW，年均总发电量1850多亿kW·h，水库总库容约410多亿m^3，总调节库容204亿m^3。金沙江下游梯级水电站纵剖面图如图1-3所示，梯级水电站基本情况如表1-2所示。

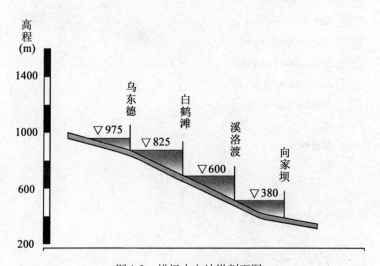

图1-3　梯级水电站纵剖面图

表1-2　　　　　　　　　　　金沙江下游梯级水电站基本情况一览表

电站名称	装机/(10^4kW)	年发电量/(10^8kW·h)	正常蓄水位/m	正常蓄水位相应库容/($10^8 m^3$)	调节库容/($10^8 m^3$)	回水长/km	主要功能	距宜宾/km
乌东德	870	394.6	975	58.6	26.2	207	发电、防洪、拦沙	570
白鹤滩	1305	576.9	825	190.06	104.36	180	发电、防洪、拦沙	390
溪洛渡	1260	573	600	115.7	64.6	199	发电、防洪、拦沙	190
向家坝	600	307	380	49.77	9.03	157	发电、防洪、航运	33

1. 乌东德水电站

乌东德水电站是金沙江下游河段四个梯级开发的第一个梯级水电站,坝址位于乌东德峡谷,左岸是四川省会东县,右岸是云南省禄劝县。坝址控制流域面积40.6万 km^2,占金沙江流域的84%,多年平均流量3690m^3/s,多年平均径流量1164亿 m^3,占金沙江流域径流总量的78%。径流以降雨为主,冰雪融水为辅,年际水量比较稳定。坝址多年平均悬移质输沙量为1.75亿t,多年平均含沙量1.50kg/m^3。

乌东德水电站的开发任务是以发电为主,兼顾防洪和拦沙。水库正常蓄水位975m时,总库容58.6亿 m^3,调节库容26.2亿 m^3,为不完全季调节水库,电站装机容量870万kW,保证出力328.4万kW·h,年发电量394.6亿kW·h。

2. 白鹤滩水电站

白鹤滩水电站位于四川省凉山彝族自治州宁南县同云南省巧家县交界的金沙江峡谷,是金沙江下游河段四个梯级水电站的第二级,下距溪洛渡水电站195km。电站坝址处控制流域面积43.03万 km^2,占金沙江流域面积的91.0%。多年平均径流量1312亿 m^3,多年平均流量4160m^3/s。坝址多年平均悬移质输沙量为1.85亿t,多年平均含沙量1.46kg/m^3。

该电站以发电为主,兼有拦沙、灌溉等综合效益。水库正常蓄水位825m,相应库容190.06亿 m^3,死水位765m以下库容85.7亿 m^3,总库容205.1亿 m^3。汛限水位795m,预留防洪库容58.38亿 m^3。调节库容达104.36亿 m^3,具有年调节能力。上游回水180km与乌东德水电站衔接。电站总装机容量1305万kW,年发电量576.9亿kW·h,保证出力503万kW。

3. 溪洛渡水电站

溪洛渡水电站位于四川省雷波县和云南省永善县分界的金沙江溪洛渡峡谷,是金沙江下游河段四个梯级水电站的第三级。坝址距离宜宾市河道里程184km。电站坝址处控制流域面积45.44万 km^2,占金沙江流域面积的96%。多年平均径流量1440亿 m^3,多年平均流量4570m^3/s。坝址多年平均悬移质输沙量为2.47亿t,多年平均含沙量1.72kg/m^3。

该电站以发电为主,兼有防洪、拦沙和改善库区及下游河段航运条件等综合利用效益。正常蓄水位600m,正常蓄水位下水库回水长199km,限制水位560m,死水位540m。正常蓄水位时,水库库容115.7亿 m^3,调节库容64.6亿 m^3,死库容51.1亿 m^3,具有不完全年调节性能。电站总装机1260万kW,保证出力338.5万kW,年发电量573.5亿kW·h。

4. 向家坝水电站

向家坝水电站位于四川省宜宾县和云南省水富县交界的金沙江峡谷出口处,下距宜宾市33km,是金沙江下游河段四个梯级水电站的最后一级。坝址控制流域面积45.88万 km^2,占金沙江流域面积的97%,控制了金沙江的主要暴雨区和产沙区。多年平均径流量1440亿 m^3,多年平均流量4570m^3/s。坝址多年平均悬移质输沙量为2.47亿t,多年平均含沙量1.72kg/m^3。

该电站以发电为主,兼有航运、灌溉、拦沙、防洪等综合效益。水库正常蓄水位380m,相应库容49.77亿 m^3,调节库容9.03亿 m^3,具有季节调节性能。电站装机容量

600万kW，与溪洛渡联合运行时年发电量307.47亿kW·h，保证出力200万kW。

1.7　系统研发目标

金沙江下游泥沙问题突出，水库泥沙问题又是水电站的关键技术难题之一，贯穿于从工程规划、设计、施工到建成后运行的全过程。水电站泥沙问题直接关系到工程综合效益的发挥和水库的使用寿命。为系统掌握金沙江下游乌东德、白鹤滩、溪洛渡、向家坝梯级水电站的泥沙淤积规律，中国长江三峡集团公司组织编制完成了《金沙江下游梯级水电站水文泥沙监测与研究实施规划》（以下简称实施规划）。

《实施规划》主要包括水文泥沙监测、水文泥沙研究、水文泥沙信息管理系统。其监测范围从攀枝花到向家坝坝下游的干支流，总长度约1067.4km。依据《实施规划》，2008年中国长江三峡集团公司已开展金沙江下游梯级水电站水文泥沙监测和研究工作，并已产生了海量的水文泥沙与地形数据。为了有效地管理和使用水文泥沙观测资料和研究分析成果，水文泥沙信息管理系统的建设也紧锣密鼓地提上日程。经过中国长江三峡集团公司的周密准备与广泛调研，2008年年底金沙江下游梯级水电站水文泥沙数据库及信息管理分析系统开发项目正式启动。

金沙江下游梯级水电站水文泥沙数据库及信息管理分析系统的开发，可以更好地管理金沙江水文泥沙观测资料和研究分析成果，充分发挥它们在金沙江下游梯级水电站信息管理、优化调度、河床演变分析、泥沙预报预测、决策支持等方面的作用。

梯级水电站规划设计期间，金沙江下游梯级水电站水文泥沙数据库及信息管理分析系统将对水文泥沙海量数据的科学管理，为开展水文泥沙监测与研究，掌握系统完整的水文泥沙、库区本底资料和水沙运动规律，梯级水电站规划设计提供科学依据。

在梯级水电站施工期间，金沙江下游梯级水电站水文泥沙数据库及信息管理分析系统将及时全面管理可靠的入库水沙信息，入库流量变化和库区沿程水位变化信息，根据工程进展情况，坝区、围堰等水下地形观测，及时分析坝区、围堰等冲刷变化情况，以便采取措施，为工程安全提供有利保证。

在梯级水电站投入运行后，入库泥沙将在库内落淤，逐渐侵占水库库容，影响水库的调节能力，对水库运行产生影响。金沙江下游梯级水电站水文泥沙数据库及信息管理分析系统将综合有效的管理和运用水文泥沙监测数据，使梯级水电站可以通过合理的水沙调度，达到降低水库淤积、延长水库运行寿命的目的。

第2章 需求分析

需求分析是指理解用户需求，就软件功能与客户达成一致，估计软件风险和评估项目代价，最终形成开发计划的一个复杂过程。需求分析需要开发人员准确理解用户的要求，进行细致的调查分析，将用户非形式的需求陈述转化为完整的需求定义，再由需求定义转化到相应的形式功能规约的过程。需求分析的任务包括：深入描述软件的功能和性能，确定软件设计的约束和软件同其他元素的接口细节，具体包括分析系统的数据要求，用户角色，用户对功能的需求、对性能的需求和其他需求，如对安全性、保密性、可靠性和可扩展性的需求等。

一切系统都是数据信息处理的工具，本章从用户现状入手，分析现有数据、角色、软件、硬件，然后分析用户对系统功能需求和非功能性的需求，从而建立相适应的系统框架。

2.1 数据分析

根据规划，2008 年开始产生海量金沙江下游水文泥沙系列观测数据。在此之前主要是由长江水利委员会水文局提供布设的基本水文站网资料，共计 20 个站 60 年左右的水文水位和降雨数据，基本无地形观测数据。电站建设期间，将根据现有水文站网（长江水利委员会水文局站网与地方水文站网）进行监测，待电站建成后，将根据调整后的站网进行水文资料的监测。2008 年后，各类水文、泥沙、降水等数据将根据相关规范逐年整编后入库。考虑到通用性和可扩充性，水文整编数据库表结构采用国家水利部行业标准《基础水文数据库表结构及标识符标准》，并结合系统编制的实际情况（如兼容三峡数据库等）进行适当的增补和调整。对于水情数据等实时数据，数据库和应用系统也将与相关的水情预报系统开辟相关的数据通道和调用接口；固定断面、地形资料将根据国家水利部《水文数据 GIS 分类编码标准》进行标准化入库。

金沙江下游水文泥沙信息系统是金沙江下游梯级水电站调度运行的基础，是金沙江下游梯级水电站优化调度的前提和依据，该系统涉及的数据量大，种类多，按计算机存储方式可以分为水文泥沙信息（属性数据）、地形信息（空间数据）、与多媒体信息。按数据的内容可以分为：基本信息数据、监测数据、空间地理信息数据、档案信息数据、系统信息数据。

2.1.1 基本信息数据

基本信息数据主要包括：河流信息数据、测站属性数据、断面信息数据、工程信息数据、水库调度数据。

河流信息数据包括金沙江下游河段干流及各支流的信息。

测站基本信息主要包括测站的编码、名称、类型、观测项目、地理位置、控制区域、设立时间等。

断面信息数据主要包括断面的编码、施测年份、施测日期、起点距、河底高程，还包括水文水位站断面及设站说明表，水文水位站基本水尺水位观测设备沿革表，水文水位站水准点沿革表，监测断面信息表等。

工程信息数据主要包括工程四个梯级水电站特性信息和水库信息，这些信息包括记录建立年份、校核洪水位库容、校核洪水位、设计洪水位、设计洪水位库容、正常高水位、正常高水位库容、死水位、死水位库容、开始蓄水年月等。

水库调度数据主要包括水库调度数据库含单库调度方案表，四库联合调度方案，水情测报信息、电站进沙数据。

2.1.2 监测信息数据

监测信息包括：水文数据、泥沙数据、地形数据、异重流数据、电站进沙数据、气象数据、灾害数据。

水文数据主要包括日数据（日平均水位，日平均流量，日水温等）、旬数据（旬平均水位，旬平均流量，旬平均水温等）、月数据（月平均水位，月平均流量，月平均水温等）、年数据（年平均水位，年平均流量，时段最大洪量，年平均水温等）、实测数据（实测流量成果，站点水量，区水量）、洪水数据（洪水水文要素摘录）等。

泥沙数据主要包括悬移质、推移质和床沙三种资料。悬移质资料主要包括逐日平均含沙量、逐日平均悬移质输沙率、日泥沙特征粒径、实测悬移质输沙率成果、洪水含沙量摘录、实测悬移质颗粒级配等成果；推移质资料按成分又可以分为沙推和卵推，主要包括逐日平均推移质输沙率、实测推移质输沙率成果、实测推移质颗粒级配成果；床沙包括实测床沙颗粒级配成果表资料。

地形数据主要包括断面地形数据（实测大断面成果，大断面参数及引用情况等），地形测图数据（各种比例尺地形数据等）和特殊地形数据。

异重流数据主要包括异重流发生的相关数据：时间、位置、水温、流速分布、流向、含沙量、泥沙颗粒级配、河床质、清浑水界面高程、厚度、宽度、水面波浪、排沙效率等。

电站进沙数据主要包括各建筑物引水、泄水时所通过的含沙量，泥沙组成（包括粒径、形状、硬度和矿物成分等）、建筑物上下游水位，闸门开启情况等。

气象数据主要包括降雨量摘录、日数据（日降水量，日水面蒸发量，日水面蒸发量辅助项目等）、旬数据（旬降水量，旬水面蒸发量，旬水面蒸发量辅助项目等）、月数据（月降水量，月水面蒸发量，月水面蒸发量辅助项目等）、年数据（年降水量，年水面蒸发量，年水面蒸发量辅助项目等）与实测降水量。

灾害数据主要包括地震、泥石流、滑坡、干旱、大风等。灾害信息记录了灾害发生的信息，包括灾害类别、时间、地点、简述等。

2.1.3 空间地理信息数据

空间地理信息数据主要分为四类：（测站、断面、河流等）分布图、地形图、DEM数据和影像图。

分布图表包括：长江流域水系图、金沙江流域水系图、金沙江下游梯级水电站区间水系图、测站分布图、测量及监测断面分布图、工程分布图等。

地形图：金沙江下游梯级水电站流域内 1∶50000 基础地形图，河道地形成果包括控制网成果、长江水道地形观测及河演观测等。

DEM数据：主要有长江流域 1∶250000DEM、金沙江流域 1∶50000DEM。

影像图：金沙江流域 15m 分辨率遥感影像资料、金沙江下游梯级水电站流域内 0.61m 分辨率遥感影像资料等、重点区域 1m 航拍影像图。

2.1.4 档案信息数据

档案信息主要包括：多媒体数据、文档数据、报表数据。

多媒体数据主要包括现场录像、分析演示、照片、图片、电影视频、录音片断。

文档数据包括对工程、区域、现象、事件等的描述，以及有关系统开发、观测、规范资料、专题论文、已有相关研究报告、历史资料、相关主题资料文件。

报表数据包括统计报表等文件。

2.1.5 系统信息数据

系统信息数据是指数据库系统运行必要的其他信息数据，如：系统账号权限、数据表目录索引、字段名索引、系统运行日志等。

2.2 用户分析

系统涉及的用户类型从职能部门区分主要包括以下几个单位：

（1）中国长江三峡集团公司（宜昌）

系统主要为中国长江三峡集团公司有关部门领导决策提供相关数据分析、数据挖掘等相关辅助功能。

（2）中国长江三峡集团公司工程建设管理局（成都）

系统主管部门，为有关部门领导决策提供相关数据分析、数据挖掘、数据管理与分析等相关高级功能。

（3）三峡梯调成都调控中心

系统主要应用部门，统一负责系统的建设与运行。主要负责系统管理维护及分析应用。用户主要涉及三峡梯调成都调控中心各职能部门、相关技术人员以及管理人员等。

（4）金沙江四个梯级水电站

主要为金沙江下游乌东德、白鹤滩、溪洛渡和向家坝等巨型水电站相关人员提供有关水电站水文泥沙数据的查询、浏览和简要分析功能。

（5）中国长江三峡集团公司（北京）

提供金沙江全部水文泥沙数据的宏观统计结果、数据分析结果的显示浏览等功能，以及数据库的远程管理等。

用户应用系统的侧重点各有不同，集团公司及其管理部门使用本系统的目的是及时了解泥沙状况和进行辅助决策；三峡梯调成都调控中心是作为本应用系统的业务部门，维护本应用系统的正常业务化运行，其中包括数据收集、处理、发布、系统软件硬件维护等，为金沙江管理部门提供技术保障。用户职能部门关系如图 2-1、表 2-1 所示。

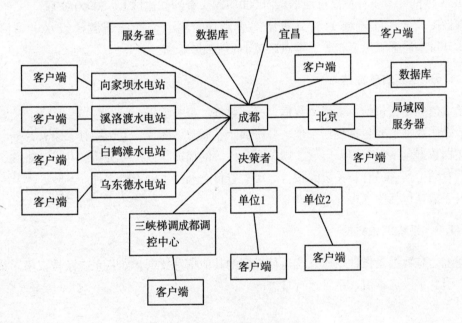

图 2-1 用户职能部门关系图

表 2-1 用户职能表

部 门	职 能
数据分析部门	数据分析、数据挖掘、数据浏览等功能
数据管理部门	原始数据获取、数据整理等工作
数据维护部门	负责数据更新、数据综合管理、权限管理，系统参数设置等

根据用户权限和职能不同，本系统的用户可以分为内部用户和外部用户两大类：

2.2.1 内部用户

内部用户主要是指中国长江三峡集团公司通过内部网络进行管理的相关单位的内部工

作人员，包括工程建设管理局（成都）管理部门、三峡梯调成都调控中心、金沙江四个梯级水电站以及宜昌与北京通过内部网络连通的集团公司管理部门。本系统首先要满足系统内部的用户需要，尤其是内部管理和业务管理的需要。其中：

（1）工程建设管理局（成都）相关领导和有关业务人员

提供日常工作中，信息的输入、查询、检索、处理、分析、输出以及信息交流、传递问题，构造一个协同工作的信息技术环境，减少工作量、提高工作质量、效率的工具。

（2）三峡梯调成都调控中心相关业务及管理人员

负责系统管理和维护，依靠系统完成日常的工作，这些工作包括监管系统运行、业务管理、业务分析以及本系统自身的维护和管理。

2.2.2　外部用户

外部用户主要是中国长江三峡集团公司以外的相关管理部门、相关事业单位以及政府部门、相关企事业单位及个人等。通过互联网访问许可访问系统数据库，利用金沙江水文泥沙数据进行制图、分析、浏览等各种需求。

系统分析与用户需求主要从内部用户的职能、机构和业务流程及管理对象角度进行分析，同时兼顾外部用户的需要。

2.2.3　用户角色分析

系统从功能上划分，系统角色包括：数据库管理员、配置管理员、业务员、决策人员和外部用户等 5 类用户组成。系统用例如图 2-2 所示。

系统用例包括：权限管理、系统配置管理、数据备份、数据导入、数据分析、制图输出、数据查询和数据浏览等。

系统用例名称、说明及其参与者详细描述如表 2-2 所示。

表 2-2　　　　　　　　　　　　　　　　用户角色说明

系 统 用 例	说　明	参 与 者
权限管理	用户角色配置，用户可操作行为及数据权限配置	配置管理员
系统配置管理	系统启动配置，符号化配置及默认数据管理各项参数设置	配置管理员
数据备份	用户自定义数据或系统数据备份	数据管理员
数据导入	特定格式数据（shp，DWG）的导入	数据管理员
数据分析	对已有地图数据作空间分析和统计分析	业务人员
制图输出	数据整饰，制作报表，制图输出	业务人员
数据查询	对特定条件数据作空间查询或者统计查询	业务人员 决策层用户
数据浏览	浏览地图数据	业务人员 决策层用户 外部用户

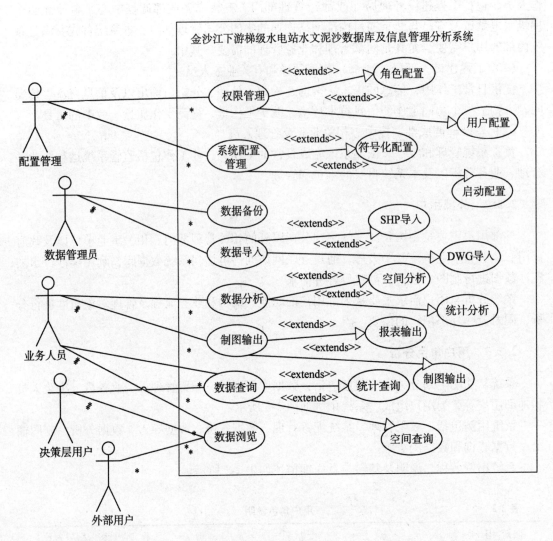

图 2-2　用户角色系统用例

2.2.4　用户具备的基本条件

1. 办公场所

中国长江三峡集团公司工程建设管理局及集团公司网信中心安排机房，用以存放服务端硬件设备和监测中心的网络硬件设备。管理部门及业务部门仅需要设置专门的客户端，对数据进行浏览及查询。

2. 人员队伍

中国长江三峡集团公司工程建设管理局及网信中心为系统的维护方和使用方，其主要承担系统的技术维护，有相应的维护人员以及数据整理人员；

三峡梯调成都调控中心为系统的主要使用方和业务维护方，有相应的产品制作人员及业务维护人员等。

3. 现有网络环境

中国长江三峡集团公司工程建设管理局网络使用千兆位以太网和快速交换式以太网技术，拓扑结构采用星形结构。如图 2-3 所示。

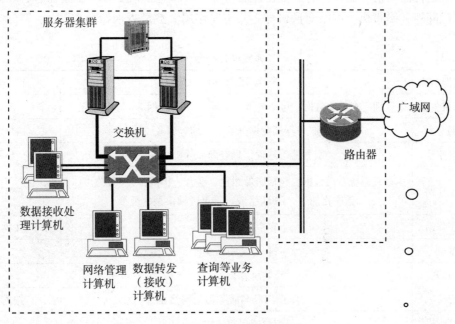

图 2-3 系统网络结构图

2.3 软件、硬件环境需求

2.3.1 软件平台需求

软件平台需根据用户的功能需求与非功能性需求搭建，选择的软件主要从用户所管理的数据、所需实现的功能、用户对软件界面和使用环境的要求等若干方面考虑。

用户管理的数据涵盖二维表数据、矢量数据、栅格数据、多媒体数据、文档数据等。数据库需选择能管理海量多类型数据的大型数据且能在小型机上运行。

用户功能需求中涉及大量空间数据的存储、编辑、查询，并且还需从数据库中调取空间数据进行大量计算，需利用 GIS 平台软件实现，所选 GIS 平台不仅能进行简单的编辑查询、复杂的计算还需支持大型数据库的空间数据管理。此外，三维可视化功能需要大量的影像资料，需要支持影像数据的发布服务。

系统工作在三维可视化界面下，三维可视化平台可以选择支持最流行的数字地球模式的，且需与 GIS 平台和数据库平台兼容。

系统的客户端运行与服务端运行考虑使用与管理的方便，选择运行在 Windows 操作系统上，数据库端基于安全与现有条件选择运行在 UNIX 操作系统上。

2.3.2 硬件平台需求

系统硬件需求主要根据系统的架构、软件平台选型、数据量与用户对性能的要求而定。系统运行需要的主要硬件有：数据库服务器、Web 服务器、GIS 服务器、客户端工作站、磁盘阵列、磁带机、网络交换机等。其主要作用、数量需求如表 2-3 所示。

表 2-3 系统硬件平台

硬件资源名称	主 要 作 用	个 数
数据库服务器	管理所有系统数据，包括矢量、影像、DEM 数据等，双机双备	2
Web 服务器	服务器端数据分发、查询等服务	1
GIS 服务器	服务器端地理信息查询、分析服务	1
图形工作站	处理系统基础数据，包括影像纠正、融合、拼接，矢量数据的数字化加工，DEM 生成、重点区域模型处理等	按需
普通工作站	客户端程序配置	按需
磁带机	保存历史数据	1
磁盘阵列	物理存储设备	1
网络交换机	连接客户端 PC 与服务器的网络设备	按需
彩色打印机	图形成果打印输出	1
黑白打印机	文字报表成果打印输出	1
绘图仪	打印专题图	1

2.4 系统功能需求

将用户对系统的功能需求归纳为 5 大部分，其分别为：水道地形自动成图与图形编辑、水文泥沙数据库管理、信息查询与输出、水文泥沙分析与预测、三维可视化。

2.4.1 水道地形自动成图与图形编辑

1. 概述

水道地形自动成图与图形编辑是由水道地形自动成图与图形编辑两个独立功能组成。由外部数据或水道地形自动成图功能所产生的地形图成果可以直接导入图形编辑功能中并对其进行编辑。为了保护数据的安全性，水道地形自动成图与图形编辑功能应严格限制使用人员权限，仅供授权的系统管理员和数据维护人员使用。

2. 主要功能需求

根据水道地形自动成图与图形编辑依据功能的不同可以划分为：水道地形自动成图、

图形编辑。

水道地形自动成图功能完成外部河道测量地形数据的预处理、测量数据读入、生成数字高程模型（DEM）与地形等高线、分幅及提取等。

图形编辑需实现对地图图层中图形对象的图形部分和属性部分的编辑功能，具体包括：图层分类与管理；图形对象的创建、修改；图形对象对应属性的录入、编辑；注记、标注的编辑；测图打印输出等。

3. 输入与输出

（1）本部分的主要输入包括：外业测图数据、数字高程（DEM）数据等。

（2）本部分的主要输出包括：各种中间交换格式的图形数据文件。

4. 主要流程

水道地形自动成图与图形编辑的处理流程如图 2-4 所示：

外部或由系统自动生成的图形数据，经过图形编辑功能进行编辑加工，最终整编到系统数据库中进行保存。

5. 接口

（1）内部接口

水道地形自动成图与图形编辑功能内部两个部分主要通过数据库的访问来实现之间的通信。水道地形自动成图模块所生成水道地形图数据通过系统开发的数据转换引擎，按照系统定义的统一接口规范经过中间件 ArcSDE 上传到关系 Oracle 数据库中；图形编辑功能访问数据库，将所需编辑的图层提取进行进一步编辑加工，两个功能间通过数据库访问实现通信，并按照 ArcGIS 空间数据库模型 GeoDatabase 进行数据一致性存储。

（2）外部接口

本系统提供外部图形数据格式与本系统数据格式的转换。转换后的数据经过水道地形自动成图与图形编辑子系统的图形编辑模块编辑后，通过中间件 ArcSDE 上传到系统数据库中，由数据库管理。如图 2-5 所示。

外部接口具体功能描述如表 2-4 所示。

表 2-4 　　　　　　　　　**水道地形自动成图与图形编辑子系统外部接口功能描述**

	接口描述	接口形式	实现方法
1	与外部图形数据的通信接口	类引用：后者调用前者	数据格式转换
2	与水文泥沙数据库管理子系统的通信接口	类引用：类引用，调用 ArcSDE 接口	文件存储

6. 水道地形自动成图功能

（1）概述

水道地形自动成图功能完成将外部河道地形数据导入本系统，并将其自动转换成为标准分幅及进行相关数据处理。

（2）主要功能需求

具体功能划分为 5 类功能：

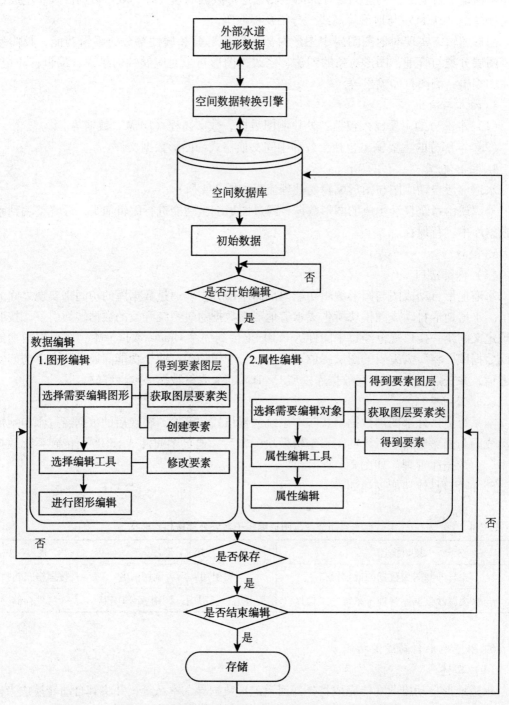

图 2-4　水道地形自动成图与图形编辑功能的处理流程图

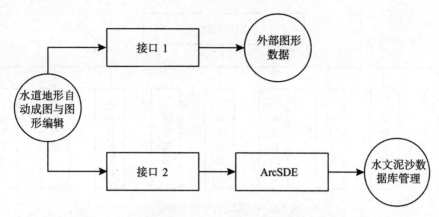

图2-5 水道地形自动成图与图形编辑子系统外部接口图

①数据导入：实现对全站仪、掌上电脑等多种测量终端数据及其他测绘软件作业生成的地形图的导入。

②数据处理功能：将导入后的外部数据生成数字高程模型（DEM）与水下地形等值线，自动将图形数据分幅及提取；对图层进行分类与管理。

③成图、出图功能：各种测图、专题图形的图形整饰、打印输出的功能。

④报表生成功能：根据各种数据进行统计分析，生成相应格式的报表提供给用户。

⑤输出功能：为用户提供各种交换格式文件的输入、输出功能。

（3）输入与输出

输入与输出功能的输入主要包括：外业采集的各水道地形数据测量点。输出主要包括：由外业采集数据生成的各地形数据、文字、报表等。

7. 图形编辑功能

（1）概述

图形编辑功能主要完成对系统支持的图形格式数据的编辑功能。

（2）主要功能需求

根据功能需求，该功能包含9个子功能：编辑管理、基本操作、对象选择、对象绘制、对象修改、对象捕捉、图层控制、坐标投影转换与数据输出，具体功能如图2-6所示。

（3）输入与输出

输入与输出功能的主要输入为 ArcGIS shapefile 格式矢量数据。主要输出为完成编辑的矢量格式数据。

2.4.2 水文泥沙数据库管理

1. 概述

水文泥沙数据库管理是金沙江下游梯级水电站水文泥沙信息分析管理系统的支撑，是实现各种功能的中心环节。数据库管理功能的设计应在充分分析数据源的基础上，对数据

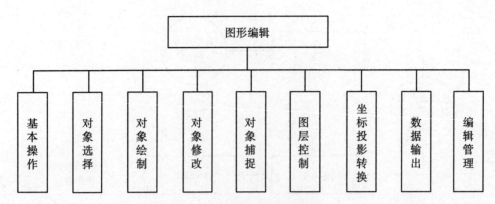

图 2-6 图形编辑主要功能框图

进行分类组织，设计结构合理、层次清晰、便于查询、调用方便、信息完整的数据库表结构。信息应包括水文整编成果资料、河道观测资料、遥感影像资料、技术报告文档等属性或空间信息。应支持空间信息的存储和海量数据的管理。应充分满足科学计算、图形显示、查询输出等对使用数据的要求，实现常规报表的生成输出。采用现代网络数据库技术，支持多种查询方式。

除数据管理外，还应提供各级用户的分级及操作权限管理，确保数据的安全；提供备份管理，以避免系统的软件、硬件故障及操作失误造成破坏时的数据库恢复；提供服务器端日志管理。

2. 主要功能需求

水文泥沙数据库管理依据功能的不同可以归纳为：用户管理、系统管理、数据库维护。如图 2-7 所示。

用户管理：包括用户基本信息、角色权限管理及数据源管理三部分。功能包括管理系统用户的基本信息与角色权限；设置各种权限的功能限制；为不同角色配置数据，提供图层的初始化顺序，符号化配置，并且配置数据的物理存放位置。

系统管理：包括数据库监控与数据库备份与恢复。功能包括为系统管理人员及系统高级操作人员提供图形操作界面，监控数据库表空间、核心文件位置、数据库系统性能；为数据库中各种内容提供备份与恢复。

数据库维护：包括数据录入、数据查询、更新与输出。功能包括为系统管理人员及系统高级操作人员（数据录入人员）提供数据录入图形操作界面，实现系统各种空间和属性数据入库功能，为用户提供各类表记录的 SQL 查询与更新。

3. 输入与输出

输入与输出部分的主要输入包括：存储在系统数据库中的水文泥沙行业数据以及用户录入的空间、属性数据。

输入与输出部分的主要输出包括：数据库监控管理报表、数据维护日志、数据库备份文件、多种格式的图形输出文件。

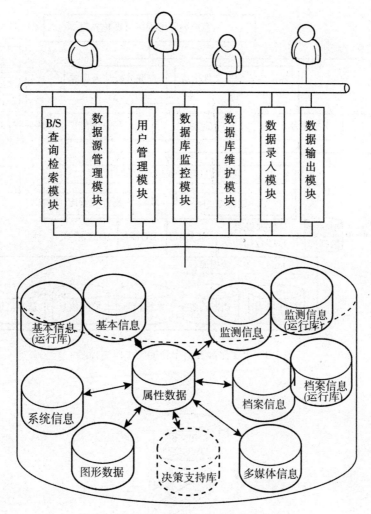

图 2-7 水文泥沙数据库管理功能组成框图

4. 主要流程

水文泥沙数据库管理功能的工作流程如图 2-8 所示。

5. 接口

（1）内部接口

水文泥沙数据库管理的内部要提供各种不同数据库的相互转换抽取接口。具体如图 2-9 所示。

内部接口部分的内部空间图形数据通过空间数据库引擎 SDE 提供基于 Oracle 空间数据库和本地文件（SHP 文件，DWG 文件等）的转换接口。

对于业务数据，提供接口 2，通过 ID 实现空间数据与业务数据的连接；提供接口 3，通过权限控制提供用户数据库与空间数据库的连接。同时提供接口 4，实现用户数据库通过权限控制对业务数据的控制操作。如表 2-5 所示。

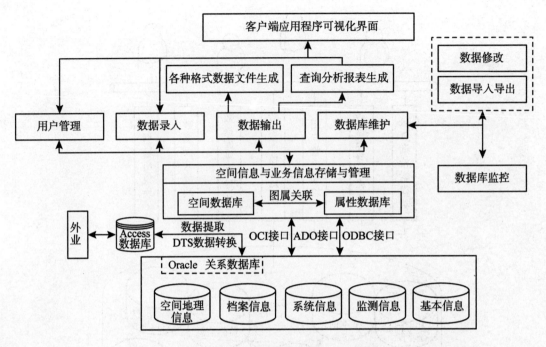

图 2-8　水文泥沙数据库管理的工作流程图

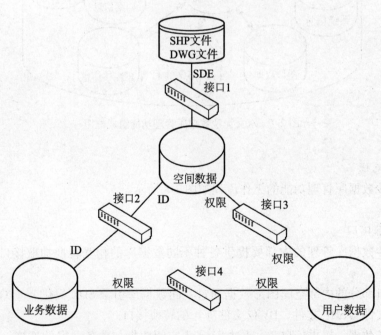

图 2-9　水文泥沙数据库管理的内部接口图

表 2-5   水文泥沙数据库管理功能内部接口功能描述

	接 口 描 述	接 口 形 式	实 现 方 法
1	空间数据转换	类引用，调用 ArcServer 接口	读/写表/文件
2	业务信息转换	类引用：ID 识别	读/写表
3	用户信息转换	类引用：权限控制	读/写表
4	业务数据操作	类引用：权限控制	读/写表

（2）外部接口

水文泥沙数据库管理分别为其他功能提供一个数据访问读取的外部接口，还要为清华山维数据转换引擎提供一个数据读写的外部接口。在本系统内部要提供各种不同数据库的相互转换接口。

水文泥沙数据库管理是本系统的基础，为其余功能提供统一的数据管理。水文泥沙数据库管理功能的外部接口主要是提供与其余功能进行交互的数据接口。共有 7 个外部接口，描述如图 2-10 所示。

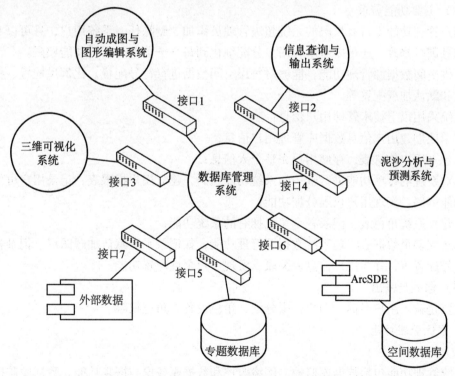

图 2-10　水文泥沙数据库管理的外部接口图

各个接口具体功能如表 2-6 所示。

表 2-6　　　　　　　　　　水文泥沙数据库管理功能外部接口功能描述

	接口描述	接口形式	实现方法
1	与自动成图与图形编辑功能的通信接口	类引用：后者调用前者	读表
2	信息查询与输出功能的通信接口	类引用：后者调用前者	读表
3	与三维可视化功能	类引用：后者调用前者	读表
4	与泥沙分析与预测功能	类引用：后者调用前者	读表
5	与专题数据库	类引用：前者调用后者	读表
6	ArcSDE 空间数据库引擎	类引用：前者调用后者	读表
7	与清华山维的交换接口	文件：后者支持前者	读文件

6. 用户管理功能

（1）概述

用户管理功能主要为系统管理人员所使用，可以对系统用户的基本信息进行录入和修改，并为系统其他非管理人员用户分配相应的角色权限及该权限下的数据源。

（2）主要功能需求

用户管理功能支持有权限的系统超级管理员添加、删除任一系统用户，且可以对任一用户信息进行修改，还可以对所有用户分配细化到每个子菜单的系统功能权限。

提供空间数据源管理功能，能够对每层空间数据进行符号配置、比例尺配置、标注信息配置和默认加载配置等。

系统采用以下技术管理用户信息：

①单独创建用户信息数据库管理用户信息；

②建立用户信息表，存储用户完整个人信息；

③对系统的每项功能进行唯一的系统功能编码，建立用户权限表，记录用户可使用的系统功能编码，实现用户权限分配功能；

④建立系统角色表，记录各个角色拥有的系统功能；

⑤建立多个数据表实现系统数据源管理功能，如记录系统默认加载图层、记录各图层默认符号配置等，并与用户信息表关联，实现用户个性配置功能。

（3）输入与输出

主要是输入用户名称、用户权限分配、角色设置、角色权限。

7. 系统管理功能

（1）概述

系统管理功能包括数据库监控、网络监控和数据库备份与恢复功能。数据库监控为系统管理员及系统高级操作提供了对数据库及所在服务器的 24 小时监控功能。该功能通过集中化的管理服务器，监控一到多个数据库，且将搜集到的性能参数存储到底层数据库中，以实现报警功能和生成各种管理报表。网络监控为系统管理人员提供了监视并管理在线用户状态功能。数据库的备份以恢复功能为数据的安全提供了保障，在数据库崩溃或重建时起到重要作用。

（2）主要功能需求

数据库监控主要功能包括数据库表空间监控、核心文件监控、用户在线监控等功能。该模块提供了实时的数据库性能诊断功能，可以在数据库运行过程中，通过基于 Windows 的图形化用户界面，显示数据库当前的使用状态，揭示数据库的进程状态和潜在的性能瓶颈，并以声音或可视化方式予以报警。

网络监控功能为系统管理人员提供在线用户监视的同时还需提供在特殊情况下对在线用户的管理，如在系统底图更新、数据库恢复过程中需强制断开在线用户的连接，保证数据库的独占。

数据库备份与恢复功能主要提供对全库的全局备份与恢复，全部或部分表空间和表的备份与恢复。

所有数据库状态、用户在线、离线信息与备份恢复操作均有日志记载。

（3）输入与输出

数据库监控功能的输入为数据库状态信息，输出为各种日志信息。

网络监控功能的输入为用户在线状态信息，输出为各种日志信息。

数据备份的输入为数据库中的数据，输出为备份出的数据与日志信息。

数据恢复的输入为备份数据，输出为写入数据库中备份出的数据与日志信息。

8. 数据维护功能

（1）概述

数据维护功能包括数据录入、数据查询与更新、数据输出三部分，是对业务数据的直接操作、管理与维护。

（2）主要功能需求

数据维护功能为系统管理人员提供数据维护图形操作界面，包括：

①数据录入：负责系统各种空间和属性数据入库工作。数据按不同类型、格式可以分批或单独录入。数据录入功能需实现各类水文泥沙监测数据、断面数据等属性数据的录入，水道地形等矢量图形数据录入和 DEM 等栅格数据的录入。采用海量数据统一编目技术，在编目服务器上进行影像数据、基础地理信息数据和其他资料的编目管理，提供统一的访问和检索方法。对录入数据进行统一的编码管理，支持数据录入的撤销与重做操作。

②数据查询与更新：为用户提供简单方式或基于 SQL 语句复杂方式的空间数据和专题属性数据的查询检索与更新功能。具体包括对属性表数据的浏览查询，并可以对指定内容进行修改；对空间矢量数据记录的查询，并可以查看矢量数据图形。

③数据输出：将用户查询的数据以各种电子文档格式的方式保存到本地。

（3）输入与输出

数据录入功能的输入为录入数据。输出为数据库统计信息。

数据查询与更新输入为查询检索条件，输出为查询结果（空间和专题属性数据等）。

数据输出功能的输入为用户对输出数据的选择条件，输出为数据输出信息（属性信息，报表等）。

2.4.3　信息查询与输出

1. 概述

信息查询与输出包括三方面的功能：一是查询，提供详细的属性数据的查询、修改、统计和分析功能；提供用户自定义查询和查询配置功能，实现基本信息查询、监测信息数据查询、档案信息数据查询、CAD 数据查询等各种类型的数据信息查询功能；二是提供多形式统计图表的自动生成功能，主要实现依据查询内容快速生成相应的报表的功能；三是专题图生产，主要实现六个预定义的专题图模板，能按照需求快速建立长江流域水系及站网分布图、金沙江流域水系及站网分布图、金沙江下游梯级水电站区间水系及站网分布图、金沙江下游梯级水电站河段纵剖面和梯级开发分布图、金沙江流域三维鸟瞰图、金沙江下游各梯级水电枢纽三维鸟瞰图等多种表达方式的专题图。

2. 主要功能需求

信息查询与输出依据功能的不同可以划分为：基本信息查询、监测信息数据查询、档案信息数据查询、报表生成、专题图制作与输出。具体划分如图 2-11 所示。

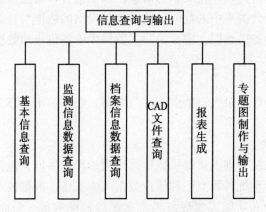

图 2-11　信息查询与输出功能划分图

3. 输入与输出

（1）输入与输出部分的主要输入包括：河流、监测站、测量断面、梯级水电站的基本信息数据；水文气象资料、各站洪水要素、各站泥沙资料、异重流资料、电站进沙资料、通航建筑物冲淤、灾害信息资料、实测断面资料和地形测图等各监测信息数据；空间信息数据；影像资料、文档资料、报表文件资料和研究成果报告等历史档案数据。

（2）输入与输出部分的主要输出包括：多形式统计图表；系统运行日志；各查询结果报表；长江流域水系及站网分布图、金沙江流域水系及站网分布图、金沙江下游梯级水电站区间水系及站网分布图、金沙江下游梯级水电站河段纵剖面和梯级开发分布图、金沙江流域三维鸟瞰图、金沙江下游各梯级水电枢纽三维鸟瞰图六种专题地图。

4. 主要流程

信息查询与输出子系统流程如图 2-12 所示：

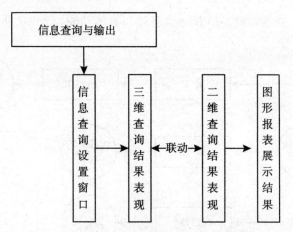

图 2-12 信息查询与输出功能用户界面流图

信息查询设置窗体用于设置查询类型，如点查询、面查询、缓冲查询、SQL 查询等，以及与查询有关的各参数设置；通过鼠标键盘交互，查询目标在三维表现窗体中高亮显示，在相应的二维表现窗体中目标被选中，并能进行实时的二维、三维联动显示；查询结果以报表的形式表现，并能够根据用户操作生成相应的统计图表，支持硬、软拷贝方式输出。

5. 接口

（1）内部接口

信息查询与输出各自实现独立的功能，各功能之间没有直接接口。所有通过接口交互的数据都存放在数据库中。空间图形与属性数据实时联动查询，通过图形对象唯一标示 ID，利用系统提供数据库访问接口，查询该 ID 图形对象代表对象的各属性数据，实现从空间图形到属性的双向查询。二维、三维的联动查询通过用户鼠标点击屏幕坐标，进行坐标变换转换为实地大地坐标（经纬度），通过投影变换转换为地图投影坐标（X，Y 坐标），实现二维平面内的查询，并能够进行逆向查询操作。图形报表数据输出主要通过 SQL 查询，返回用户需要的查询结果集，并以图形可视化界面表现出来。

（2）外部接口

与水文泥沙数据库管理部分的接口：系统基础数据均存储在系统数据库中，水文泥沙数据库管理子系统提供了数据访问的统一接口，信息查询与输出子系统需要调用水文泥沙数据库管理子系统提供的数据访问接口访问系统数据，实现各种查询操作。

与水文泥沙分析与预测部分的接口：水文泥沙分析与预测子系统，水文泥沙分析结果通过调用水文泥沙数据库管理功能提供的数据访问接口，将分析预测结果存储在系统数据库中，信息查询与输出功能通过调用水文泥沙数据库管理功能提供的数据访问接口，访问系统数据，进行分析与预测结果的表现。

与三维可视化部分的接口：三维可视化功能提供三维表现接口，为信息查询结果提供三维表现平台。信息查询与输出功能需要调用三维可视化子系统提供三维表现接口进行查询结果的三维表现。

三个外部接口，描述如图 2-13 所示，各接口具体功能如表 2-7 所示。

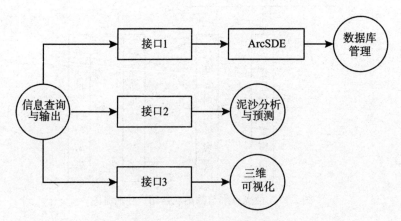

图 2-13　信息查询与输出功能外部接口图

表 2-7　　　　　　　　　信息查询与输出功能外部接口功能描述表

	接 口 描 述	接 口 形 式	实 现 方 法
1	与数据库管理的接口	类引用：前者调用后者	数据库访问
2	与三维可视化的接口	类引用：后者调用前者	三维可视化表达
3	与水文泥沙分析与预测的接口	类引用：后者调用前者	对查询结果进行分析预测

6. 基本信息查询功能

（1）概述

基本信息查询功能负责为用户提供河流、监测站、测量断面、梯级水电站的基本信息查询功能。该查询除了对图层数据基本属性的查询外，还涉及统计分析结果的查询，后者采用专业的统计图生成工具生成表现丰富的专题统计图表。

（2）主要功能需求

该功能主要包括：

①河流信息查询，主要查询金沙江下游河段干流及各支流的信息。

②监测站基本信息查询，主要查询内容包括：干流、支流和库区测站三个部分，每部分测站信息的查询输出内容包括：测站分布、测站属性及地理位置、各站测验项目、资料系列等。

③测量断面信息查询，主要查询内容包括：固定断面资料、固定断面分布、固定断面属性及位置、固定断面资料系列、固定断面水位流量关系图表、固定断面大断面图表和固定断面冲淤图表等。

④梯级水电站信息查询，主要查询内容包括：电站工程特性信息查询，坝区信息查询，库区信息查询，回水区信息查询，下游区信息查询，水库调度方案查询等功能。

（3）输入与输出

输入与输出功能的主要输入为系统基本信息数据，主要包括：河流信息数据、测站属性数据、断面信息数据、工程信息数据、水库调度数据等。

输入与输出功能的主要输出为查询结果表格、专题图表、专题图等。

7. 监测信息数据查询功能

（1）概述

监测信息数据查询功能主要负责监测信息专题数据的查询，以及结果输出功能。

（2）主要功能需求

监测信息数据查询功能主要查询内容包括：各站水文气象资料、各站洪水要素、各站泥沙资料（包括悬移质、推移质、泥沙级配和泥沙干容重等）、异重流资料（包括各水库异重流特征；各水库异重流发生部位；各水库异重流排沙方案等）、电站进沙资料（包括电站前淤积形态、电站进沙与粒径等）、通航建筑物冲淤（包括上、下引航道和坝下游河道局部地形等）、灾害信息资料（包括各种灾害的分类查询；灾害发生区域、时段查询；灾情报表查询等）、实测断面资料和地形测图等。

（3）输入与输出

输入与输出功能的主要输入为系统监测信息数据，包括：水文数据、泥沙数据、地形数据、异重流数据、电站进沙数据、气象数据、灾害数据。

输入与输出功能的主要输出为查询结果表格、报表、专题图、专题图表等。

8. 档案信息数据查询功能

（1）概述

档案信息数据查询功能实现每个用户在自己的权限范围内，进行目录或电子文件的查询、利用及打印等功能。

（2）主要功能需求

档案信息数据查询功能主要功能包括：

①模糊查询，根据用户输入的几个关键字进行模糊匹配，查询命中的档案信息。

②简单查询，根据用户选择检索条件进行简单查询。

③高级查询，根据用户定义复杂的 SQL 语句进行联合查询。

④记忆检索，能够将用户查询的历史记录记录下来，方便用户进行历史记录的回查。用户只用选择要查询的记录，相应查询信息便会展现在系统界面中。

（3）输入与输出

输入与输出功能的主要输入为档案信息数据，主要包括：影像数据、文档数据、报表数据。影像数据主要包括现场录像、分析演示、照片、图片、电影视频、录音片断。文档数据包括对工程、区域、现象、事件等的描述，以及有关系统开发、观测、规范资料、专题论文、已有相关研究报告、历史资料、相关主题资料文件。报表数据包括统计报表等文件。

输入与输出功能的主要输出为档案信息的影像、文档、报表的电子文档输出或打印输出。

9. CAD 文件查询功能

（1）概述

CAD 文件查询功能用于查询已录入数据库的河道地形原始测量图。原始地形图是按相应比例尺下的标准分幅以原始测量成果 CAD 格式存入数据库中的。

（2）主要功能需求

CAD 文件查询功能主要包括：

①能按项目或施测时间查看测量成果记录表，并能浏览相应图幅具体的绘制内容。

②能在角色权限授权的情况下导出查询出的图幅。

（3）输入与输出

输入与输出功能的主要输入为系统信息数据，主要是指数据库系统运行必要的其他信息数据，如：系统账号权限、数据表目录索引、字段名索引、系统运行日志等。

输入与输出功能的主要输出为查询结果的显示界面，以及结果的图表输出。

10. 报表生成功能

（1）概述

报表生成功能主要负责各查询结果的报表生成与显示输出。

（2）主要功能需求

报表生成功能可以生成多种形式的报表。报表的输出格式具有通用性，符合整编规范的要求，主要包括：

①报表配置，将用户查询返回结果按照统一整编规范生成标准报表，为报表输出作准备。

②报表输出，可以将用户生成标准报表以多种形式输出，包括 Web 页面、纯文本、Excel 文件等形式。

（3）输入与输出

输入与输出功能的主要输入为各种查询结果返回的数据。主要输出为符合整编规范要求的数据报表。

11. 专题图制作与输出功能

（1）概述

专题图制作与输出作为一个专项功能，包含信息查询与三维可视化的部分功能。主要负责查询结果专题图的制作与输出。

（2）主要功能需求

专题图制作与输出功能主要用于长江流域水系及站网分布图、金沙江流域水系及站网分布图、金沙江下游梯级水电站区间水系及站网分布图、金沙江下游梯级水电站河段纵剖面和梯级开发分布图、金沙江流域三维鸟瞰图、金沙江下游各梯级水电枢纽三维鸟瞰图的生成，以及图形等不同格式输出。具体包括：

①专题图制作，主要按照整编规范的要求对查询区域进行图幅整饰工作，图幅整饰按照统一模板定制，包括标题、指北针、比例尺、图形符号方案配置等，为专题图输出作准备。

②专题图输出，包括纸质打印输出和图片格式电子文档输出，电子文档包括多种通用

图片格式，包括 jpg、bmp、tiff 等。

（3）输入与输出

输入与输出功能的主要输入为重点区域二维、三维浏览图形数据，各类查询返回结果数据。

输入与输出功能的主要输出为符合统一整编规范的，基于模板的专题地图。

2.4.4 水文泥沙分析与预测

1. 概述

水文泥沙分析与预测是一项利用水沙数据、水道地形数据进行展示、分析、计算、预测的核心功能，涵盖水文泥沙、河道演变、预测预报等多个方面。

2. 主要功能需求

水文泥沙分析与预测功能可以划分为：水文泥沙专业计算、水文泥沙信息可视化分析、河道演变分析和泥沙预报决策支持。

水文泥沙专业计算功能主要是利用水沙监测数据提供各种与水文泥沙和断面相关的计算功能，实现水沙信息、河道形态及变化和各种计算结果的图形可视化。

水文泥沙信息可视化分析功能主要是利用水沙监测数据提供将数据按一定顺序、一定关系排列组合的各种图形，如过程线图、沿程图和各类关系图等。

河道演变分析功能主要利用实测河道地形数据提供河道演变参数计算、河道演变分析功能及其结果可视化的功能，为领导和专业研究人员提供分析决策的强有力工具。

泥沙预报决策支持功能以水文泥沙分析计算、信息查询统计等的成果为支撑，在建立模型库的基础上，提供在某一水文泥沙条件和水库调度运行方式下的金沙江下游水文泥沙特性和河床冲淤变化预测预报成果。如图 2-14 所示。

3. 输入与输出

水文泥沙分析与预测功能主要数据来源于由数据库管理的各种水文泥沙数据、断面数据、地形数据、功能参数。主要输出产品包括电子介质的成果和纸介质数据成果。从数据类型上来说主要包括专题图形数据和专题属性数据，每种数据都可以同时输出为电子和纸质的成果。从专题内容来说主要包括：各种水文泥沙因子计算，断面水位、水深、流量、断面流速分布、含沙量、推移质输沙率、悬沙级配、推移质级配、河床组成特征等业务数据的计算和可视化表现；并提供各种实时计算成果，包括断面面积、水面比降、冲淤量、冲淤厚度，等等。

结果统计输出功能：包括对水文泥沙信息等相关水文数据的可视化分析结果、专业计算成果、预测预报分析成果，导出为文本、电子表格和对数据进行统计图表制作及其导出。

图形输出功能：负责对系统产生的多种专题地图进行打印和其他方式输出。包括可视化分析图表、专题图的输出、统计图表输出和预测预报分析成果的图形输出。地图输出的主要功能是管理各种专题图和报表模板，并根据模板的设置快速自动输出各种专题图。

数据输出提供一部分标准的统计图、表格和专题地图模版。在电子成果输出上包括各种系统内部本身的数据格式，并且支持将数据导出为 DBF、BMP、JPG 等常用图形，数据

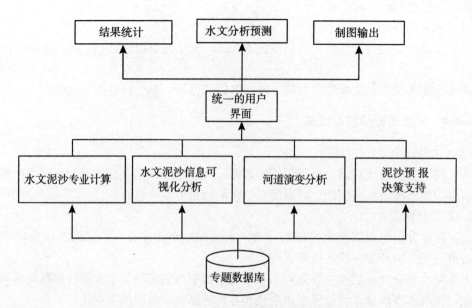

图 2-14 水文泥沙分析与预测子系统模块组成

表格可以转换为 EXCEL 等常用表格。

该子模块中涉及的数据主要包括：地形图数据、DEM 数据、断面数据、水文泥沙专题数据和相关的统计分析、模型数据。这些数据全部由整个系统的数据输入功能模块来管理。

4. 主要流程

水文泥沙分析与预测功能的工作流程如图 2-15 所示。

5. 外部接口

水文泥沙分析与预测部分的外部接口主要提供对数据库的统一接口，对空间数据库和专家模型库的访问接口。如图 2-16 所示。

接口 1：建立完备的专业分析和预测模型库，实现基于模版的专题图和分析结果输出功能，方便用户使用，提高工作效率，并且保证系统制图输出的一致性和规范性。

接口 2：提供对空间数据库中间件 ArcServer 的数据交互接口。能够读取空间数据作为分析支持，同时也能够将预测结果作为空间数据表达。

接口 3：为核心分析与预测模块提供统一的数据访问接口，能实现多源数据的实时访问，为分析与预测模块提供数据支持。对实现多源数据的实时访问，为分析与预测模块提供数据支持。

6. 内部接口

提供水文泥沙专业计算模块、水文泥沙可视化分析模块、河道演变分析、泥沙预报决策支持模块四个模块之间的数据交换和调用接口。

7. 水文泥沙专业计算功能

（1）概述

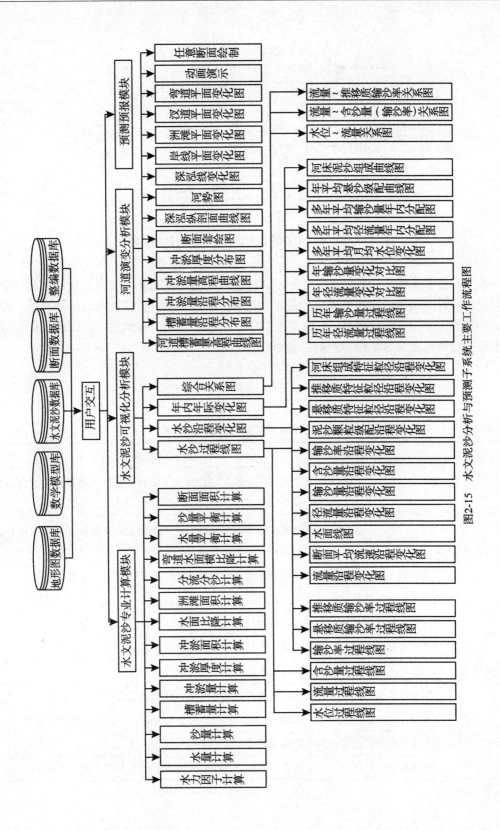

图2-15 水文泥沙分析与预测子系统主要工作流程图

35

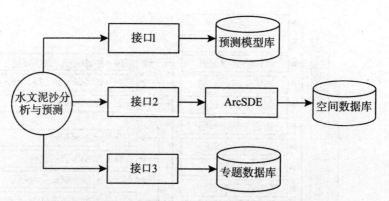

图 2-16 水文泥沙分析与预测子系统外部接口图

水文泥沙专业计算功能提供各种与水文泥沙相关的计算功能，实现水沙信息和河道形态以及各种计算结果的图形可视化。主要计算水文泥沙各项特征值及河道的槽蓄量，冲淤量，冲淤厚度等，还计算和显示长江河道的泥沙淤积和平面分布情况，可以供分析河道内的水沙运功情况及其对泥沙冲淤演变的影响。

（2）主要功能需求

水文泥沙专业计算分 6 个子功能，具体内容如表 2-8 所示。

表 2-8   水文泥沙专业计算功主要功能描述表

子功能	主要功能	功能描述
断面要素计算	断面水面宽计算	直接调用数据库中断面实测的地形数据，计算长江河道各断面在各级水位高程下水面宽度
	断面面积计算	直接调用系统中断面水深和水面宽计算数据，可提供计算长江河段中断面在各级水位高程下过水面积的功能
	断面平均水深计算	根据某水位下断面面积、断面宽计算断面平均水深
	水面纵比降计算	提供任意两水位站之间水面比降计算的功能
	水面横比降计算	提供断面的左右岸之间的水面比降计算功能
水量计算	径流量计算	各水文测站任意时段内径流量计算
	多年平均径流量计算	各水文测站的多年平均径流量计算
	水量平衡计算	固定河段或者任两个固定断面间的水量平衡计算
沙量计算	输沙量计算	固定断面输沙量及泥沙监测断面控制区域内泥沙量计算
	多年平均输沙量计算	各水文测站的多年平均输沙量计算
	沙量平衡计算	各具有泥沙监测断面的河段的沙量平衡计算

子功能	主要功能	功能描述
河道槽蓄量计算	地形法	根据地形、上下断面不同水位计算河道的槽蓄量
	断面面积法	根据某水面线下沿程断面面积、断面间距计算两断面间槽蓄量，各断面间槽蓄量之和即为河段槽蓄量
冲淤量计算	冲淤量计算	根据断面、地形实测数据、水沙实测数据计算河段不同时段泥沙冲淤量
	绝对冲淤量计算	根据河道地形法计算不同时段绝对冲淤量
冲淤厚度计算	河段冲淤厚度计算	1）断面平均冲淤厚度计算：计算可以计算任意断面不同时段（测次）间的平均冲淤厚度 2）河段平均冲淤厚度计算：计算任意两断面间不同时段（测次）的平均冲淤厚度
	绝对冲淤厚度计算	计算河段一定范围的不同时段绝对冲淤厚度平面分布
冲淤面积计算	冲淤面积计算	计算在一定范围内冲刷与淤积区域的面积

（3）输入与输出

水文泥沙专业计算的输出均为各类图表，输入具体内容如表 2-9 所示。

表 2-9 **水文泥沙专业计算功能输入**

子功能	主要功能	输入
断面要素计算	断面水面宽计算	断面地形数据、断面名称编码、断面测次
	断面面积计算	断面地形数据、断面名称编码、断面测次、水位高程
	断面平均水深计算	断面地形数据、断面名称编码、断面测次、水位高程
	水面纵比降计算	断面地形数据、断面名称、断面测次、水位高程
	水面横比降计算	断面地形数据、断面名称、断面测次
水量计算	径流量计算	水流量数据、测次、测站名称编码
	多年平均径流量计算	水流量数据、测次、测站名称编码
	水量平衡计算	水流量数据、测次、测站名称编码、区间来水量
沙量计算	输沙量计算	沙量数据、测次、测站名称编码
	多年平均输沙量计算	沙量数据、测次、测站名称编码
	沙量平衡计算	沙量数据、测次、测站名称编码、区间来沙量
河道槽蓄量计算	地形法	河道地形数据
	断面面积法	断面地形数据、河段或起始断面名称编码、测次和计算水位

续表

子功能	主要功能	功 能 描 述
冲淤量计算	冲淤量计算	断面地形数据、水沙实测数据、断面名称编码、测次和计算水位
	绝对冲淤量计算	不同测次的河道地形图
冲淤厚度计算	河段冲淤厚度计算	1）断面平均冲淤厚度计算：断面地形数据、断面名称编码、测次和计算水位 2）河段平均冲淤厚度计算：断面地形数据、断面名称编码、测次和计算水位
	绝对冲淤厚度计算	不同测次的河道地形图
冲淤面积计算	冲淤面积计算	不同测次的河道地形图

8. 水文泥沙可视化分析功能

（1）概述

水文泥沙信息可视化分析功能提供根据各种水文泥沙数据、断面数据、河段地形数据进行各种计算分析而形成的各类图形。可以为水文专业研究人员提供强大直观的可视化分析工具，把复杂的水文数据用图形、表格的方式表达出来，揭示蕴藏在复杂数据下面的规律。分析结果不仅可以作为专业问题研究的成果表达方式，而且可以作为领导决策的依据，部分结果还可以发布到 Internet 网络上为公众提供直观的水文信息服务。

（2）主要功能需求

水文泥沙可视化分析主要提供水沙可视化分析功能，包括实时编绘水文泥沙过程线图；水文泥沙沿程变化图；水文泥沙年内年际变化关系图，水文泥沙综合关系图等图，以满足水文泥沙分析、信息查询及成果整编等工作的需要如表 2-10 所示。

表 2-10　　　　　　　　水文泥沙可视化分析主要功能描述表

子功能	主要功能	描　　述
过程线图	水位过程线图绘制	水位过程线图绘制功能根据各测站水位监测数据绘制，反映水位变化与时间的关系
	流量过程线图绘制	流量过程线图绘制功能根据流量测站监测的流量数据绘制，反映流量变化与时间的关系。流量过程线图按时间序列绘制显示
	含沙量过程线图绘制	含沙量过程线图绘制功能根据各泥沙实测断面获取的含沙量数据，绘制含沙量过程线图，反映各断面含沙量随时间的变化。
	输沙率过程线图绘制	输沙率过程线图绘制功能根据时间与推移质（或悬移质）输沙率绘制，反映推移质输沙率随时间变化的情况

子功能	主要功能	描述
水沙沿程变化图	流量沿程图绘制	流量沿程图绘制功能根据流量测验成果及距坝里程绘制，反映流量沿程变化情况。流量沿程曲线图提供屏幕查询流量和距坝里程功能
	断面平均流速沿程变化曲线图绘制	断面平均流速沿程变化曲线图绘制功能根据时间与沿程断面平均流速绘制，反映某时间断面平均流速沿程变化的情况。断面平均流速沿程变化曲线图根据选定的时间显示沿程各个断面的流速情况
	水面线图绘制	水面线图绘制功能根据水位数据绘制，反映某个时间点或某段时间内各个测站水位对比状况
	径流量沿程变化图绘制	径流量沿程变化图绘制功能根据沿程各测站多年平均或某一年份月、年平均径流量成果，以图表或曲线的形式输出，图件反映沿程各站或里程值对应河道位置的径流量变化规律
	输沙量沿程变化图绘制	输沙量沿程变化图绘制功能根据沿程各站或距河口里程值的多年平均或某一年份，月、年平均输沙量成果绘制，图件反映了沿程各站或里程值位置的输沙量变化规律
	含沙量沿程变化图绘制	含沙量沿程变化图绘制功能根据沿程各站或各站里程值位置多年平均或多年份月、年平均含沙量成果，以图表或曲线的形式输出，图件反映含沙量沿程变化的情况
	输沙率沿程变化图绘制	输沙率沿程变化图绘制功能根据沿程各站或各站里程值位置的多年平均或多年份月、年平均输沙率成果，以图表或曲线的形式输出，反映含沙量沿程变化的情况
	泥沙颗粒级配沿程变化图绘制	泥沙颗粒级配沿程变化图绘制功能根据沿程各站多年平均或某一年份月、年颗粒级配观测结果，以图表或曲线的形式输出，反映了某测站某种颗粒的粒径百分比的关系
	悬移质特征粒径沿程曲线图绘制	悬移质特征粒径沿程曲线图绘制功能根据沿程各站或各站对应里程值，及其多年平均或某年份月、年平均的中值、平均、最大粒径的观测数据成果，以图形的形式输出。反映沿程各测站或里程值位置的粒径变化规律
	推移质特征粒径沿程曲线图绘制	推移质特征粒径沿程曲线图绘制功能根据沿程各站或对应里程值及其推移质多年平均或某一年份月、年平均的中值、平均、最大粒径的观测数据成果，以图表的形式输出，反映沿程各站或者里程值位置的推移质粒径变化规律
	床沙组成特征粒径沿程曲线图绘制	床沙组成特征粒径沿程曲线图绘制功能根据沿程各断面或对应里程值，及其床沙多年平均或某一测次的中值、平均、最大粒径的观测数据成果，以图表形式输出，反映某时间床沙组成特征粒径沿程变化的情况。床沙组成特征粒径沿程曲线图绘制功能提供屏幕查询粒径和距大坝里程值位置的粒径统计功能

续表

子功能	主要功能	描　　述
水沙年内年际变化图	历年径流量过程线图绘制	历年径流量过程线图绘制功能根据年份与选择测站的径流量绘制，反映历年径流量的变化情况
	历年输沙量过程线图绘制	历年输沙量过程线图绘制功能根据年份与测站的输沙量绘制，反映历年输沙量的变化情况
	多年径流量变化对比图绘制	根据多年平均径流量和年径流量成果，制作成图形，反映多年径流量变化情况。其绘制参数包括测站编码、数据类型、数据时间（时段）
	多年输沙量变化对比图绘制	多年输沙量变化对比图提供根据多年平均输沙量和年输沙量成果绘制图形反映多年平均输沙量变化情况
	逐月平均水位多年平均曲线图绘制	逐月平均水位多年平均曲线图对逐月平均水位数据进行算术平均，形成其多年平均的逐月平均水位并绘制成曲线，反映河段逐月平均水位多年平均变化情况
	多年平均径流量年内分配曲线图绘制	对逐月平均径流量数据进行算术平均，形成其多年平均的逐月平均径流量并绘制成曲线，反映河段逐月平均径流量变化情况
	多年平均输沙量年内分配曲线图绘制	多年平均输沙量年内分配曲线图根据沿程各站位置多年平均或某一年份的逐月平均输沙量，对逐月平均输沙量数据进行算术平均，形成其多年平均的逐月平均输沙量，绘成图形，反映输沙量沿程变化的情况
	多年平均悬沙级配曲线图绘制	多年平均悬沙级配曲线图将各站多年平均或某一年份、单月或多个月的泥沙级配数据以曲线的形式绘制，反映测站的单年或多年、单月或多月的悬沙级配变化。图件提供屏幕查询某粒径百分比的功能
	河床泥沙组成曲线图绘制	河床泥沙组成曲线图根据河床泥沙组成与所占权重比例绘制，反映河床泥沙组成的变化情况
水沙综合关系图	水位～流量关系曲线图绘制	水位～流量关系曲线图根据水位、流量监测数据绘制，反映各水位级下流量变化的关系。水位～流量关系曲线图绘制参数包括测站编码、观测时段（测次）等
	流量～含沙量（输沙率）关系图绘制	流量～含沙量（输沙率）关系图根据沿程各站含沙量（输沙率）、流量成果，以散点的形式绘制，反映各测站的流量～含沙量（输沙率）变化规律；提供菜单窗口选择测站名称（编码）、年份、流量～含沙量（输沙率）关系图类型（年均、月均和日均3种），以及屏幕查询沿程测站流量、含沙量（输沙率）的功能
	流量～推移质输沙率关系图绘制	流量～推移质输沙率关系图根据沿程各站推移质输沙率、流量成果，以散点的形式绘制。反映推移质输沙率与流量关系变化的情况，并提供年均、月均和日均3种流量～含沙量（输沙率）关系图

（3）输入与输出

①水文泥沙可视化分析功能的主要输入包括：水文数据、泥沙数据和部分地形数据。水文主要包括日数据（日平均水位，日平均流量，日平均水温等）、旬数据（旬平均水位，旬平均流量，旬平均水温等）、月数据（月平均水位，月平均流量，月平均水温等）、年数据（年平均水位，年平均流量，时段最大洪量，年平均水温等）、实测数据（实测流量成果，站点水量，区水量等）。洪水数据表包括洪水水文要素摘录表等。泥沙数据主要包括悬移质、推移质和床沙三种资料。悬移质资料主要包括逐日平均含沙量、逐日平均悬移质输沙率资料、日泥沙特征粒径、实测悬移质输沙率成果、洪水含沙量摘录、实测悬移质颗粒级配等成果；推移质资料按成分又可以分为沙推和卵推，主要包括逐日平均推移质输沙率、实测推移质输沙率成果、实测推移质颗粒级配成果；床沙包括实测床沙颗粒级配成果表资料。

②水文泥沙可视化分析功能的主要输出包括：多形式统计图表。

9. 河道演变分析功能

（1）概述

河道演变是水沙运动和相互作用的必然结果。河道演变分析子系统提供河道演变参数计算、河道演变分析功能及其结果可视化的功能，为领导和专业研究人员提供分析决策的强有力工具。

河道演变分析功能由槽蓄量和库容计算及显示、河道冲淤计算及显示、河演专题图编绘等子功能组成，用于实现河道演变的可视化分析。

（2）主要功能需求

河道演变分析分 5 个子功能，具体内容如表 2-11 所示。

表 2-11　　　　　　　　　　　河道演变分析主要功能描述表

子功能	主要功能	功能描述
槽蓄量及库容计算与显示	河道槽蓄量～高程曲线图编绘	根据槽蓄量与高程的数据绘制，反映河段槽蓄量与高程的对应关系。有断面法与地形法
	槽蓄量（库容）沿程分布图	槽蓄量沿程分布图根据槽蓄量与河段位置绘制，反映某测次槽蓄量沿程变化的情况
河道冲淤计算及显示	冲淤量沿程分布图	冲淤量沿程分布图根据断面间冲淤量计算成果绘制冲淤量沿程分布直方图，反映冲淤沿程分布情况
	冲淤量～高程曲线图	根据分级高程下冲淤量计算成果绘制冲淤量～分级高程曲线，直观显示冲淤量与分级高程的关系。有断面法与地形法
	冲淤厚度分布图	反映冲淤厚度平面分布情况
专题图编绘	河势图	完成在原始河道地形图上提取和绘制河势图的任务
	深泓线变化图	完成在原始河道地形图上搜索和编制深泓线变化图的任务
	岸线变化图	在原始河道地形图上提取和编绘岸线变化图

续表

子功能	主要功能	功 能 描 述
专题图编绘	洲滩变化图	在原始河道地形图上提取和绘制洲滩变化图
	汊道变化图	在原始河道地形图上提取和绘制汊道变化图
	弯道变化图	在原始河道地形图上提取和绘制弯道变化图
	动画功能	在已经完成的专题图中，对存在的多年份的专题内容（如岸线、深泓线、洲滩线等）进行动态的、逐年的变化演示
断面绘制	断面套绘图	根据沿程各断面多测次的高程曲线图，曲线的形式绘制，反映断面各测点在不同时间的高程变化规律
	任意断面绘制	在任意河道地形图上任意实时绘制或选定已有的固定断面，查断面的纵剖面
深泓线纵剖面曲线图	绝对冲淤量计算	是以某一断面为起始断面，对河道内顺水流方向断面最深点进行搜索（断面间距量算以其中心轴线为准），绘制最深点的分布图并与多年的沿程深泓点位置图进行套绘

（3）输入与输出

河道演变分析的输出均为各类曲线图、分布图与动画，输入具体内容如表 2-12 所示。

表 2-12 河道演变分析模块输入

子模块	主要功能	输　　入
槽蓄量及库容计算与显示	河道槽蓄量～高程曲线图编绘	河道地形数据、断面数据
	槽蓄量（库容）沿程分布图	断面数据、计算高程
河道冲淤计算及显示	冲淤量沿程分布图	断面数据
	冲淤量～高程曲线图	河道地形数据、断面数据
	冲淤厚度分布图	河道地形数据
专题图编绘	河势图	河道地形数据
	深泓线变化图	河道地形数据
	岸线变化图	河道地形数据
	洲滩变化图	河道地形数据
	汊道变化图	河道地形数据
	弯道变化图	河道地形数据
	动画功能	河势图、深泓线变化图、岸线变化图、洲滩变化图、汊道变化图、弯道变化图

续表

子模块	主要功能	输　入
断面绘制	断面套绘图	断面数据
	任意断面绘制	河道地形数据、断面数据
深泓线纵剖面曲线图	深泓线纵剖面曲线图	断面数据

10. 泥沙预测数据模型功能

（1）概述

泥沙预测数据模型功能是利用数学模型对水库淤积及淤积引起的水流及水力因素的变化进行预测预报的决策支持功能。目前采用的数学模型是基于泥沙运动随机理论及非均匀沙不平衡输沙理论建立的通用数学模型。模型可以分为一维、二维；恒定流、非恒定流；悬移质、悬移质加推移质及明流、异重流等多种类型。

为了管理和维护金沙江河流泥沙决策支持功能中用到的河流泥沙模型，让用户能够较快地整合和利用现有的模型资源、简便地添加新的模型资源，使得模型能够以服务的形式随需应变地满足用户需求，将建立模型库管理功能。模型库管理功能开发出来之后，可以集成到管理分析系统中作为系统的支撑部分，也可以单独使用作为河流泥沙模型的管理工具，模型库管理功能可以拓广到包括三峡和葛洲坝的模型库及管理分析系统，为三峡开发公司模型开发人员和模型使用人员提供便捷高效的工作环境。

（2）主要功能需求

泥沙预测数学模型分为 8 个子功能，具体内容如表 2-13 所示。

表 2-13　　　　　　　　　泥沙预测数学模型主要功能描述表

子功能	主要功能	功能描述
添加新模型	添加新的模型文件	可以选择所需的模型文件，将模型文件实体复制到模型库的存储中
	添加模型说明信息	可以为新模型添加说明信息
删除模型	删除模型及其说明信息	删除某一模型分类下的某一模型，会同时将该模型文件及其说明信息全部删除
查找模型	根据模型名称查找模型	以模型名称为查询条件查找模型
	根据模型更新日期查找模型	以模型更新日期为查询条件查找模型
	根据模型编写者查找模型	以模型编写者为查询条件查找模型
	根据模型分类信息查找模型	以模型分类信息为查询条件查找模型
	根据模型其它特性查找模型	以模型的其他某个特性为条件查找模型

续表

子功能	主要功能	功 能 描 述
查看模型库中模型的说明信息	查看模型库中模型的说明信息	选择某一模型，点击右键选择查看其说明信息，模型说明信息可以包括模型名称、编写者、更新日期、模型原理及功能等
更新模型库中的某一模型	更新模型文件	以新的模型文件替换旧的模型文件
	更新模型说明信息	修改模型的说明信息，可以对说明信息中的任意一项或多项进行修改
运行模型库中的模型	选择合适的模型计算输入文件	根据运行界面上的提示为每一个输入数据选择合适的输入数据文件
	校验模型输入数据信息	以表格和图形的形式对输入数据进行校验，并且可以实时进行修改
	调用该模型文件进行计算	点击开始运行，以指定的输入文件运行该模型
	获得模型输出的图表形式结果	模型计算得到的输出数据以图表的形式展示出来，更能够反映出数据中包含的规律，从而作为预测预报的依据
用模型库中的模型组合新模型	选择组合中涉及的若干模型	在选择组合模型之后，可以通过一个用户界面来选取组合中涉及到的模型
	确定各个模型数据之间的输入输出关系	模型库管理系统中的模型组合是一种模型之间的数据流动关系，即一个模型以其他一个或几个模型的输出作为输入，这样组合成一个新的模型
	生成新的组合模型	确定完模型之间的输入输出关系之后，点击确认组合，可以生成所需的组合模型
管理模型库中的分类信息	添加模型分类	添加新的模型分类，即在模型分类树中的对应位置添加一个节点
	删除模型分类	删除某一个模型分类，同时迭代删除其包含的所有子分类，即删除模型分类树中对应的该节点以及其所有的子节点
	修改模型分类名称	修改模型分类树中某一个节点的名称
	调整模型分类树结构	根据用户的拖动动作，调整模型分类树的结构，被拖动的节点连同其所有子节点会成为新父节点的子孙节点

（3）输入与输出

泥沙预测数据模型功能是以模型库管理系统的形式实现的，对于模型库管理功能而言，输入是用户操作，输出是用户界面显示的信息。核心功能是通过选择合适的模型和输入文件，运行模型生成计算结果，以提供预报预测信息。模型的运行是通过新建项目的形式实现的，每个项目的输入与输出即为该模型的输入与输出。项目的输入是该模型特定的各项输入数据文件，主要包括一些水文泥沙统计或实时数据，例如断面水位、水深、流量、断面流速分布、含沙量、推移质输沙率、悬沙级配、推移质级配、河床组成特征以及断面面积、水面线、冲淤量、冲淤厚度，等等。项目的输出是该模型计算的结果以及根据计算结果生成的统计图表，可以反映为电子介质和纸介质的成果，用来辅助进行预测预报活动。

2.4.5 三维可视化

1. 概述

三维可视化部分提供海量数据浏览以及三维 GIS 分析功能，包括：海量地形与影像数据的各种飞行浏览；四个梯级水电站等重点人工建筑目标或要素的三维建模与叠加；部分三维特效要素的实现；各种三维 GIS 分析，例如地形因子分析、水淹分析、剖面分析、通视分析以及开挖分析等；实现三维场景与多媒体信息结合；实现在三维场景中的快速定位和查询。该模块中的主要功能在 GaeaExplorer 三维可视化组件中实现。

2. 主要功能需求

三维可视化部分主要功能包括：

（1）大区域场景漫游功能

支持任意大图形、大图像的自动浏览显示，可以进行大场景三维快速漫游。可以对当前视图窗口中场景进行放大、缩小操作、实时缩放操作、进行平移操作。并可以将当前场景恢复到初始状态。旋转操作能实现自由旋转、绕 X 轴旋转、绕 Y 轴旋转、绕 Z 轴旋转等。方便快速地切换各种视角：俯视、仰视、左视、右视、前视、后视等。提供浏览路线定制，可以设定多条浏览路径，系统视窗自动沿固定路径浏览飞行。提供对当前三维场景的截图输出功能。

（2）图形信息查询

支持在三维漫游界面下对底图上的对象进行相关信息查询。如查询河流、电站基本情况；查询测站基本情况及该测站的历史水文泥沙数据的各种过程线和关系图；查询断面基本信息、断面剖面图，以及根据断面剖面图进行断面要素计算、断面套绘和动画演示等。

（3）多种地图要素叠加显示功能

多要素合成三维建模提供基于数字高程模型的多种地图要素合成三维建模功能。多要素合成三维建模支持的地图要素包括主要水系、等高线、主要交通网、城镇名称标注、水文测站标注、断面标注等。其数据存放在 ORACLE 数据库中，通过 ARCSDE 调用后在三维场景中叠加显示和查询，多要素合成三维模型提供放大、缩小、漫游、旋转、飞行、步行、航行等基本操作。

（4）提供基本地形因子分析计算功能

基本地形因子计算提供基于数字高程模型的坡度/坡向计算、距离量算、面积与体积量算等功能。实现基于任意两断面间（两点）/任意多边形区域/键盘坐标输入/文件批量输入等方法所确定的量算路径或区域。

（5）洪水水淹分析功能

洪水水淹分析提供基于金沙江下游数字高程模型的洪水淹没分析功能和静库区容量计算/河道槽蓄量计算。水淹分析根据数字高程模型及水位数据，提供两种分析方式：其一，基于实测水位方式进行水淹分析，在三维场景中根据水位站实测数据或计算数据模拟水淹情况；其二，模拟从源点开始淹没、淹没到指定高度的淹没情况，同时三维场景视图中将显示洪水淹没的三维效果并提供必要的分析成果。在三维场景中进行水位动态淹没演示并进行历史水位数据回放。

（6）剖面分析功能

剖面分析功能提供直接在三维可视化场景中直接绘出任意断面的二维剖面图，同时也可以实现地形切块。

（7）通视分析功能

通视分析功能提供"可视域分析"和"两点通视"两种。通过"可视域分析"工具可以计算并显示三维场景中某一点的可视范围，并通过给定通视点的坐标和视点高度计算出可视面积、可视半径、可视覆盖率，其结果可以三维可视表达。

（8）开挖功能

基于 DEM 的土方量开挖计算方法可以分为两种方法：断面法和垂向区域法；这两种方法具有高效性，是工程开挖过程中进行方案设计的有力工具，开挖功能提供对土方量的计算。此外，通过修改基础地形数据或嵌入特定的地形结构，实现在三维场景中特定开挖的三维表达。

（9）快速定位与查询统计功能

系统可以进行三维场景的快速定位，定位方式有：名称定位、坐标定位、用户自定义热点定位等方式。

①名称定位

支持名称搜索定位与模糊查找定位，在对话框中输入或选择目标名称，三维场景可以迅速切换到指定的位置。该功能实质上是对系统属性数据库的全文检索。在属性数据库中建立索引，以用户输入的关键字为依据，对地图属性数据库中的地物信息表进行全字段查询，获取经纬度坐标后，在地图上实现定位聚焦。

②坐标定位

通过输入经纬度坐标的方式，直接切换当前三维场景到指定位置。

③用户自定义热点定位

用户可以将经常关注的区域保存为热点，存储在用户收藏夹内，在合适的比例尺下，这些热点会显示处理，通过点击显示在三维场景中的热点可以快速到达其关联的位置。同时，用户也可以直接打开区域收藏夹，直接定位到任意已收藏的热点区域。

地表三维景观系统的所有要素的属性信息采用数据库来管理，通过 SQL 语句来实现各种组合查询检索和统计，检索的结果可以与图形进行联动显示，同时可以将结果保存、输出。

3. 输入与输出

三维可视化功能的主要输入包括：水文泥沙数据、地形数据、遥感影像数据、三维模型数据、多媒体数据，主要存储在系统数据库中，少量以文件形式存储。

三维可视化功能的主要输出包括：各类表格、报表、专题图、专题图形式的查询结果，三维场景浏览过程的 AVI 录制文件和场景拷贝图片文件，以文件形式存储。该功能的主要输出为表等。

2.5 系统非功能性需求

2.5.1 用户界面需求

用户界面的设计主要是人机交互接口设计，其主要原则包括：用户控制原则、直观性原则、可视性原则、易用性原则、及时响应原则、简洁性原则、一致性原则等。提供多种备选界面风格，用户可以根据自己的喜好改变系统界面风格。界面上要求操作动作方便、简洁，操作类型全面、完整，但不需要繁琐复杂的操作过程，最好争取每三次鼠标操作即能得到操作结果。界面表现为按钮式操作，即点击相应的按钮即得相应的操作结果，或当鼠标移动到图形的某要素上时，就显示该要素的相关属性数据。主界面窗口左端显示图层树型结构图，右端为客户区，即图形表现区和操作区，同时需要在客户区的上面显示图形工具栏，图形工具栏上要求含有基本图形操作（放大、缩小、漫游等）的工具按钮。

根据系统用户应用层次不同，本系统提供三种不同风格的用户界面：

1. 决策层用户界面

决策层用户期望对事物的宏观有整体把握。针对该类型用户，系统提供了方便、简洁的图文一体化界面，决策者只需要简单的鼠标点击操作便可以得到想要图文表现的结果。结果以数字地球的三维形式表现，清晰直观。

2. 业务层用户界面

业务层用户主要由行业相关专业人士组成，主要完成数据录入、编辑以及与业务有关的功能操作。针对该类用户，系统界面由各种插件组成，能满足水文泥沙信息管理系统的各个功能，并且系统提供了为该类用户量身定制的基于业务流的界面，业务层用户只需要进行少量的人机交互过程便可以快速得到图文表现结果。

3. 配置层用户界面

配置层用户主要为系统管理人员，主要负责人员管理、数据源管理、系统配置等工作。针对该类用户，系统提供基于 OA 办公自动化的图形界面，管理人员信息、数据源信息等系统配置信息。

系统主界面采用数字地球的界面，总体风格力求简约，并带有现时流行的行业软件界面风格，用户可以自行定制简洁或复杂界面，除主窗口以外的所有窗口都采用停靠弹出形式。所有信息查询都能在主界面下完成，水文泥沙分析时界面依需要可以经过主界面定位，组织数据调度后，平滑切换到基于图形的二维分析界面上。

三维可视化系统界面有两种表现形式，一种是所有浏览、分析、计算直接在球面上表现，其优势在于界面统一、美观，但由于主界面采用球面坐标系，使三维分析计算较为不便、精度也较差，且需要调度大量数据，影响分析计算效率。另一种是在主界面确定分析计算的范围后，系统在新的以平面坐标为基础的三维可视化窗口中进行分析计算，这样的优势在于系统采用平面坐标系后使得分析计算方便、精度较高，在确定范围后，调度数据量小，分析计算效率较高，但需要调用新界面。

2.5.2 产品质量需求

产品质量需求如表 2-14 所示。

表 2-14　　　　　　　　　　　　　　　产品质量需求

主要质量属性	详 细 要 求
正确性	确保本系统各类数据录入的正确性，各类水文泥沙、河演分析算法的正确性、泥沙预测数学模型的正确性
健壮性	规范系统设计、编码和管理，将系统的 bug 数量降到最低
性能，效率	通过优化算法和数据库结构，尽可能提高本系统的运行性能和效率，用户执行普通操作的响应时间不能太长。充分考虑用户网络现状，设计合适的数据存储方式使客户端与数据库间的数据交换响应时间在合理范围内
易用性	操作简单、明了，交互界面尽可能直接引导用户正确输入，没有歧义，相对复杂的操作应在电子操作手册有步骤清晰的文图教程
清晰性	合理布局系统功能，以树型结构管理图层，系统清晰性高
兼容性	尽可能与现有系统数据格式兼容或提供简单的数据转换接口
可移植性	不提供向其他操作系统或者硬件平台的移植

2.5.3 性能需求

1. 数据精确度

数据精确度要满足现已有的规范。不同的应用功能需要不同的数据精度要求。数据精度应参考以下资料中所涉及的对数据精度的要求，参考资料如表 2-15 所示。

表 2-15　　　　　　　　　　　　　　　数据规范参考文档

编号	名　　称
01	《水库水文泥沙观测试行办法》
02	《水文资料整编规范》
03	《河流悬移质泥沙监测规范》
04	《河流流量监测规范》
05	《河流泥沙颗粒分析规程》
06	《河流推移质泥沙及床沙检验规范》
07	《水位观测标准》

编号	名称
08	《水文自动测报系统规范》
09	《水文普通测量规范》
10	《水文基本术语和符号标准》
11	《水文测验试行规范》
12	《水文测验国际标准与说明》
13	《水文年鉴编印规范》
14	《工程测量范围》
15	《水利水电工程技术术语标准》
16	《水文测验学》
17	《长江三峡工程水文泥沙观测规范》
18	《长江三峡工程水文泥沙观测新增规范》
19	《"九五"三峡工程泥沙问题研究文集》
20	《水文测验误差研究文集》

2. 数据量

系统涉及的水文泥沙和工程基础信息数据表共有 100 余张，其中需每年更新的数据约有 90 张表，一年最大数据更新量在十兆至百兆级之间，更新频率应为每年至少一次。

地形数据每年新增约 300 幅，每幅数据约 2M，每年不多于 1G，更新频率一年至少一次。这些地形对应的 DEM 数据约 1G。

1∶25 万基础地形图约 3G，1∶25 万 DEM 数据约 2.5G，1∶5 万 DEM 数据约 5G，15m 分辨率 ETM 遥感影像数据约 6G，快鸟图片约 10G，航片资料 80G，这些资料在相对较长一段时间内应不会有大的更新。

其他文档及多媒体数据会有适当更新，但数据量不会很大，更新不频繁。

2.5.4 其他需求

1. 安全性

整个数据库和决策系统的安全性可从几个方面看，一是网络的安全性，二是系统资源的安全性，硬件安全性。

（1）网络安全防范措施

①防火墙技术

将 Intranet 与 Internet 分隔开来，Internet 的用户不能访问 Intranet，保护 Intranet 网络的安全，而 Intranet 可以控制全部或部分用户访问 Internet。

②验证

系统服务器安全性最基本的解决方案是用户验证，合法的用户才可以访问系统资源。

验证的方法有多种，如，匿名验证、简要验证、Windows 集成验证、CA 验证等。系统资源可以由管理人员来设置特定的权限，确保什么样的资源由哪些用户有权限操作，比如，读、写、修改等权限。

（2）系统资源的防范措施

系统资源的防范措施主要靠用户的访问权限来控制：

①文件资源的访问控制

系统管理人员可以对系统的资源进行特定权限控制，比如，系统文件隐藏，任何用户不可访问；公共资源只允许用户有读的权限，不可以修改、写、删除等；而各用户自身的文档，则由用户自身进行权限设置。

②数据库控制

数据库从几个方面进行安全性控制，分别是 Login，Server roles，DB roles，数据库权限。这些策略的组合使用确保了用户对每个数据库以至每张表的操作权限。

③系统访问日志的管理

由于系统采用数据的集中管理，所有对数据的访问记录均在系统中给予保留，使用系统访问日志可以确保用户对系统访问的历史记录得到有效管理。

2. 保密性

开发方对系统中涉及的保密内容要有保密措施。对涉密数据进行保密管理，以防止数据的泄露。

为确保计算机信息系统安全保密，采取以下措施：

（1）对计算机、终端室、数据库、控制中心应加强安全保卫，并设置报警系统。

（2）对计算机屏蔽，或者配备干扰器，防止计算机的电磁波辐射和外来干扰。

（3）对使用计算机的用户活动情况进行登记。特别是所使用的终端、上机时间、处理数据等，便于分析发现异常的情况。

（4）对重要的数据，文件应有备份，一旦发生窃密事件，可以恢复原始数据。

（5）对在通讯线路上传播和在库中储存的秘密数据进行加密，可以由软件或硬件来实现。

（6）加强磁介质的抹除技术，防止数据被抹去后仍然从残存的信号中提取复原。对记录有重要信息的磁介质不得重新使用，应随数据一起销毁。

3. 可靠性

系统的可靠性可以从以下几个方面考查：稳定性、先进性、可维护性。

（1）系统稳定性

软件的稳定性和长时间的可靠运行，是所有软件系统的一致要求，因此系统在软件选型上应采用先进成熟的关系型数据库系统和 GIS 平台软件。

系统解决方案采用 Oracle 10g 作为关系型数据库管理系统，该数据库系统运行稳定可靠，已经广泛运用于社会的各个行业，数据库的性能得到了广泛验证。采用这种数据库系统，如果随着访问量的增加，当负载增加到一定程度时，还可以通过增加服务器的方法实现负载均衡。同时，上述数据库提供了良好的操作环境，以及优质的数据备份功能，特别是其数据的自动备份功能是其他基于文件的系统不可比拟的。

在 GIS 专业平台上，系统选用美国 ESRI 公司的 ArcGIS 作为 GIS 决策系统的增值开发平台。ESRI 公司作为国际上最优秀的 GIS 软件提供商和应用开发商，其强大稳定的 GIS 应用功能给予系统最大的支持，同时也给予长期的信心保障。

（2）系统先进性

空间数据的管理统一由大型商用关系数据库管理实现，强大的空间数据的管理能力是目前其他所有的类似数据管理模块所不能比拟的。

GIS 基本功能模块基于 ArcEngine 组件开发实现。该模块提供强大的地图表现、查询、检索及分析功能的实现。

对于决策支持计算模型、用户管理模块、基础功能部件、应用逻辑模型等的抽象和组件化实现，使得构建在其上的各个子系统具有较好的集成度和柔性，便于更新、维护和进一步开发。

该决策支持系统使用 OLE-DB，ADO 等标准数据库接口，因此系统具有更好的开放性，可以方便地和其他系统相结合，进行业务的扩展。

（3）系统可维护性

采用大型商用关系数据库来对空间数据进行管理，采用 Open GIS 规范，所以具有相对的数据独立性。原则上只要支持 Open GIS 的软件即可以对其进行维护，可以有许多种方案。涉及数据库的维护由各自生产、采集的部门进行维护，本着谁采集、谁维护、谁更新的原则。保持数据库采集、更新、维护的一致性。

系统应用功能需求发生改变时，只需要对相应的 COM 组件进行单独的修改和更新，因而使得系统具有很好的可维护性。

4. 可扩展性

一方面，基于组件化的软件结构设计使得后续系统的开发不再需要从零起步，在现有组件实现的基础上，便于构建其他扩展的应用；另一方面，基于纯关系数据库的空间数据、属性数据统一管理使系统数据成为一个统一的整体，后续系统的开发可以基于同一后台数据库展开。

本系统要求提供基于插件进行开发扩展原有软件功能。常用功能由系统本身提供，用户开发只需要开发自己需要的功能。

第3章 总体设计

在完成了软件的需求分析后就应进行总体设计，总体设计又称为概要设计或初步设计，将需求分析得出的"要做什么"变换为"怎么做"，即根据软件设计的原则和该系统设计的依据，并以用户为本的理念着手软件需求的实现，建立目标系统的逻辑模型。

从软件工程的角度看总体设计是将软件需求转换为数据结构和软件的系统结构。总体设计的主要任务是把需求分析得到的系统需求转换为软件结构和数据结构。其具体任务是：将一个复杂系统按功能进行模块划分、建立模块的层次结构及调用关系、确定模块间的接口及人机界面等。数据结构设计包括数据特征的描述、确定数据的结构特性以及数据库的设计。

本章主要介绍通过本阶段的工作，如何确定系统的实现方案，完成软件结构设计，划分出系统的功能模块、数据及设计出数据库结构、用户界面和文档等，其中有关数据划分及数据库的设计将在第4章中详细介绍。

3.1 总体设计过程与原则

3.1.1 总体设计过程

经过需求分析阶段的工作，系统必须"做什么"已经清楚了，现在是决定"怎么做"的时候。总体设计的基本目的就是回答"概括地说，系统应该如何实践？"这个问题。通过这个阶段的工作将划分出组成系统的物理元素——程序、文件、数据库、人工过程和文档等，但是每个物理元素仍然处于黑盒子级，这些黑盒子的具体内容将在以后仔细设计。总体设计阶段的另一项重要任务是设计软件的结构，亦即要确定系统中每个程序是由哪些模块组成的，以及这些模块相互间的关系。

总体设计的过程首先寻找实现目标系统的各种不同方案，需求分析阶段得到的数据流图是设想各种可能方案的基础。然后分析员从这些供选择的方案中选取若干个合理的方案，为每个合理的方案都准备一份系统流程图，列出组成系统的所有物理元素，进行成本/效益分析，并且制定实现这个方案的进度计划。分析员应该综合分析比较这些合理的方案，从中选出一个最佳方案向用户和使用部门负责人推荐。如果用户和使用部门的负责人接受了推荐的方案，分析员应该进一步为这个最佳方案设计软件结构，通常，设计初步的软件还需多方改进，从而得到更合理的结构，进行必要的数据库设计，确定测试要求并且制定测试计划。

从上面的叙述中不难看出，在详细设计之前先进行总体设计的必要性：可以站在全局高度上，花较少成本，从较抽象的层次上分析对比多种可能的系统实现方案和软件结构，从中选出最佳方案和最合理的软件结构，从而用较低成本开发出质量较高的系统软件。

总体设计过程通常由两个主要阶段组成：系统设计，确定系统的具体实现方案；结构设计，确定软件结构。总体设计的典型过程阐述如下：

1. 设想供选择方案

实现系统要求，在总体设计阶段分析员应考虑各种可能的实现方案，并且力求从中选择最佳方案。在总体设计阶段开始只有系统的逻辑模型，分析员有充分的自由分析比较不同的物理实现方案，一旦选出了最佳方案，将能大大提高系统的性能/价格比。

需求分析阶段得出的数据流图是总体设计的极好的出发点。数据流图中的某些处理可以逻辑地归并在一个自动化边界作为一组，另一些处理可以放在另一个自动化边界内作为另一组。这些自动化边界通常意味着某种实现策略。

设想供选择的方案的一种常用方法时，设想把数据流图中的处理分组的各种可能的方法，抛弃在技术方面行不通的分组方法（例如，组内不同处理的执行时间不相容），余下的分组方法代表可能的实现策略，并且是可以供选择的物理系统。

在总体设计的这个步骤中分析员仅仅一个边界一个边界地设想并列出供选择的方案，并不评价这些方案。

2. 选取合理的方案

应该从前进一步得到的一系列供选择的方案中选取若干个合理的方案，通常至少选取低成本、中成本和高成本的三种方案。判断哪些方案合理，可以考虑在问题定义可行性研究阶段确定的工程规模和目标，有时可能还需要进一步征求用户意见。

对每个合理的方案分析员都应该准备下列四份资料：

（1）系统流程图；

（2）组成系统的物理元素清单；

（3）成本/效益分析；

（4）实现这个系统的进度计划。

3. 推荐最佳方案

分析员应综合分析对比各种合理方案的利弊，推荐一个最佳方案，并且为推荐的方案制定详细的实现计划。用户和有关的技术专家应认真审查分析员所推荐的最佳系统，如果该系统确实符合用户需要，并且是在现有条件下完全能够实现的，则应提请使用部门负责人进一步审批。在使用部门的负责人也接受了分析员所推荐的方案之后，将进入总体设计过程的下一个重要阶段——结构设计。

4. 功能分解

为了最终实现目标系统，必须设计出组成这个系统的所有程序和文件（或数据库）。对程序（特别是复杂的大型程序）的设计，通常分为两个阶段完成：首先进行结构设计，然后进行过程设计。结构设计确定程序由哪些模块组成，以及这些模块之间的关系；过程设计确定每个模块的处理过程。结构设计是总体设计阶段的任务，过程设计是详细设计阶段的任务。

为确定软件结构，首先要从实现角度将复杂的功能进一步分解。分析员结合算法描述仔细分析数据流图中的每个处理，如果一个处理的功能过于复杂，必须将其功能适当地分解成一系列比较简单的功能。一般地，经过分解之后应使每个功能对大多数程序员而言都是明显易懂的。功能分解导致数据流图进一步细化，同时还应采用 IPO 图或其他适当的工具简要描述细化后每个处理的算法。

5. 设计软件结构

通常程序中的一个模块完成一个适当的子功能。应将模块组织成良好的层次系统，顶层模块调用其下层模块以实现程序的完整功能，每个下层模块再调用更下层的模块，从而完成程序的一个子功能，最下层的模块完成最具体的功能。软件结构（即由模块组成的层次系统）可以用层次图或结构来描绘。

6. 数据库设计

对需要使用数据库的那些应用领域，分析员应在需求分析阶段对系统数据要求所做的分析基础上进一步设计数据库。

数据库设计是一项专门的技术，其中有关数据库设计的内容将在第 4 章中详细介绍。

7. 制定测试计划

在软件开发的早期阶段考虑测试问题，能促使软件设计人员在设计方案时注意提高软件的可测试性。

8. 书写文档

应采用正式的文档记录总体设计的结果，在这个阶段应完成文档通常有下述内容：

（1）系统说明。主要内容包括用系统流程图描绘的系统构成方案，组成系统的物理元素清单，成本/效益分析；对最佳方案的概括描述，简化数据流图，用层次图或结构图描绘的软件结构，用 IPO 图或其他工具简要描述的各个模块的算法，模块之间的接口关系，以及需求、功能和模块三者之间的交叉参照关系，等等。

（2）用户手册。根据总体设计阶段的结果，修改、更正在需求分析阶段产生的初步用户手册。

（3）测试计划。包括测试策略，测试方案，预期的测试结果，测试进度计划等。

（4）详细的实现计划。

（5）数据库设计结果。

3.1.2　系统设计理念

本系统的界面和功能设计都遵循"以人为本"的基本设计理念。"以人为本"，是指在设计中将人的利益和需求作为考虑问题的最基本的出发点，并以此作为衡量活动结果的尺度。在需求分析基础上，以用户为本，设计有行业特色的，适合用户个性化的高性能的管理系统。简单来说，就是在系统需求的基础上，设计出对用户简单可靠、易操作的友好界面，让用户仅使用简单的操作步骤就可以完成系统复杂的专业功能。

1. 以用户为本的使用理念

以人为本，首先要注重系统的使用功能设计。系统专业功能，秉承用户需求，设计可靠耐用，界面友好、简单、易操作。用户只需简单几步就可以实现复杂的专业功能运算。针对用户群的使用特点，设计适合用户的专业系统软件。从用户需求出发，把专业功能封装在简单美观的系统友好界面中，设计出应用面广的实用系统，消除用户和系统之间的隔阂，使无论什么知识背景的用户，都能够很快上手操作软件。

2. 以人为本的安全理念

根据用户使用群，设计出高可靠性和高安全性系统。在方便用户使用的基础上，实现系统的高可靠性管理。针对特定用户群，设定适当的安全策略，在保护用户安全基础上，抵挡外来威胁。

安全对系统来说，总是第一位的。系统设计，首先要提供高性能保障，保证系统的安全可靠运行；同时在发生意外情况时，能够对系统进行故障修复和系统还原，将灾难损失减到最小。

3.1.3 系统设计原则

金沙江水文泥沙信息系统是一个充分利用计算机技术、管理信息系统（MIS）、地理信息系统（GIS）、数据库技术、数学模型和算法等一系列高新技术的规模庞大、涉及面广的大型软件工程。

系统将以实用、创新、高新技术相结合的方式开展，以充分展现当今科学技术的进步与成果。系统的构成、软件硬件配置均采用国内外目前先进、成熟、可靠的技术成果，以二维、三维相融合，因地制宜，做到可靠、实用、经济、先进，具有较强的扩展余地和兼容性。系统采用人机交互式的处理方式，从业务和性能角度出发，系统设计应遵循以下原则：

1. 遵循开放、先进、标准的设计原则

系统的开放性是系统生命力的表现，只有开放的系统才有兼容性，才能保证前期投资持续有效，保证系统可以分期逐步发展和整个系统的日益完善。系统在运行环境的软件、硬件平台选择上要符合工业标准，具有良好的兼容性和可扩充性，能够容易地实现系统的升级和扩充，从而达到保护初期阶段投资的目标。

系统采用的技术解决方案，包括计算机系统、网络方案、操作平台、数据库管理系统以及自行开发的软件和模型，力求技术方向的高起点和先进性，特别是针对水文泥沙数据的实时监测、管理等需求，广泛采用成熟高效的 GIS 和遥感影像处理技术和算法，保证水文泥沙信息提取的高效性和先进性。

标准化是系统建设的基础，也是系统与其他系统兼容和进一步扩充的根本保证。因此，对于一个信息系统来说，系统设计和数据的规范性和标准化工作是极其重要的，这是系统各模块之间可以正常运行的保证，也是系统开放性和数据共享的要求。由于系统复杂庞大，应在总体系结构的总体思路下开展系统的通用化规范与标准研究，系统开发应遵循全面设计、分步实施、逐步完善的原则，根据项目的总体进度安排，在完成系统初步设计之后，尽快建立一个"原型"系统，提交用户初步试用；再进一步扩充系统功能，充实数据库内容，最终全面完成系统的开发。

2. 模块化

模块化是数据说明、可执行语句等程序对象的集合，模块化是单独命名的，而且可以通过名字来访问，如过程、函数、子程序、宏等都可以作为模块。模块化就是将程序划分成若干个模块，每个模块完成一个子功能，将这些模块集总起来组成一个整体，可以完成指定功能满足问题的要求。模块化是为了使一个复杂的大型程序能被人的智力所管理，软件应具备的唯一属性。如果一个大型程序仅由一个模块组成，它将很难被人们所理解。

3. 信息隐蔽和局部化

信息隐蔽原理是指，模块的设计应使得每一个模块内包含的信息对于不需要这些信息的模块来说是不能访问的。局部化的概念和信息隐蔽是密切相关的。在模块中使用局部数据元素就是局部化的一个例子，局部化有利于实现信息屏蔽。

4. 模块独立

模块独立是模块化信息隐蔽和局部化的直接结果。模块独立有两个定性标准度量，分别是耦合与内聚。耦合衡量不同模块之间彼此依赖的紧密程度；内聚衡量一个模块内部各个元素彼此结合的紧密程度，模块的设计要尽可能做到低耦合，高内聚。

5. 兼容性和可扩充性

系统具有兼容性，提供通用的访问接口，方便与相关的信息分析管理系统进行交互。系统具有可扩充性，容易扩展，能够根据不同的需求提供不同的功能和处理能力，对数据、功能、网络结构的扩充方便简单。同时可以应用到各个层次，提供给其他系统共享应用和服务。

本系统在设计阶段就考虑金沙江区域的水质、生态等多方面的业务需求，力争将系统建立成金沙江上游数据管理分析系统。

6. 可靠性和稳定性

可靠性由系统的坚固性和容错性决定。"多病"软件不仅影响使用，而且会对所建信息系统的基础数据造成无法挽回的损失。系统的可靠性是系统性能的重要指标。稳定性是指系统的正确性、健壮性两方面：一方面应保证系统长期的正常运转，另一方面，系统必须具有足够的健壮性，在发生意外的软件、硬件故障等情况下，能够很好地处理并给出错误报告，并且能够得到及时的修复，减少不必要的损失。

7. 实用性和易操作原则

实用性是指能够最大限度地满足实际工作要求，实用性是水文泥沙信息管理系统在建设过程中所必须考虑的一种重要原则。系统建设要充分考虑用户当前各业务层次、各环节管理中数据处理的便利性和可行性，将满足用户业务需要作为系统开发建设的第一要素进行考虑。在系统建设过程中的人机操作设计均应充分考虑不同的用户需求，用户接口，界面设计要充分考虑人体结构特征及视觉特征进行优化设计，界面尽可能美观大方，操作简便实用。

8. 安全性和可操作性

安全性是一个优秀系统的必要特征，系统的安全要求有：未经授权，用户不得对系统和数据进行访问，用户不能对数据进行修改；授权用户一旦对数据进行了修改，就不能事后否认。

9. 按人机系统工程学和软件工程方法设计系统

从全系统的总体要求出发，按人机之间的信息传递，信息加工和信息控制等作用方式，形成一个相互关联、相互作用、相互影响、相互制约的系统。按人机系统工程的方法，合理地安排系统中的每一个布局，以获得处理系统的整体最优效益。

10. 充分利用已有成果和技术积累

深入分析和借鉴现有的、在建中的各种相关系统状况的基础上，吸取前面各个相关处理系统建设的经验和教训，更好地指导本系统设计和建设。

充分利用现有的技术积累，在统一领导、规划、协调下进行系统建设，最大限度地利用已有系统的资源，包括技术和成果，同时最大限度地实现资源共享，避免对各种资源造成浪费。对现有系统进行充分的利用，包括数据资源、处理算法、程序模块重用等。

3.1.4　系统设计依据

系统确定数据格式和系统开发的技术标准、规范及其他依据主要包括：

① 《水文基本术语和符号标准》（GB/T 50095—98）；

② 《基础水文数据库表结构及标识符标准》（SL 324—2005）；

③ 《水利水电工程技术术语标准》（SL 26—92）；

④ 《地球空间数据交换格式》（GB/T 17798—1999）；

⑤ 《基础地理信息要素分类与代码》（GB/T 13923—2006）；

⑥ 《国家基本比例尺地形图分幅和编号》（GB/T 13989—1992）；

⑦ 《基础地理信息数字产品数据文件名规则》（CH/T 1005—2000）；

⑧ 《基础地理信息数字产品元数据》（CH/T 1007—2001）；

⑨ 《计算机软件文档编制规范》（GB/T 8567—2006）；

⑩ 《中国河流名称代码》（SL 249—1999）；

⑪ 《水利工程基础信息代码编制规定》（SL 213—98）；

⑫ 《水文数据 GIS 分类编码标准》（SL385—2007）。

3.2　总体设计路线

系统采用 B/S 架构与 C/S 架构混合模式，利用当代先进的网络计算机技术、空间信息分析技术、数理统计与模拟预测技术、人工智能技术、虚拟现实技术等，借助数字化和信息化的手段，最大限度地利用信息资源。系统设计开发以数据库技术、网络技术和地理信息系统技术为支撑，以空间数据和属性数据为基础，通过对空间数据和各类水文泥沙数据的采集、存储、管理和更新，建立数据采集、管理、分析和表达为一体的水文泥沙信息分析管理系统。

在系统研发过程中应充分体现以下具体的技术模式，使系统更具有较好的先进性、实用性、可靠性和安全性：

（1）高效利用现代网络体系，充分适应系统各功能的工作特点，采用 B/S 与 C/S 混合模式建立系统总体构。

（2）采用模块化方式进行开发，各模块只处于低耦合状态，方便用户进行功能的扩充与更改，使系统功能实现更具有灵活性与可塑性。

（3）利用空间数据库引擎技术，实现对水文泥沙多源、多时相数据一体化存储、管理与调度，实现海量数据的快速查询、分析与计算。

（4）采用多级用户管理、数据库恢复备份等技术，充分保护数据的安全性。

（5）采用根据空间数据特点优化的水文泥沙专业计算与分析算法，使计算的复杂度与计算时间得到平衡，有效地减轻服务器压力。

（6）利用多种可视化方式实现水文泥沙各类数据的空间、属性信息联合查询，提供各类专题图信息的查询以及各类成果的报表和输出。

（7）采用金字塔数据管理、多维索引机制、虚拟现实（VR）、LOD 分块调度等技术实现大场景的三维可视化调度，真实再现现实景观。

（8）系统界面采用数字地球技术，采用优秀的专业可视化插件清晰明了地显示各种水文泥沙分析专题图表，并形象逼真地表现各种变化图表。

3.3　系统体系构架

金沙江水文泥沙信息系统采用基于 Intranet 技术的企业局域网模式。Intranet 将企业范围内的网络、计算、处理、存储等连接在一起以实现企业内部的资源共享、便捷通信，允许相关用户查询相应信息并具有安全措施。从目前国内外信息系统开发的技术成熟程度来看，客户机/服务器（C/S）体系结构应用于企业内部局域技术相对完善，在国内有着广泛的应用基础；浏览器/服务器模式是目前流行的体系结构。

本系统的设计开发采取 B/S 结构和 C/S 结构混合开发模式，同时结合适用于网络开发的数据库系统及前端开发工具，实施本系统的开发。具体应用模式如图 3-1 所示。

（1）水文泥沙分析与预测子系统、水道地形自动成图与图形编辑子系统、三维可视化子系统和信息查询与输出子系统采用类似 Google Earth 数字地球的胖客户端模式。

（2）水文泥沙数据库管理子系统采用 C/S 架构，直接通过 ADO. NET 管理数据库。

系统的硬件结构自上而下分为核心层和应用层两个层次。核心层即网络主干，是网络系统通信和互联的中枢，由服务器、交换机、路由器等主干设备组成，其主要作用是管理和监控整个网络的运行、管理数据库实体和各用户之间的信息交换。网络交换模式采用技术成熟、价格合理的快速交换式以太网技术。

系统的软件体系结构采用以数据库为技术核心、地理信息系统为支持的 C/S 和 B/S 模式，即在系统软件和支撑软件的基础上，建立应用软件层/信息处理层/数据支撑层的多层结构，如图 3-2 所示。不同的服务层具有不同的应用特点，在处理系统建设中也具有不同程度的复用和更新。其中数据层和组件层的通信采用数据库适配器技术，支持多源异构数据库的读取和存储。业务层通过对组件层的细粒度服务进行封装，提供简洁实用的业务操作服务。表现层以二维、三维、统计图标等形式表现，提供可视化的操作方式。

数据层：主要提供整个系统的数据以及各种基础数据的存储和管理。这一层的服务是整个系统运行的基础，尽管会随综合判定业务模式在未来的变换而有所变化，但主要部分

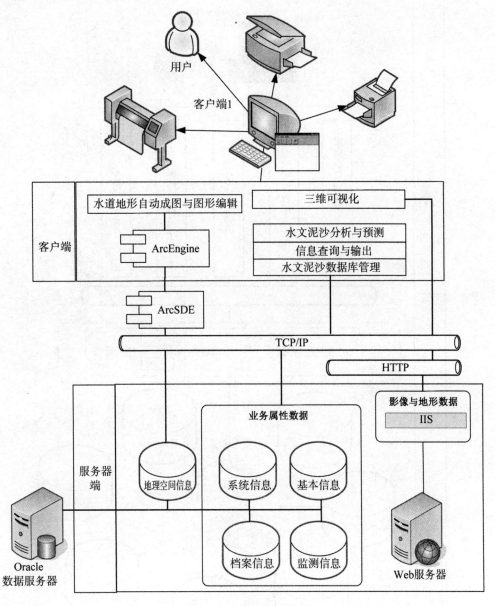

图 3-1　开发应用模式图

或模块在未来的处理系统中可以进行复用。

组件层：主要提供业务层使用的相关组件，包括相关的模型和算法，是一种细粒度的服务。其中的各种算法会随着应用的深入不断完善，而且在未来升级时可以进行完全重用。

业务层：业务层主要提供面向最终用户使用的各类服务，其内容包括水道地形自动成图与图形编辑子系统、水文泥沙数据库管理子系统、信息查询与输出子系统、水文泥沙分

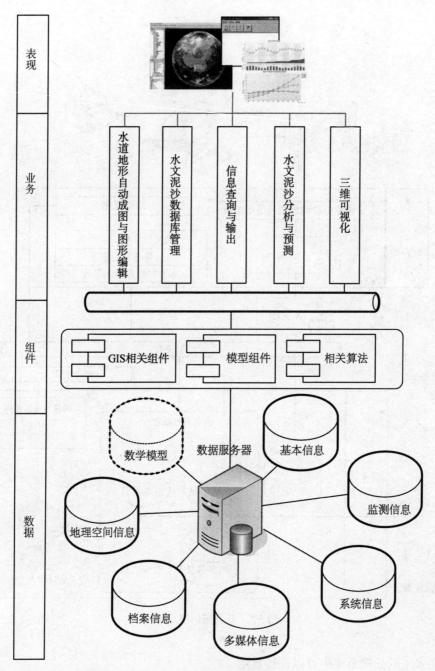

图 3-2 系统体系结构图

析与预测子系统、三维可视化子系统等。这个服务层次主要依赖于用户的需求。在需求基本固定的情况下，该服务层具有一定的通用性。

表现层：表现层主要包括人机交互服务和输入与输出服务等。这一层次的服务和其他服务都有一定的相关性，但也具有很好的复用性，可以根据操作需求、设备需求的变化进行升级改造。

3.4 软件硬件平台设计

3.4.1 软件平台设计

软件需满足系统对功能的需求和系统界面、用户环境等其他非功能性需求。软件平台的设计主要是操作系统、数据库、系统 GIS 平台、开发工具的选型和版本的确定。

1. 操作系统

数据库服务器使用 UNIX 操作系统。GIS 服务器均使用美国 Microsoft 公司开发的 Windows Server 操作系统。图形工作站及客户端 PC 机均使用美国 Microsoft 公司开发的 Windows 操作系统。

2. 数据库管理软件

系统确定使用 Oracle 作为数据库管理平台。Oracle 是目前世界上最具规模的大型数据库平台，可以对空间数据进行管理，具有操作简易、可扩展性好、安全性强大的数据备份和网络功能、可以安装于 Windows 和 UNIX 等多个版本等优点，负责统一管理、维护系统数据。

3. GIS 平台软件

（1）GIS 软件选用 ArcGIS。ArcGIS 产品线为用户提供一个可伸缩的，全面的 GIS 平台。ArcObjects 包含了大量的可编程组件，从细粒度的对象（例如，单个的几何对象）到粗粒度的对象（例如，与现有 ArcMap 文档交互的地图对象），涉及面极广，这些对象为开发者集成了全面的 GIS 功能。其产品主要包括 ArcGIS Desktop、ArcServer、ArcSDE、ArcGIS Engine 等 5 个部分。可以归纳为：

①ArcGIS Desktop——一个专业 GIS 桌面应用的完整套件。用于处理系统有关的矢量、栅格数据，以及数据的入库维护工作。

②服务端 GIS——包括 ArcSDE 和 ArcGIS Server。应用于企业和 Web 框架建立服务器端 GIS 应用程序平台。ArcSDE 是空间数据引擎软件，将空间数据按照 ArcGIS 空间数据组织管理模型通过该引擎软件管理在普通的关系数据库软件 Oracle 10g 中。ArcGIS Server 负责基于 B/S 架构的服务器端 GIS 功能程序开发。

③ArcGIS Engine——通过多种应用程序接口建立自定义应用程序的嵌入式 GIS 组件库。

（2）GaeaExplorer 三维软件开发平台

GaeaExplorer 是由武汉大学测绘遥感信息工程国家重点实验室研发的网络环境下全球海量空间数据无缝组织、管理与可视化软件平台。平台架构采用客户端、应用服务器和数据服务器的三层体系架构。根据这三层体系架构，GaeaExplorer 软件平台主要包括三部分：

①GaeaExplorerServer 通过分布式空间数据引擎，管理所有注册的空间数据，并提供实时多源空间数据的服务功能，

②GaeaExplorerBuilder 对海量矢量、影像、地形、地名和三维城市模型等类型的空间数据进行高效组织、压缩与管理，

③GaeaExplorer3D Viewer 通过建立地球的几何模型，实现地球模型的三维可视化。

4. 应用程序开发平台

（1）Visual Studio . Net 集成开发环境

Visual Studio 是由美国 MicroSoft 公司开发的软件集成开发环境产品，由于美国 MicroSoft 公司在计算机操作系统平台上的优越性，加上该产品的一贯优秀的表现，Visual Studio 软件集成开发环境受到了大多数软件开发人员的青睐。开发语言使用 C#. Net 与 VB. Net 混合开发。

（2）MSChart 作为图表可视化表现控件

考虑到系统集成开发环境为 Visual Studio 2008，系统确定采用 MSChart for . NET v3. 5 组件为图形表现平台。MSChart 是 MicroSoft 软件公司发布的一款免费图表控件，它可以在微软的 VS. Net 编译环境中发挥巨大的作用，因其强大的功能而广受好评，包括：大量的二维三维图表样式可供选择、33 种数理统计函数，内置数据库并支持桌面系统和服务器系统的多种数据格式导出、支持 . NET 下的应用程序，是一款非常优秀的制图控件。

（3）Autodesk 3ds Max 三维建模软件

Autodesk 3ds Max 是一个功能强大、集成的 3D 建模、动画和渲染解决方案。用户能够方便地使用该工具迅速展开制作工作。3ds Max 能为开发人员在更短的时间内制作令人惊叹的 3D 作品。本项目确定采用 Autodesk 3ds Max 为 3D 建模工具，负责重点区域的三维模型建立、渲染。

（4）Visual SourseSafe 配置管理软件

系统确定使用 Visual SourseSafe 作为系统配置管理软件，负责对开发过程中各阶段项目文档的版本管理，以及程序源码的版本控制管理。

软件平台具体软件选型与相应版本如表 3-1 所示。

表 3-1　　　　　　　　　　　　　　系统软件配置表

软 件 分 类		软件选型与版本
系统软件	数据库服务器操作系统	AIX 6
	应用服务器操作系统	Windows Server 2008
	应用服务器软件	IIS6
	客户端操作系统	Windows 7 或 WindowsXP Professional
GIS 系统平台软件	服务端	ArcServer 9. 3
	GIS 桌面工具	ArcGIS Desktop 9. 3
	三维可视化平台	GaeaExplorer 2. 0

续表

软 件 分 类		软件选型与版本
数据库管理系统	基础空间数据库	Oracle 10g
	业务信息数据库	Oracle 10g
	扫描图像信息存储数据库	Oracle 10g
开发工具	应用程序开发环境	Visual Studio 2008 Professional
	开发语言	c#. Net，vb. Net
	版本管理	Visual SourseSafe 2005
	GIS 二次开发包	ArcEngine Develop Kit 9. 3 ArcEngine Runtime 9. 3
	图表可视化控件	MSChart
	三维建模工具	Autodesk 3ds Max 9. 0

3.4.2 硬件平台设计

硬件物理系统主要根据软件系统的开发应用模式与体系构架来决定，设计时还需根据用户对系统的性能要求再结合用户单位的实际硬件和网络情况来设计。系统所需要的主要硬件设备选型与性能指标如表 3-2 所示。

表 3-2　　　　　　　　　　　　系统硬件配置表

硬件资源名称	主 要 作 用	个数	性 能 要 求
数据库服务器	数据库双机热备	2	UNIX 小型机，2 路 POWER5 CPU，16G 内存
Web 服务器	B/S 架构服务器端数据分发、查询等服务	1	x86 平台，2 路 Intel Xeon CPU，8G 内存
GIS 服务器	B/S 架构服务器端地理信息查询、分析服务	1	x86 平台，2 路 Xeon CPU，8G 内存
图形工作站	处理系统基础数据，包括影像纠正、融合、拼接，矢量数据的数字化加工，DEM 生成、重点区域模型处理等	按需	x86 平台，Intel i7 CPU，8GB 内存，500GB 硬盘，专业图形显卡，20 寸 LCD 寸显示器
普通工作站	客户端程序配置	按需	Intel 双核 CPU；4GB 内存；250GB 硬盘；19 寸 LCD 显示器
磁带机	保存历史数据	1	HP 10642G2 服务器机柜
磁盘阵列	物理存储设备	1	HP StorageWorks MSA2（1 个磁盘柜，8 个 300GB，SAN 交换机）

续表

硬件资源名称	主 要 作 用	个数	性 能 要 求
光线通道卡		1	HP FC2142SR 4Gb HBA
网络交换机	连接客户端 PC 与服务器的网络设备		CISCO WS-C2960G-24TC-L
投影仪			SONY VPL-CX120
彩色打印机	图形成果打印输出		HP Color Laserjet 4700dtn
黑白打印机	文字报表成果打印输出		HP Laserjet 4015n
扫描仪			CONTEX CHAMELEON 变色龙 G600
绘图仪			hp DesignJet 5500

3.5　子系统划分与模块的功能组成

系统体系结构设计完成之后，各子系统、各模块的功能在系统中的位置宏观上已基本确定，本阶段的主要任务就是设计具有独立功能而且和其他模块间没有过多互相作用的模块，即要完成"模块独立"设计。模块独立是模块独立、抽象、信息隐蔽和局部化的直接结果。

子系统与模块的划分主要根据需求分析中对用户对功能需求的分类与归纳。系统现划分为水道地形自动成图与图形编辑子系统、水文泥沙数据库管理子系统、信息查询与输出子系统、水文泥沙分析与预测子系统、三维可视化子系统五个子系统。子系统中的各模块与模块中的功能和需求分析中的一致。如图 3-3 所示。

3.5.1　水道地形自动成图与图形编辑子系统

水道地形自动成图与图形编辑子系统是由水道地形自动成图与图形编辑两个独立的模块组成。水道地形自动成图模块实现河道测量地形信息的数据自动分幅、DEM 与水下等高线的生成、输出等功能，所产生的地形图成果可以直接导入图形编辑模块中并对其进行编辑。图形编辑模块主要实现图元对象的创建、移动、属性编辑；矢量数据的编辑；图层的控制；实现对 ArcInfo、MapInfo、AutoCAD 等系统文件格式的导入导出支持等常用的GIS 功能。各模块具体功能描述如表 3-3 所示。

表 3-3　　　　　　水道地形自动成图与图形编辑子系统模块清单

模 块 名 称	功 能 描 述
空间数据编辑	提供多种编辑空间数据的方法
地图浏览	提供常规地图浏览工具

续表

模块名称	功　能　描　述
符号化	提供符号化相关功能
水道地形成图	提供地形图自动分幅、DEM 与水下等高线生成、专题图输出打印、图形格式转换输出等相关功能
制图输出	提供专题图制作相关功能
基本操作	图形保存打开等功能

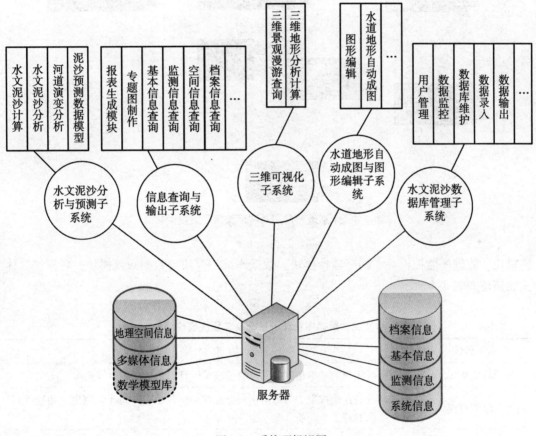

图 3-3　系统逻辑视图

水道地形自动成图与图形编辑子系统模块之间关系如图 3-4 所示。

3.5.2　水文泥沙数据库管理子系统

水文泥沙数据库管理子系统主要管理水文信息、水文整编成果资料、河道观测资料、水质整编成果、遥感影像资料、技术报告文档等属性或空间数据信息。水文泥沙数据库管理子系统的主要模块包括：用户管理模块、角色权限管理模块、数据源管理模块、系统管

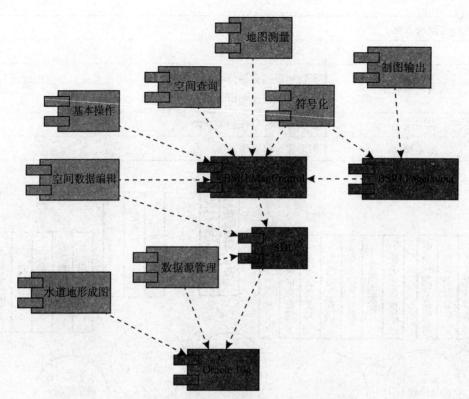

图 3-4　水道地形成图与图形编辑子系统模块

理模块、数据库监控模块、网络监控模块、数据库维护模块与数据录入模块。各模块具体功能描述如表 3-4 所示。

表 3-4　　　　　　　　　水文泥沙数据库管理子系统及其程序模块清单

模块名称	功能描述
用户管理模块	管理系统用户的基本信息，用户组的成员管理，包括增删改等操作
角色权限管理模块	管理系统的角色权限，为每个用户分配相应的角色，为每个角色定义相应的权限至系统的每一个功能
数据源管理模块	管理系统数据源信息，包括配置图层的初始化顺序，符号化配置，并且配置数据的物理存放位置，并可针对不同角色设置不同数据源
数据备份与恢复模块	提供对 Oracle 10g 数据库的全局数据、表空间、表的备份与恢复，备份恢复日志文件的管理
数据库监控模块	提供数据库表空间监控、核心文件位置监控、数据库系统性能监控、在数据库容量与表空间容量即将不足时报警等功能，记录数据库运行状况等日志信息等
网络监控模块	提供监听客户端的使用情况、客户端连接或断开数据库状态的管理，并提供相关日志记录

模 块 名 称	功 能 描 述
数据库查询更新模块	为数据管理员提供业务表详情查看，提供简单查询与 SQL 查询，并可在查询结果中或利用 SQL 语句对属性数据表记录进行更新
数据录入模块	为数据管理员及系统高级操作员（数据录入员）提供数据录入图形操作界面，实现系统各种空间和属性数据批量入库功能
数据输出	对属性表数据的查询结果以文本、Excel、XML 等多种文档格式输出并保存到本地

水文泥沙数据库管理子系统模块之间关系如图 3-5 所示。

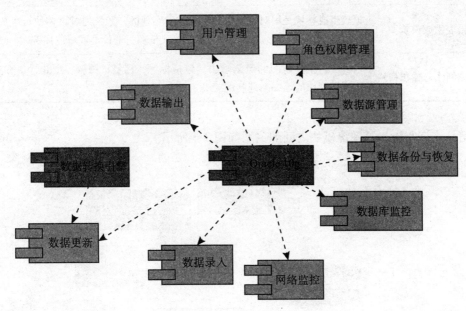

图 3-5　水文泥沙数据库管理子系统模块关系图

3.5.3　信息查询与输出子系统

信息查询与输出子系统的主要内容包括基本信息、监测信息、档案信息、系统信息等。数据类型的不同导致查询的方式，结果的展现也不同，所以子系统的各模块根据查询的内容来划分。子系统输出部分包含了对查询结果进行符合行业标准或单位惯例输出的报表生成模块与六个预定义专题图的设计与出版模块，各模块具体功能描述如表 3-5 所示。

表 3-5　　　　　　　　　　　　　信息查询与输出子系统模块清单

模块名称	功 能 描 述
基本信息查询模块	为用户提供河流、监测站、测量断面、梯级水电站的基本信息查询功能。该查询除了对图层数据基本属性的查询外，还涉及统计分析结果的查询
监测信息查询模块	主要按时间区间查询水位、流量、含沙量、输沙率、颗粒机配、固定断面监测、河床组成等监测资料
空间信息查询模块	空间信息数据查询模块主要实现空间图形与属性数据实时联动查询，并采用热点记忆功能，记录用户频繁快速定位显示热点查询信息
档案信息查询模块	每个用户在自己的权限范围内，进行目录或电子文件的查询、利用及打印等功能。查询提供按时间区间和关键字的方式
CAD 文件查询模块	可按项目或施测时间查看河道地形 CAD 原始文件的表记录，并能浏览 CAD 文件具体的绘制内容
报表生成模块	报表生成模块是用对象链接和嵌入技术实现的，系统通过该模块可生成纯文本、Excel 文件等形式的报表，报表格式依照行业标准或单位惯例
专题图制作与输出模块	包含了六个专题图的定制输出。包括标题、标签、图例、指北针、方里网、比例尺制作的等一系列制图工具

信息查询与输出子系统模块之间的关系如图 3-6 所示。

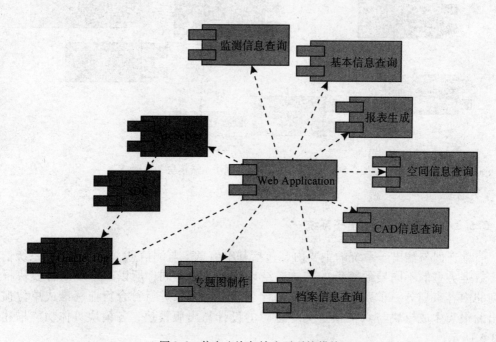

图 3-6　信息查询与输出子系统模块

3.5.4 水文泥沙分析与预测子系统

水文泥沙分析与预测子系统主要是对水文泥沙的分析计算预测与成果可视化。子系统各模块根据对需求分析中功能分类可以划分为四个模块：水文泥沙计算模块、水文泥沙分析模块、河道演变分析模块、泥沙预测数据模型模块。水文泥沙计算模块提供各种与水文泥沙相关的计算功能。水文泥沙分析模块分析水沙过程、水沙沿程变化、水沙年内年际变化、水沙综合关系，并提供分析结果的图表显示。河道演变分析模块提供河道演变参数计算、河道演变分析功能及其分析结果图形表现的功能。泥沙预测数学模型模块为金沙江下游梯级水电站的水文泥沙数据分析提供用于预测预报的实用水沙模型，并提供对各类模型的便捷管理功能。各模块具体功能描述如表3-6所示。

表3-6 水文泥沙分析与预测子系统模块

模块名称	功 能 描 述
水文泥沙计算	水文泥沙相关的计算功能。主要进行水文大断面要素计算、水量计算和沙量计算
水文泥沙分析	提供水沙过程分析、水沙沿程变化分析、水沙年内年际变化分析、水沙综合关系分析，并提供分析结果的图表显示
河道演变分析	提供河道演变参数计算、河道演变分析功能及其结果图表表现的功能，为领导和专业研究人员提供分析决策的强有力工具。由固定断面要素计算、河道槽蓄量计算、泥沙冲淤计算、深泓纵剖面变化、河道任意剖面绘制、河道平面变化等功能模块组成
泥沙预测数学模型	泥沙预测数学模型是指依据非均匀沙不平衡输沙理论建立的实用模型，数学模型基于所研究河段的水文泥沙数据、地形数据、空间数据等实测数据，对一定时期内的河道泥沙运动及河床演变情况作出预测计算，计算结果可以作为决策过程的科学依据，预测成果主要包括明流、异重流、悬移质、推移质、水沙过程线及沿程变化，各时段沿程冲淤量、冲淤面积及冲淤厚度及分层级配变化

水文泥沙分析与预测子系统模块之间关系如图3-7所示。

3.5.5 三维可视化子系统

三维可视化子系统主要实现了三个方面的内容，即在三维数字地球上按照不同方式、角度和路线进行漫游浏览，对地物要素进行相关信息的查询统计，利用三维地形进行各种分析计算，具体模块划分与功能描述如表3-7所示。

69

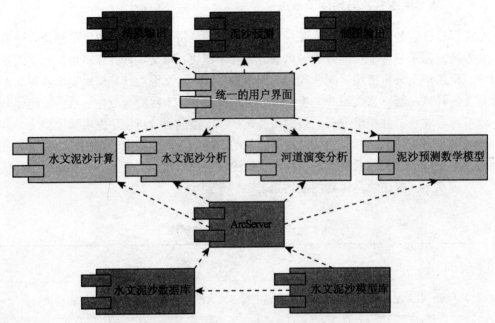

图 3-7 水文泥沙分析与预测子系统模块关系图

表 3-7 模块功能描述

模块名称	功能描述
大区域漫游	支持任意大图形、大图像的自动浏览显示，可以进行大场景三维快速漫游。可以对当前视图窗口中场景进行放大、缩小操作、实时缩放操作、平移操作。并可以将当前场景恢复到初始状态。旋转操作能实现自由旋转、绕 X 轴旋转、绕 Y 轴旋转、绕 Z 轴旋转等。方便快速地切换各种视角：俯视、仰视、左视、右视、前视、后视等。提供浏览路线定制，可以设定多条浏览路径，系统视窗自动沿固定路径浏览飞行。提供浏览鹰眼显示功能，用于标识当前视点在场景中的位置
图形信息查询	查询三维界面下所有对象的信息。包括河流、水电站、水文测站、固定断面的基本信息；水文测站相关的水流含沙过程线图、水沙综合关系关系图
多种地图要素叠加显示	多要素合成三维建模提供基于数字高程模型的多种地图要素合成三维建模功能。多要素合成三维建模支持的地图要素包括主要水系、等高线、主要交通网、城镇名称标注、水文测站标注、断面标注等。其数据存放在 ORACLE 数据库中，通过 ARCSDE 调用后在三维场景中叠加显示和查询，多要素合成三维模型提供放大、缩小、漫游、旋转、飞行、航行等基本操作
基本地形因子分析计算	基本地形因子计算提供基于数字高程模型的坡度/坡向计算、距离量算、面积与体积量算等功能。实现基于任意两断面间（两点）/任意多边形区域/键盘坐标输入/文件批量输入等方法所确定的量算路径或区域

模块名称	功能描述
水淹分析	水淹分析提供基于金沙江下游数字高程模型的洪水淹没分析功能和静库区容量计算/河道槽蓄量计算。水淹分析根据数字高程模型及水位数据，计算出从源点开始淹没，淹没到指定高度的淹没区域以及淹没区的区域面积和淹没区的库区容积，同时三维场景视图中将显示洪水淹没的三维效果并提供必要的分析成果，如淹没着色图、淹没面积等。在三维场景中进行水位动态淹没演示并进行历史水位数据回放
剖面分析	提供直接在三维可视化场景中绘出任意断面的二维剖面图，同时也可以实现地形切块
通视分析	通视分析提供"可视域分析"和"两点通视"两种。通过"可视域分析"工具可以计算并显示三维场景中某一点的可视范围，并通过给定通视点的坐标和视点高度计算出可视区域，其结果可以在三维场景中表达
开挖分析	基于 DEM 的土方量开挖计算方法可以分为两种：断面法和垂向区域法；这两种方法具有高效性，是工程开挖过程中进行方案设计的有力工具，开挖功能提供对土方量的计算。此外，通过修改基础地形数据或嵌入特定的地形结构实现在三维场景中特定开挖的三维表达
快速定位与查询统计	系统可以进行三维场景的快速定位，定位方式有：名称定位、坐标定位、用户自定义热点定位等方式

模块之间关系如图 3-8 所示：

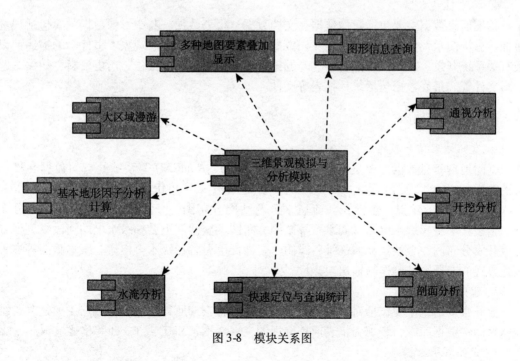

图 3-8　模块关系图

3.6 系统输入/输出

3.6.1 系统输入

1. 基本信息数据

基本信息数据主要包括：河流信息数据、测站属性数据、断面信息数据、工程信息数据、水库调度数据。

2. 监测信息数据

监测信息数据是指由气象、水文等专业监测部门提供的地面监测数据，主要包括水文数据、泥沙数据、地形数据、异重流数据、水电站进沙数据、气象数据、灾害数据等。

3. 空间地理信息数据

空间地理信息数据主要分为四类：测站、断面、河流等分布图、地形图、DEM 数据和遥感影像图。其中分布图表包括长江流域水系图、金沙江流域水系图、金沙江下游梯级水电站区间水系图、测站分布图、测量及监测断面分布图、工程分布图、堤防分布图等。地形图包括金沙江下游梯级水电站流域内 1:50000 基础地形图，河道地形成果包括控制网成果、库区、坝区、坝下游干支流地形观测。DEM 数据包括：主要有长江流域 1:250000DEM、金沙江流域 1:50000DEM、航拍 DEM 等。遥感影像图包括：金沙江流域 15m 分辨率遥感影像资料、金沙江下游梯级水电站流域内 0.61m 分辨率遥感影像资料等，0.5m 航拍影像。

4. 档案信息数据

档案信息数据主要包括影像数据、文档数据、报表数据。其中影像数据主要包括现场录像、分析演示、照片、图片等。文档数据包括对工程、区域、现象、事件等的描述，以及有关系统开发、观测、规范资料、专题论文、已有相关研究报告、历史资料、相关主题资料文件等。报表数据包括统计报表等文件。

3.6.2 系统输出

1. 空间地理信息数据

空间地理信息数据主要是指对 ArcInfo、MapInfo、AutoCAD 等系统的空间数据文件格式的数据输出，以及由此生成的多种图像文件格式（BMP、JPG、TIF、PCX、PNG、TGA、GIF 等）的输出，包括长江流域水系及站网分布图、金沙江流域水系及站网分布图、金沙江下游梯级水电站区间水系及站网分布图、金沙江下游梯级水电站河段纵剖面和梯级开发分布图、金沙江流域三维鸟瞰图、金沙江下游各梯级水电枢纽三维鸟瞰图等多种表达方式的专题图的制作与输出。

2. 业务查询信息

业务查询信息主要包括对各种业务属性数据进行查询所得信息，源数据主要是以二维表格存储在数据库中，表现为报表或查询视图，以文本、XML 或 Excel 等格式输出。

3. 业务成果数据

业务成果数据主要包括对业务数据进行各类计算、分析、统计等生成的数据，可以图表、文本或 Excel 等格式输出。

3.7 系统接口设计

3.7.1 系统外部接口

系统外部数据主要为专业测绘软件（如清华三维）的地形图数据或 CAD 数据、以及每年更新的业务数据。其中业务数据以 Excel 文档格式提供，系统提供数据导入功能将更新的 Excel 数据导入到系统 Oracle 10g 数据库中相应的表中。

对于已入库的空间数据，系统提供了数据导出功能，能根据用户需求以通用的 GIS 格式输出空间数据。对于业务数据系统提供了属性表导出功能，能将用户需要的业务数据导出为 Excel 文件。

专业测绘软件的地形图数据或 CAD 数据，需要通过空间转换接口转换为 shp 格式后，经过图形编辑模块编辑加工，通过 ArcSDE 录入系统空间数据库中。由于这类地形数据与 ArcGIS 数据组织方式不同，因此需按照 GIS 系统的需要对转换后的数据进行重新组织。其图层分类如表 3-8 所示，其中本系统利用地形的计算功能中主要用到首曲线、记曲线和实测点三个图层。

表 3-8　　　　　　　　　　　　地形图图层分类表

ID	对象类别	图元编码	类型	分色	所在图层	高程属性	说　　明
1	测量控制点	110000	P		测量控制点	含	不能区分以测量控制点编码
	平面控制点	110100	P				
	高程控制点	110200	P			含	
2	首曲线	710101	L		首曲线	含	不能区分出陆上、水下时以首曲线编码
	陆上首曲线	710101	L				
	水下首曲线	730101	L				
3	计曲线	710102	L		计曲线	含	不能区分出陆上、水下时以计曲线编码
	陆上计曲线	710102	L				
	水下计曲线	730102	L				
	计曲线注记	279000	P		计曲线注记		
4	居民地及设施（点）	300000	P		居民地及设施		点、线、面在 Shape 中独立分层
	居民地及设施（线）	300000	L				
	居民地及设施（面）	300000	R				
	居民地及设施注记	759000	P		居民地及设施注记		含文本注记、字体、方向、大小

ID	对象类别	图元编码	类型	分色	所在图层	高程属性	说　明
5	水利工程（点）	270000	P		水利工程		点、线、面在 Shape 中独立分层
	水利工程（线）	270000	L				
	水利工程（面）	270000	R				
	水利工程注记	279000	P		水利工程注记		含文本注记、字体、方向、大小
6	交通（点）	400000	P		交通		点、线、面在 Shape 中独立分层
	交通（线）	400000	L				
	交通（面）	400000	R				
	交通注记	759000	P		交通注记		含文本注记、字体、方向、大小
7	水系（点）	200000	P		水系		水系指除了河流、湖泊、水库、水体外的其他水系要素 点、线、面在 Shape 中独立分层
	水系（线）	200000	L				
	水系（面）	200000	R				
	河流（线）	210000	L				
	湖泊（面）	230000	R				
	水库（面）	240000	R				
	水系注记	279000	P		水系注记		含文本注记、字体、方向、大小
8	植被与土质（点）	800000	P		植被与土质		点、线、面在 Shape 中独立分层
	植被与土质（线）	800000	L				
	植被与土质（面）	800000	R				
	植被与土质注记	759000	P		植被与土质注记		含文本注记、字体、方向、大小
9	地貌（点）	700000	P		地貌		地貌指除了首曲线、计曲线、实测点、陡坎外的其他地貌要素 点、线、面在 Shape 中独立分层
	地貌（线）	700000	L				
	地貌（面）	700000	R				
	地貌注记	759000	P		地貌注记		含文本注记、字体、方向、大小

续表

ID	对象类别	图元编码	类型	分色	所在图层	高程属性	说　明
10	图廓	120000	R		图廓		含图廓整饰时所有必要属性，以内图廓线为边界输出为面对象
11	图幅四角点坐标	120505	P		图幅四角点坐标		
12	境界与政区（点）	600000	P		境界与政区		点线、面在 Shape 中独立分层
	境界与政区（线）	600000	L				
	境界与政区（面）	600000	R				
	境界与政区注记	759000	P		境界与政区注记		含文本注记、字体、方向、大小
13	管线（点）	500000	P		管线		点线、面在 Shape 中独立分层
	管线（线）	500000	L				
	管线（面）	500000	R				
	管线注记	759000	P		管线注记		含文本注记、字体、方向、大小
14	基础地理注记	759000	P		基础地理注记		
15	陡坎	750600			陡坎		不管何种形状，原样打散
	陡坎注记	759000	P		陡坎注记		含文本注记、字体、方向、大小
16	断面线	270900	L		断面线		
	断面线注记	279000	P		水文注记		含文本注记、字体、方向、大小
17	深泓线	260000	L		深泓线		
	深泓线注记	279000	P		深泓线注记		含文本注记、字体、方向、大小
18	洲滩岸线（点）	260000	P		洲滩岸线		点线、面在 Shape 中独立分层
	洲滩岸线（线）	260000	L		洲滩岸线		
	洲滩岸线（面）	260000	R		洲滩岸线		
	洲滩岸线注记	279000	P		洲滩岸线注记		含文本注记、字体、方向、大小

ID	对象类别	图元编码	类型	分色	所在图层	高程属性	说　明
19	雨量蒸发站（点）	370000	P		雨量蒸发站		比例尺大时，可能为面域
	雨量蒸发站（面）	370000	R				
	雨量站	370111					
	蒸发站	370112					
	雨量蒸发站注记	279000	P		雨量蒸发站注记		含文本注记、字体、方向、大小
20	流态	261300	L		流态		
	流态注记	279000	P		流态注记		含文本注记、字体、方向、大小
21	实测点	720000	P		实测点	含	不能区分出陆上、水下时以实测点编码
	陆上实测点	720000	P			含	
	水下实测点	740000	P			含	
22	水文测站（点）	370000	P		水文测站		比例尺大时，可能为面域 点、线、面在 Shape 中独立分层
	水文测站（面）	370000	R				
	水文站	370102					
	水位站	370106					
	水质站	370110					
	水文测站注记	279000	P		水文测站注记		含文本注记、字体、方向、大小
23	水边线	210400	L		水边线		可以虚线表示
24	水边线数据	720000	P		水边线数据	含	点对象，通常含高程属性
25	水体	260000	R		水体		指除了湖泊、水库外其他面状水域如池塘等
	水体注记	279000	P		水体注记		含文本注记、字体、方向、大小
26	堤线	270100	L		堤线	含	当大堤分段表示时，有时也含高程属性
	堤线注记	279000	P		堤线注记		含文本注记、字体、方向、大小
27	水文注记	279000	P		水文注记		含文本注记、字体、方向、大小

对于 CAD 地形数据，系统提供了空间数据转换接口，将 dwg 格式 CAD 地形数据转换为 shp 格式数据。同时该接口还能满足空间数据交换的需要，将 shp 或空间数据库中数据转换为其他常用 GIS 空间数据格式输出。

对于业务属性数据，系统提供了 Excel 数据的导入/导出接口，只要满足系统规范格式要求的 Excel 格式数据，都能够导入系统业务属性数据库中存储；数据库中的业务属性数据也能够以标准的规范格式导出为 Excel 格式数据，以便于数据库管理员更新、管理系统业务属性数据。系统外部接口如图 3-9 所示。

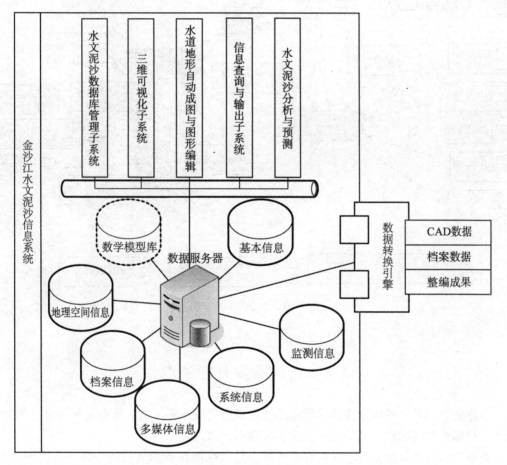

图 3-9　系统外部接口

3.7.2　系统内部接口

系统内部接口主要包括系统内部每个子系统之间的通信和模块之间通信。系统中各模块的接口通过数据库表、函数或全局变量进行通信和连接。系统主要内部接口如图 3-10 所示。

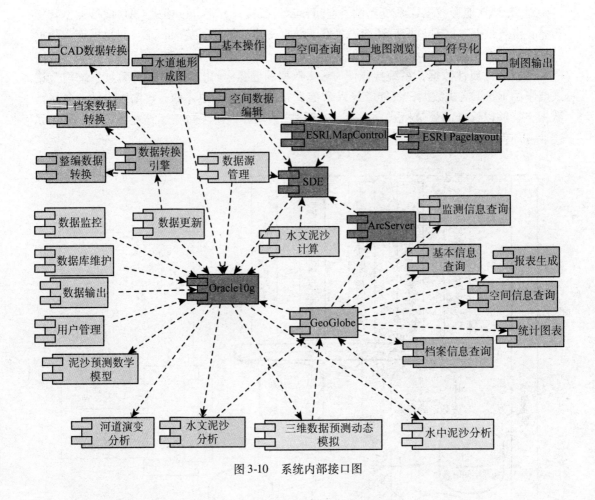

图 3-10 系统内部接口图

3.8 系统数据处理流程

数据流程图是一种能全面描述信息系统逻辑模型的主要工具,数据流程图可以用少数几个符号综合反映信息在系统中的流动、处理和存储情况。

数据流程图具有抽象性和概括性的特征,抽象性即在数据流程图中具体的组织机构、工作场所、人员、物质流等都已去掉,只剩下数据的存储、流动、加工、使用的情况。这种抽象性能使我们总结出信息处理的内部规律性。概括性是指数据流程图将系统对各种业务的处理过程联系起来考虑,形成一个总体。而业务编程图只能孤立地分析各个业务,不能反映出各业务之间的数据关系。

数据流程图的作用有以下几个方面:

1. 系统分析员用这种工具自上向下分析系统信息流程。

2. 可以在图上绘制出计算机处理的部分。

3. 根据逻辑存储,进一步作数据分析,可以向数据库设计过渡。

4. 根据数据流向，定出存取方式。

5. 对应一个处理过程，可以用相应的程序语言来表达处理方法，向程序设计过渡。

系统在确定功能模块划分与输入、输出后可以开始绘制系统流程图。对于大型系统，为了控制其复杂性，便于理解，需要采用自上向下逐层分解的方法进行，即用分层的方法将数据流分解成数据流程图来分别表示。本系统数据流程图如图 3-11 所示。

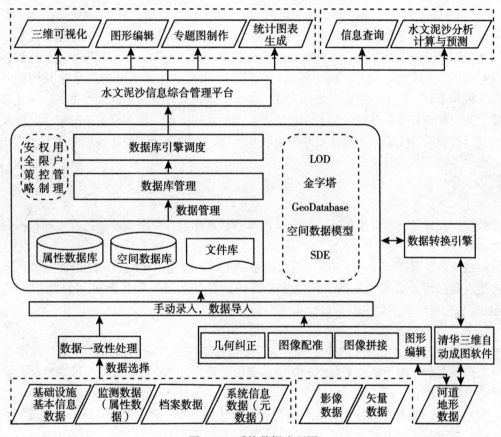

图 3-11　系统数据流程图

第 4 章　数据库设计

金沙江水文泥沙信息系统管辖的四个梯级水电站区域，是中国最大的巨型水库群。系统作为其综合分析管理平台，无论从地理空间跨度、数据类型、还是数据量上，在该领域都是空前的，从水电站设计、施工到运行阶段；从水文、泥沙到海量的多元异构空间数据；从纸质资料、电子表格到多媒体文件，等等，如何设计好水库群大数据的一体化存储方式，为系统打好坚实基础，使各子系统能有机的并存，是一项十分复杂的工作，需要理清头绪，按照软件工程中数据库设计的方法与步骤，细致周详地做好每一个环节的工作。

4.1　基本方法与步骤

数据库设计是程序开发的核心部分，标准的数据库设计原则和步骤能有效地提高开发进度和效率。

数据库设计（Database Design）是指对于一个给定的应用环境，构造最优的数据库模式，建立数据库及其应用系统，使之能够有效地存储数据，满足各种用户的应用需求（信息要求和处理要求）。

1. 数据库和信息系统

（1）数据库是信息系统的核心和基础，把信息系统中大量的数据按一定的模型组织起来，提供存储、维护、检索数据的功能，使信息系统可以方便、及时、准确地从数据库中获得所需的信息。

（2）数据库是信息系统的各个部分能否紧密地结合在一起以及如何结合的关键所在。

（3）数据库设计是信息系统开发和建设的重要组成部分。

（4）数据库设计人员应该具备的技术和知识：

①数据库的基本知识和数据库设计技术；

②计算机科学的基础知识和程序设计的方法和技巧；

③软件工程的原理和方法；

④应用领域的知识。

2. 数据库设计方法

现实世界的复杂性导致了数据库设计的复杂性。只有以科学的数据库设计理论为基础，在具体的设计原则的指导下，才能保证数据库系统的设计质量，减少系统运行后的维护代价。目前常用的各种数据库设计方法都属于规范设计法，即都是运用软件工程的思想与方法，根据数据库设计的特点，提出了各种设计准则与设计规程。这种工程化的规范设计方法也是在目前技术条件下设计数据库的最实用的方法。

在规范设计法中，数据库设计的核心与关键是逻辑数据库设计和物理数据库设计。逻辑数据库设计是根据用户要求和特定数据库管理系统的具体特点，以数据库设计理论为依据，设计数据库的全局逻辑结构和每个用户的局部逻辑结构。物理数据库设计是在逻辑结构确定之后，设计数据库的存储结构及其他实现细节。

但各种设计方法在设计步骤的划分上存在差异，各有自己的特点与局限。例如，比较著名的新奥尔良方法将数据库设计分为四个阶段：需求分析（分析用户要求）、概念设计（信息分析和定义）、逻辑设计（设计实现）和物理设计（物理数据库设计）。S. B. Yao 将数据库设计分为六个步骤：需求分析、模式构成、模式汇总、模式重构、模式分析和物理数据库设计。I. R. Palmer 则主张把数据库设计当成一步接一步的过程，并采用一些辅助手段实现每一过程。

此外还有一些为数据库设计不同阶段提供的具体实现技术与实现方法。例如，基于 E-R 模型的数据库设计方法，基于 3NF（第三范式）的设计方法，基于抽象语法规范的设计方法等。

规范设计法在具体使用中可以分为两类：手工设计和计算机辅助数据库设计。按规范设计法的工程原则与步骤，手工设计数据库其工作量较大，设计者的经验与知识在很大程度上决定了数据库设计的质量。计算机辅助数据库设计可以减轻数据库设计的工作强度，加快数据库设计速度，提高数据库设计质量。但目前计算机辅助数据库设计还只是数据库设计中某些过程中模拟某一规范设计的方法，并以人的知识或经验为主导，通过人际交互实现设计中的某些部分。

3. 数据库设计的基本步骤

通常将数据库设计分为六个阶段，如图 4-1 所示。数据库系统的三级模式结构也是在这样一个设计过程中逐渐形成的。

（1）需求分析

进行数据库设计首先必须准确了解与分析用户需求（包括数据与处理）。需求分析是整个设计过程的基础，是最困难、最耗时间的一步。需求分析的结果是否准确地反映了用户的实际需求，将直接影响到后面各个阶段的设计，并影响到设计结果是否合理和实用。

（2）概念设计

准确抽象出现实世界的需求后，下一步应考虑如何实现用户的这些需求。由于数据库逻辑结构依赖于具体的 DBMS，直接涉及数据库的逻辑结构会增加设计人员对不同数据库管理系统的数据库模式的理解负担，因此在将现实世界需求转化为机器世界的模型之前，我们先以一种独立于具体数据库管理系统的逻辑描述方法来描述数据库的逻辑结构，即设计数据库的概念结构。

概念设计是整个数据库设计的关键，这项工作通过对用户需求进行综合、归纳与抽象，形成一个独立于具体 DBMS 的概念模型。

（3）逻辑设计

逻辑设计是将抽象的概念结构转换为所选用的 DBMS 支持的数据模型，并对其进行优化。

（4）物理设计

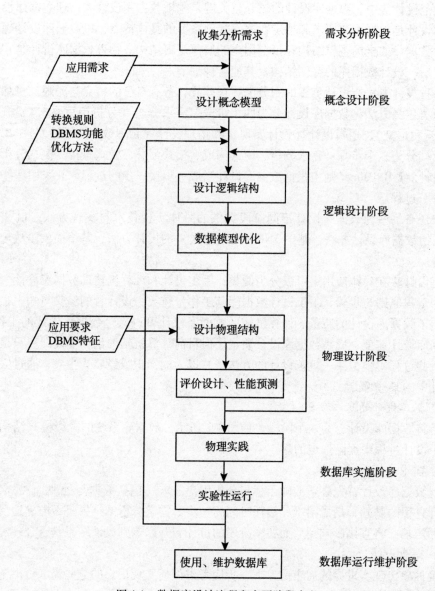

图 4-1　数据库设计流程和主要阶段定义

　　数据库物理设计是为逻辑数据模型选取一个最适合应用环境的物理结构（包括存储结构和存取方法）。

　　（5）数据库实施

　　在数据库实施阶段，设计人员运用 DBMS 提供的数据语言及其宿主语言，根据逻辑设计和物理设计的结果建立数据库，编制与调试应用程序，组织数据入库，并进行试运行。

　　（6）数据库运行维护

　　数据库应用系统经过试运行后即可投入正式运行。在数据库系统运行过程中必须不断地对其进行评价、调整与修改。

4. 数据库设计中应注意的问题

设计一个完善的数据库应用系统，往往是上述这六个阶段不断反复的过程。在数据库设计过程中必须注意以下问题：

（1）数据库设计过程中要注意充分调动用户的积极性。用户积极参与是数据库设计成功的关键因素之一。用户最了解自己的业务，最了解自己的需求，用户的积极配合能够缩短需求分析的进程，帮助设计人员尽快熟悉业务，更加准确地抽象出用户的需求，减少反复，也使设计出的系统与用户的最初设想更为符合。同时用户参与意见，双方共同对设计结果承担责任，也可以减少数据库设计的风险。

（2）应用环境的改变、新技术的出现等都会导致应用需求的变化，因此设计人员在设计数据库时必须充分考虑到系统的可扩充性，使设计易于变动。一个设计优良的数据库系统应该具有一定的可伸缩性，应用环境的改变和新需求的出现一般不会推翻原设计，不会对现有的应用程序和数据造成大的影响，而只是在原设计基础上做一些扩充即可满足新的需求。

（3）系统的可扩充性最终都是有一定限度的。当应用环境或应用需求发生巨大变化时，原设计方案可能终将无法再进行扩充，必须推倒重来，这时就会开始一个新的数据库设计的生命周期，但在设计新数据库应用的过程中，必须充分考虑到已有应用，尽量使用户能够平稳地从旧系统迁移到新系统。比如，新系统应该能够自动把旧系统中的数据转移到新系统中来。又如，操作界面的风格一般应改变较少，以减少对用户的再培训。

5. 数据库各级模式的形成过程

（1）需求分析阶段：综合各个用户的应用需求。

（2）概念设计阶段：形成独立于机器特点，独立于各个 DBMS 产品的概念模式（E-R图）。

（3）逻辑设计阶段：首先将 E-R 图转换成具体的数据库产品支持的数据模型，如关系模型，形成数据库逻辑模式；然后根据用户处理的要求、安全性的考虑，在基本表的基础上再建立必要的视图（View），形成数据的外模式。

（4）物理设计阶段：根据 DBMS 特点和处理的需要，进行物理存储安排，建立索引，形成数据库内模式。

6. 建模工具

为加快数据库设计速度，目前有许多数据库辅助工具（CASE 工具），如 Rational 公司的 Rational Rose，CA 公司的 Erwin 和 Bpwin，Sybase 公司的 PowerDesigner 以及 Oracle 公司的 Oracle Designer 等。

4.2 数据库设计思路

根据系统数据分类，本系统采用矢量和栅格空间数据、业务属性数据和用户数据库三个数据库表空间分别管理矢量栅格图形数据、业务数据和用户及配置数据的数据库建设方案。三类数据均物理存储在数据库服务器上，用 Oracle 10g 数据库管理软件进行管理。矢量空间数据库直接由 shp 格式矢量数据文件通过 ArcSDE 导入 Oracle 10g 关系数据库形成，所以本系统的数据库设计重点放在多源空间数据的组织、业务属性数据表的设计以及配置信息管理组织上。本着尊重原始数据、尽量靠近文本资料数据结构、面向水文泥沙业务需求的原则，在保证所有数据完整真实的前提下，合理构建水文泥沙数据库。并且数据库的设计过程中重点需要考虑以下三个问题，并贯穿于整个设计过程中：

1. 四个梯级水电站所在的水库群之间既有联系，又有相对的独立性。如何组织空间数据，在作为整体研究时，能更好地为其联合调度提供有力的数据支撑，作为独立研究对象时，能在有限的条件下高效、快捷的进行数据管理、调度、传输，从而达到对系统的性能需求。

2. 梯级水电站与水库群相关业务属性数据的产生是频繁的，甚至是实时的，如何组织业务属性数据，使存在异构的梯级水电站、水库群所采集的原始监测数据表与适合系统的业务属性表有快速的转换关系，不需或尽可能减少人工参与转换。

3. 在水沙联合分析、水库群泥沙定位定量分析等功能中需要空间数据与业务属性数据同时参与分析，如何将两种类型的数据进行关联，在对同一对象进行分析时能快速的获取。

4.3　空间数据库设计

金沙江水文泥沙信息系统采用目前较为流行的空间数据解决方案：在以 Geodatabase 为数据模型的空间数据库之上增加一层空间数据引擎（Spatial Data Engine）软件，形成对象-关系数据库管理系统，实现对空间数据和属性数据的一体化管理。

4.3.1　Geodatabase 与 ArcSDE

1. ArcSDE 主要包括地理数据服务和空间分析工具两个组件。地理数据服务使 ArcSDE 与 RDBMS 协同工作来存取空间数据成为可能。RDBMS 以数据库表的形式提供物理存储，ArcSDE 解释这些表的内容供 GIS 功能所用。ArcSDE 增强了 RDBMS 和 SQL 对地理空间数据的解释能力，这些数据都以非格式化的二进制文件形式存储在 RDBMS 的表中。ArcSDE 在收到一个客户端应用请求时与 RDBMS 进行交互，客户端可以利用 ArcSDE 的地理数据服务从空间数据库中存取数据。ArcSDE 中另一个主要组件是空间分析工具。开发者可以利用该分析工具来处理从 ArcSDE 服务器发过来的数据请求，可以编写一个定制的客户端应用来分析二维或三维数据、执行线性分析、转换地图投影等。

2. Geodatabase 是 ArcGIS 引入的一种全新的面向对象的空间数据模型，是建立在 DBMS 之上的统一的、智能的空间数据模型。Geodatabase 主要是针对标准关系数据库技术的扩展，Geodatabase 扩展了传统的点、线和面特征，为空间信息定义了一个统一的模型。在该模型的基础上，可以定义和操作不同应用的具体模型。Geodatabase 为创建和操作不同用户的数据模型提供了一个统一的、强大的平台。在此模型中，空间中的实体可以表示为具有性质、行为和关系的对象。该模型还允许定义对象之间的关系和规则，从而保持地物对象间相关性和拓扑性的完整。Geodatabase 描述地理对象主要通过以下四种形式：（1）用矢量数据描述不连续的对象；（2）用栅格数据描述连续对象；（3）用 TINs 描述地理表面；（4）用 Locatro 或者 Address 描述位置。

Geodatabase 数据模型中的数据存储方式是多样的，可以存储在标准的 DBMS 表中，或者文件系统中，也可以是 XML 流。Geodatabase 实现了通用模型的行为和完整性规则，并且将数据请求转换成对相应的物理数据库的操作。这种逻辑层与存储层分开的架构使得 Geodatabase 可以对多种文件类型、数据库和 XML 进行统一的管理操作，而不需要关心实际的数据存储方式、文件格式等。

3. ArcSDE 与 Geodatabase 的关系。ArcSDE 是针对空间数据的存储提供的一套空间数据库管理软件。通过 ArcSDE，用户可以将多种数据产品按照 Geodatabase 模型存储于商用数据库系统中，并获得高效的管理和检索服务。其两者间的关系如图 4-2 所示。

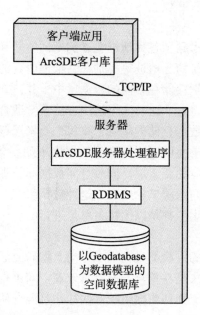

图 4-2　ArcSDE 与 Geodatabase 关系图

4.3.2　矢量数据库

矢量数据库具有很大的地理空间范围。这样一个大范围的数据建库如何组织是一个非常重要的技术和策略问题。基础空间数据组织方法包括分幅组织、分区域组织。

1. 分幅组织

分幅组织是指根据空间位置将地理空间划分为不同的图幅，一般按照一定的间隔（如经纬度、格网等）水平地将地理空间划分为许多个图幅，根据分幅方法，将图幅赋予一个唯一的编号并且有一定的规则，分幅编号的最基本方法是行列号，即根据分幅的地理范围，将分幅的行号和列号组成一个号码，保证其唯一，文件存储时用此编号对文件或文件夹进行命名。这种方法对于以文件形式存储数据的 GIS 系统非常重要，并获得了广泛的应用，这是因为在文件方式下，GIS 系统对数据的管理是以文件为单位的，即系统处理数据时，将整幅图形数据调入内存进行处理，利用分幅，可以将数据量大的空间数据分为若干个小的数据，便于处理。我国目前基础海图数据的生产也是采用这种模式。但是这种数据组织方法也存在其固有的缺点，即采用人为的方法将本来是连续的地理空间对象划分为多个图幅，造成地物的完整性得不到保证，同时在系统调用数据进行全库漫游时，需要根据图幅范围确定需要调入内存的图幅，及时从内存中删除不需要的图幅数据，增加应用系统的开发难度。

2. 分区域组织

分区域组织往往是根据一定范围（如行政区、测区、河段）将整个数据建库区域划分成若干个小区域，在小区域内组织数据。这种方法与分幅存储有一定的相同之处，都是在水平方向上对建库区域进行划分。但是其范围比图幅方式大，能够保证地物在该区域内的完整性。但是数据更新比较麻烦。

3. 分要素组织

分要素组织这种划分考虑到了各种地理要素的不同空间和属性特征，如将地理空间划分为房屋、道路、水系、构筑物、植被等类别，并根据研究的需要，将其抽象为 GIS 中的点、线和面等数据类型，分别存储在不同的数据层中，并建立相应的地物属性。这种数据组织方法具有简单、明确的特点。这种数据组织方法非常适合于采用数据库进行空间数据管理，因为数据库具有海量数据存储的优点，将每个要素层存储在数据库中时，转换为数据库中的一个数据表，每个空间要素则转换为数据库中的一条记录。在应用系统开发时，可以根据需要，叠加显示相应的要素层，同时空间数据库管理系统能够根据应用系统的显示范围提取相应的数据，提高系统显示速度。这种数据组织方法的缺点是数据的更新维护比较麻烦，因为目前数据的生产都是以图幅为单位进行的。

4. 混合的数据组织

分幅组织和分区域组织的方法都是在水平方向上将研究区域划分成不同的块，再进行数据组织，而分要素组织方法是在垂直方向上对地理空间进行划分。在实际空间数据基础设施数据库建设过程中，以上几种数据组织方法往往是混合使用，以充分发挥各种数据组织方法的优势。

本系统的矢量数据除了不被更新的基础地理数据外还包括需要更新的河道地形数据，前者用于专题表现以及地图宏观显示，后者主要用于与水文泥沙专题计算有关的分析功能提供数据基础。对于这两种不同用途的矢量数据，系统采取不同的数据组织策略对其进行存储。

对于不是经常更新的基础地理数据，系统采取分要素组织的形式将基础地理数据分为不同的要素图层通过 ArcSDE 分层存储在系统空间数据库中。

对于需要更新的河道分析地形数据，系统采用混合的数据组织方式，以分要素组织形式为基础，在逻辑上构建分幅索引网格，将分幅信息以数据库表的形式存储在数据库中，表中记录详细的各分幅索引信息，提高系统分幅索引的效率。

4.3.3　DEM 数据库

DEM 数据库存储的是河道地形 DEM 数据，是基于地形法进行水文泥沙、河道演变分析计算的数据来源。由于金沙江下游河道地形测量数据的原始成果为 CAD 格式的分幅地形，所以首先需将某范围内的所有 CAD 格式图幅转换成为 ARCGIS 支持的 shape 格式，并提取其中的首曲线、计曲线和实测点数据，然后与事先制作的该范围边界线一同生成 DEM，通过 ArcSDE 管理入库。

生成的 DEM 数据需根据系统管理对象本身特点的组织存储。系统所管理的河道地形是以四个水电站为对象作为范围划分的，每个水电站又根据测量任务或区域不同分为库区干流、库区支流、围堰、坝下游等不同项目，每个项目下还可能会有一个或多个测次，所以 DEM 数据可以某水电站某项目下的某个测次作为数据存储单元，以"电站名"+"项目名称"+"测次"命名方式存储（命名规则见附录四中编码规则的相关章节）。这样就将所有 DEM 进行了时间、空间和类型上划分，采用此命名规则可以定义所有不同来源的 DEM 数据，计算时可以依此唯一确定调取的 DEM，且单个 DEM 数据的规模不至于太大，保证了较高的计算效率。在进行如水库群联合调度等综合分析时，可以提取同一项目下相同时间多个水电站的所有 DEM 分析，或同一项目不同时间 DEM 进行比较分析，使之分区域计算，并能综合分析。DEM 在数据库中的存储结构如图 4-3 所示：

数据集项目名称	数据集批次	数据集生产时间
向家坝水电站坝下游干流水下地形观测	2006-00	2006-1-1
向家坝水电站坝下游干流水下地形观测	2008-00	2008-4-1
向家坝水电站坝下游支流水下地形观测	2008-00	2008-4-1
向家坝水电站库区干流地形观测	2008-00	2008-4-1
向家坝水电站围堰冲淤变化观测	2008-00	2008-5-1
溪洛渡水电站围堰冲淤变化观测	2008-00	2008-5-1
溪洛渡水电站近坝区水下地形观测	2008-00	2008-5-1
溪洛渡水电站围堰冲淤变化观测	2009-01	2009-5-1
溪洛渡水电站近坝区水下地形观测	2009-00	2009-5-1

图 4-3　DEM 数据的组织

另外，每个 DEM 的边界线还有其他重要作用（在关键技术与算法章节中有介绍），也需单独建立数据表入库存储。由于每个测次的 DEM 数据均有唯一命名，边界线命名可以与其对应的 DEM 完全相同，保证了其唯一性。DEM 边界作为矢量数据也应通过 ArcSDE 管理入库。

4.3.4　栅格影像数据库

如果将视点升至高空中进行观察，将得到一个宏观的地形景观体验。而这种特殊的观察效果主要靠不同分辨率的 DEM 及其与 DOM 的融合来表现。比如，低分辨率卫星影像被用于描述大范围的宏观地形特征，而高分辨率航空影像则用于描述局部地区的详细景观特征。为了满足视点高度变化对不同细节层次数据快速浏览的需要，一般在物理上要建立金字塔层次结构的多分辨率数据库。而不同分辨率的数据库之间可以自适应地进行数据调度。金字塔结构是分层组织海量栅格数据行之有效的方式，不同层的数据具有不同的分辨率、数据量和地形描述的细节程度，分别用于不同细节层次的地形表示，如图 4-4 所示。

这样，既可以在瞬时一览全貌，也可以迅速看到局部地方的微小细节。

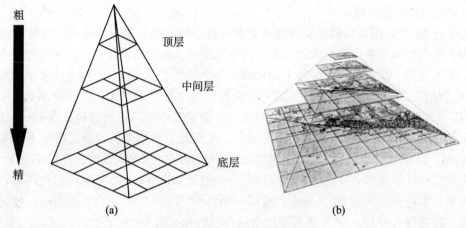

图 4-4　金字塔层次结构图

如图 4-4 所示为典型的基于格网索引方式的栅格数据分区组织方法。对同一细节层次的数据按照"片-块-行列"方式进行分区组织。一个细节层次的数据区域被划分为若干片连续均匀的数据子区域，片是整个区域数据的逻辑分区并作为空间索引的基础，每一个片包含若干数量的块。片与块是基本的数据存储与访问单元，块也是图形绘制的基本单元（一个块的 DOM 在 OpenGL 中作为连续的纹理被绑定，并整体映射到对应范围的一个 DEM 块表面）。一个片中的所有块在存储时依次排列，相邻块在相邻边上的数据相互重叠。每个块包含若干行列的最基本栅格单元，如一个影像像元和 DEM 网格。基于上述这种分层分区组织方式，根据细节程度要求和 (X, Y) 位置便可以快速定位数据库中任意层次任意位置的栅格数据。分区组织的关键是设计合理的片与块大小，即每个片包含的块行列数、每个块所包含的栅格单元行列数。片与块的大小直接关系每帧图形绘制所需访问数据库的次数和每次数据检索与存取的数据量。如果分块太小，访问数据库的次数就多；反之，每次数据库吞吐的数据量就大。由于在漫游过程中需要动态装载的数据往往只有一行或一列数据块，为了能将数据装载过程比较均衡地分解到各个图像帧，数据块的划分显然也不宜过大。根据一定的屏幕分辨率和显示环境参数可以计算出每帧图形相应的视场范围以及与计算机软件、硬件性能最佳匹配的数据处理能力，由此可以计算每帧图形可以处理的 DEM/DOM 数据块数。同时，为了减少数据调度与图形绘制过程中的重采样，DEM 与 DOM 的分块范围往往也要设计成一样。

本系统三维可视化环境下的地图浏览 DEM 数据和数字正射影像数据 DOM 均基于以上策略进行组织管理，并以文件库的形式存储在系统数据服务器上。

4.4　业务属性数据库设计

业务属性数据按照实际需求，以现有业务资料为依据进行整理入库。数据需要体现历史性、连续性和变化性，这些特性主要体现在该系统的业务属性数据库中。我们在构建本系统业务属性数据库时，采取了以下措施满足系统业务的需求：

（1）业务数据均以数据库表的形式物理存储在业务数据库中，方便查询访问；

（2）采用统一数据标准，规范分类原则；

（3）设计数据库元数据表，元数据表记录了各字段标识码与相应字段的对应关系，以及字段参数的具体说明；

（4）设计数据库字典表，字典表解释各关联表之间的关系，将有关系的数据库表进行关联，方便信息查询，同时有效地保持了数据的一致性，并大量采用了存储过程，提高了数据库查询和编辑的效率。

4.4.1　基础水文数据库

基础水文数据库数据按水利行业标准《基础水文数据库表结构及标识符标准》（SL 324—2005）设计，主要分为基本信息表、摘录表、日表、旬表，月表，年表、实测调查表、率定表、数据说明表等。

4.4.2　扩充水文数据库

扩充水文数据库根据业务需求结合生产实际，对基础水文数据库表进行扩充，主要包括控制成果表，水尺考证表，断面标题表，参数索引表，断面成果表，断面水文泥沙成果总表，实测水位表，流速成果表，含沙量成果表 OBCS，悬沙粒径分析成果表，床沙粒径分析成果表，计量单位表，注解表，技术报告摘要表，泥沙级配成果及统计说明表。

4.4.3　河床组成勘探调查数据库

一般而言，河床组成勘测调查分为钻探法和坑测法。河床组成勘测调查数据表包括下列 3 部分：

（1）河床组成勘测调查控制成果表，表标识 KKPS；

（2）河床组成勘测调查泥沙级配成果表，表标识 KSAN；

（3）河床组成勘测调查泥沙级配统计说明表，表标识 KSANNT。

4.4.4　系统扩展数据库

系统扩展数据库包括下列部分：

（1）河流基本信息表；

（2）水电站工程信息表：包括水电站工程特性表、水电站泥沙特性表；

（3）水库信息表；

（4）水库调度方案表；

（5）干容重信息表；

（6）异重流信息表；

（7）灾害信息表；

（8）电站进沙数据表；

（9）分析成果表；

（10）预测成果表；

（11）档案数据表：包括档案索引表（档案编号、标题、摘要、关键词、类型、专业分类，发表时间等），档案数据表（以二进制形式存储档案全文，包括文档、报表、多媒体等内容）等；

（12）数据字典：主要包括表名索引、字段名索引等表。

4.5 用户数据库设计

系统用户权限管理以及数据源管理配置完全由用户数据库支撑。基于用户数据库，系统数据库管理子系统实现用户信息存储、用户权限分配、系统角色设置及系统数据源管理的功能。用户数据库的设计思想主要基于以下几点：

（1）建立用户信息表，存储用户完整个人信息；

（2）对系统的每项功能进行唯一的系统功能编码，建立用户权限表，记录用户可以使用的系统功能编码，实现用户权限分配功能；

（3）建立系统角色表，记录各个角色拥有的系统功能代码；

（4）建立多个数据表实现系统数据源管理功能，如记录系统默认加载图层、记录各图层默认符号配置等，并与用户信息表关联，实现用户个性配置功能。

用户数据库包括用户分组管理、权限管理、数据源管理三大类，为系统角色权限划分、数据源配置提供数据支持。主要包括以下几个表：

（1）分组基本信息表：TabBaseGroup——存储用户分组基本信息；

（2）分组用户信息表：TabGroupPerson——存储分组用户基本信息；

（3）用户基本信息表：TabBasePerson——存储系统用户基本信息；

（4）用户角色信息表：TabUserRole——存储用户角色信息；

（5）用户权限信息表：TabUserRight——存储用户权限信息；

（6）角色基本信息表：TabBaseRole——存储系统角色基本信息；

（7）角色权限信息表：TabRoleRight——存储角色权限基本信息；

（8）权限基本信息表：TabBaseRight——存储权限基本信息；

（9）组树图信息表：GROUPINFO——存储用户组视图基本信息；

（10）图层符号化信息表：FEATURECLASSRENDERER——存储默认图层符号化信息。

4.6 元数据库设计

数据字典以表格的形式使用属性来对元数据进行详细描述。数据字典继承了表格描述方式的清晰性和简洁性，且方便通过数据库存储。通过元数据实体或元素的编号和其对应的域值可以确定每个元数据实体的组成及其与其他元数据实体或元素之间的逻辑关系，并且更方便使用者查找元数据。同时，数据字典以表格方式描述，方便扩展和裁减。本系统中元数据的描述以字典表的形式存在。

1. 组织和维护数据

在数据集建立后，随着机构中人员的变换以及时间的流逝，后期接替该项工作的人员会对先前的数据变得了解甚少或一无所知，对先前数据的可靠性维护产生质疑。而通过元数据内容，则可以充分描述数据集的详细情况。同样，当用户使用数据引起矛盾时，数据提供单位也可以利用元数据维护其利益。

2. 为数据交换提供信息

水文泥沙信息系统在运用中会同时涉及多个部门。因此，通常由一个部门产生的数据可能对其他部门也有用。通过元数据内容，用户便可以很容易地发现它们，并可以共享数据集，维护数据结果，以及对它们进行优化等。

3. 提供数据转换方面的信息

通过元数据，人们可以接受和理解数据，获得数据转换以及数据能否在用户计算机平台上运行的必须信息。并可以与自己的数据集集成，对其进行各种处理或分析，进行不同方面的分析决策，使信息实现真正意义上的共享，发挥其最大的潜力。

4. 提供数据获取方面的信息

元数据应该包含完整的分发信息，使用户可以获得关于发行部门、数据情况等内容，使用户可以快速地在相应的位置获取所需要的数据。

5. 提供历史信息

数据集经常会进行更新、管理和维护，在这些过程中所使用的数据源、过程和方法等对于研究地理数据变化规律是十分重要的。

本系统的字典表主要包括以下几个表：

（1）字段元数据字典表 DIC_FLD；

（2）表元数据字典表 DIC_TABLE；

（3）矢量数据集基本信息元数据字典表 DIC_VDSET；

（4）注解符号表 DIC_SYMBOL；

（5）公农历日期对照表 DIC_ SOLUCT；

（6）行政区代码表 DIC_ADDVCD；

（7）矢量要素类基本信息元数据字典表 DIC_FTCLS；

（8）DEM 栅格数据集元数据字典表 DIC_RDEM；

（9）平面坐标系元数据字典表 DIC_XYCOOR；

（10）高程坐标系元数据字典表 DIC_VCOOR；

（11）DWG 元数据字典表 DIC_DWG；

（12）要素类与属性对应关系元数据字典表 DIC_FCRELATE；

（13）属性表关系元数据字典表 DIC_ATRELATE。

第 5 章 关键技术与算法

金沙江下游梯级水电站水文泥沙数据库及信息管理分析系统是一个功能庞大的应用系统，涉及许多新技术和专业算法的应用。涉及的关键技术包括空间数据库技术、3DGIS 应用技术、三维可视化技术、计算机仿真技术、空间数据组织与调度技术。这些技术既是整个系统的技术支撑，也是系统的亮点。涉及的算法囊括了水文、泥沙、河道演变、三维动态模拟仿真的一些基本计算及可视化算法，是整个系统的技术核心。

本章介绍系统中涉及的主要关键技术和专业算法的应用，还介绍一些重要的数据处理与数据运用技巧。

5.1　3D GIS

5.1.1　平台发展现状

GIS 经过自身 60 年来的发展，理论和技术日趋成熟，在传统二维 GIS 已不能满足应用需求的情况下，三维 GIS 应运而生，并成为 GIS 的重要发展方向之一，其中以虚拟地球为代表的 3DGIS 软件成为该领域的主流趋势，这也为各种水利信息提供了更为直观的表现方式。在调水线路沿线贯穿飞行、城市及蓄滞洪区洪水演进、水利工程布置、大坝及堤防等工情信息的表达、地面与地下结合的地质构造描述、水流流动的三维表现、厂房或结构内部的描述、库区的描述、宏观地形地貌表现、通视性分析等方面都得到广泛运用。如表 5-1 所示是目前在我国应用的部分主流 3DGIS 平台的介绍。

表 5-1　　　　　　　　　　　　　　　　　3DGIS 平台

产品名称/公司	特　　点
Google Earth 美国谷歌公司	凭借其强大的技术实力和经验，以其操作简单、数据全面、用户体验超群的优势吸引了全球近十分之一的人口使用
Virtual Earth 美国微软公司	不要求用户在硬盘上下载应用软件，而是直接在浏览器中运行
Skyline 美国 Skyline 公司	包括了 Skyline 整套软件工具，给客户提供一站式服务，并开放了所有的 API，不论是在网络环境中还是单机应用，让用户能够根据自己的需求定制功能，建立个性化的三维地理信息系统

产品名称/公司	特 点
World Wind 美国 NASA	具有卫星数据的自动更新能力。这种能力使得 World Wind 具有在世界范围内跟踪近期事件、天气变化、火灾等情况的能力。而且该软件是开源的
ArcGlobe 美国 ESRI	和 Google Earth 相似的功能，但面向的是 GIS 相关专业的用户，支持来自 ArcGIS Server、GML、WMS、Google Earth（KML）的数据
EV-Globe 北京国遥新天地	基于组件式开发，所有功能以控件或类的方式封装在 dll 中，用户可以很方便进行各种功能定制，甚至将 EV-Globe 嵌入各类信息系统中
GeoGlobe 武大吉奥	具有和 World Wind 相似的功能，加入了实时三维量测等功能。能同时处理多种来源的数据，包括三维地形图、航拍影像图、三维模型、矢量数据，是 Google Earth 所没有的
CityMaker 北京伟景行	是面向规划设计师和建筑师的三维辅助设计软件，它将虚拟可视化技术融入设计过程，让设计师在三维环境下进行城市的设计、评估、分析和交流。它可以与 3ds MAX 等建模软件配合使用，支持材质编辑和物体运动编辑，支持火焰、喷泉、爆炸和雨雪等虚拟现实效果的制作等
SuperMap iSpace 北京超图	二维、三维数据一体化、多元数据无缝集成、多元数据无缝集成、三维 Web 浏览等；提供基本的三维空间分析能力
Drawsee Earth 北京朝夕科技	不仅可以提供三维场景可视化、海量数据管理，而且可以结合行业，提供三维场景动态模拟分析。将三维场景各类实体的可预见态势、不可预见态势，通过动态分析真实展现出来

尽管 3D GIS 近些年发展迅速，十多年之内涌现出了数十款相关软件，但这些软件有一定的局限性：几乎都局限于传统 2.5 维地貌的三维表达、静态 GIS 数据叠加、模型叠加、3D 空间分析这些功能及相关应用。在实际应用中，越来越多应用需要解决基于 3DGIS 的大地理环境的行业仿真。对于水利行业，如河流地貌过程、三角洲演化过程、天气过程、湖泊与沼泽演化过程、调水工程、水资源调控、河道整治、大型水利工程的环境评价、水质污染过程、区域可持续发展、生态系统的恶化与恢复、洪涝灾害的发生与救灾、防洪规划、河口与港口整治、垮坝溃堤、土壤侵蚀、水土保持效果、荒漠化过程、大型水利水电工程规划以及替代传统的术工模拟等，这要求在 3D GIS 系统中达到仿真级别的渲染效果，但 GIS 的大数据量特征一直是其难以逾越的障碍。不过随着 GIS 技术的进步和计算机软件、硬件的发展，一些公司和研究所正在进一步确定该问题的可行性，也有了初步的成果，如武汉吉嘉伟业科技发展有限公司开发的 Gaea Explorer 2.0 平台，是一款具备 3DGIS 功能、行业仿真功能、虚拟现实功能、动态数据展示功能、自动三维建模、地上地下一体化等多种新特性与功能的新一代虚拟地球软件，这款软件与以上 3DGIS 平台的最大不同在于有自身的 3D 渲染引擎，该引擎所包含的渲染系统、实体系统、动画系统、资源系统、物理系统、音效系统、脚本系统等七大模块是系统面向行业仿真、虚拟现实、动态数据展示的关键。

5.1.2　3DGIS 平台 Gaea Explorer

1. 基本功能

平台总体界面如图 5-1 所示，按功能整个系统划分为五个模块：文件模块，浏览模块，视图模块，工具模块和符号化模块，如表 5-2 所示。

图 5-1　平台总体界面

表 5-2　　　　　　　　　　　　　　系统功能模块

模块名称	系　统　描　述
文件模块	文件模块包括三项功能：一是工程，包括工程的新建、打开、保存和另存为；二是添加，包括添加组合对象、要素图层、栅格图层、地理标注、二维对象、三维对象和浏览路线；三是编辑，允许用户对工程目录上的对象进行复制、粘贴和删除等操作
浏览模块	浏览模块包括四项功能：一是视图管理，包括重置鼠标、视图缩放、十字丝与经纬网的显示控制和重置视图；二是位置，包括收藏当前位置、收藏夹列表和定位功能示；三是布局，包括全屏显示和侧边栏、logo、比例尺的显示控制；四是系统，包括插件列表、系统设置和系统帮助
对象模块	对象模块包括五项功能：一是标注，包括兴趣点、文字、图片、音频和视频的标注；二是绘制二维对象，包括点、折线、圆弧、矩形、五边形、多边形、圆和椭圆；三是绘制三维对象，包括立方体、多边形柱、圆柱、圆锥和球；四是添加动态对象，如飞机，车辆等；五是添加模板对象，包括线状区域对象，面状区域对象等
工具模块	工具模块包括六项功能：一是空间查询，包括点查询、线查询、面查询；二是测量，包括位置测量，垂直距离、地表距离和面积量算；三是道路建模，通过自定义道路模板创建道路网；四是雨雪模拟，对下雨、下雪过程模拟；五是屏幕录制，记录用户的操作过程；六是河水模拟
符号化模块	符号化模块可以通过图层管理来触发，主要是对加载到球面上的矢量数据和栅格数据进行符号化

2. 数据组织与调度

平台基于 SOA 架构进行设计和开发，其服务发布工具 GaeaIISServer 是 OpenGIS Web 服务器规范的 . NET 实现，利用该工具可以方便地发布海量数据（影像、地形、矢量、模型等），允许用户通过操作 Gaea 配置工具对特征数据进行新增、修改、删除等操作，从而为客户端 Gaea Explorer 提供数据支持，同时该工具支持标准 OGC 服务、多源服务融合以及远程服务。

（1）多分辨率金字塔结构数据组织

深圳市在构建地形金字塔时，首先把原始地形数据作为金字塔的底层，即第 0 层，并对其进行分块，形成第 0 层瓦片矩阵。在第 0 层的基础上，按每 2×2 个像素合成为一个像素的方法生成第 1 层，并对其进行分块，形成第 1 层瓦片矩阵。如此下去，构成整个瓦片金字塔。如图 5-2 所示。

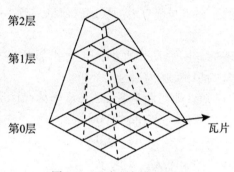

图 5-2　瓦片金字塔示意图

以影像为例，设第 l 层的像素矩阵大小为 $irl×icl$，分辨率为 $resl$，瓦片大小为 $is×is$，则瓦片矩阵的大小 $trl×tcl$ 为

$$trl = \lfloor irl/is \rfloor$$
$$tcl = \lfloor icl/is \rfloor$$

其中"$\lfloor \rfloor$"为向下取整符，下同。

按每 2×2 个像素合成为 1 个像素后生成的第 l+1 层的像素矩阵大小 $irl+1×icl+1$ 为

$$irl+1 = \lfloor irl/2 \rfloor$$
$$icl+1 = \lfloor icl/2 \rfloor$$

其分辨率 $resl+1$ 为

$$resl+1 = resl ×2$$

不失一般性，我们规定像素合成从像素矩阵的左下角开始，从左至右，从下到上依次进行。同时规定瓦片分块也从左下角开始，从左至右，从下到上依次进行。在上述规定的约束下，影像与其瓦片金字塔模型是互逆的。同时，影像的瓦片金字塔模型也便于转换成具有更明确拓扑关系的四叉树结构。

（2）线性四叉树瓦片索引

四叉树是一种每个非叶子节点最多只有四个分支的树型结构，也是一种层次数据结…能够实现空间递归分解。图5-3是瓦片金字塔模型的四叉树结构示意图，其…号代表叶子节点，圆形符号代表非叶子节点。

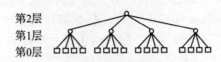

第2层
第1层
第0层

图5-3　四叉树结构示意图

平台采用四叉树来构建瓦片索引和管理瓦片数据。在瓦片金字塔基础上构建线性四叉树瓦片索引分三步：即逻辑分块、节点编码和物理分块。

①逻辑分块

与构建瓦片金字塔对应，规定块划分从地形数据左下角开始，从左至右，从下到上依次进行。同时规定四叉树的层编码与金字塔的层编码保持一致，即四叉树的底层对应金字塔的底层。

设（ix，iy）为像素坐标，is为瓦片大小，io为相邻瓦片重叠度，以像素为单位；（tx，ty）为瓦片坐标，以块为单位；l为层号。

若瓦片坐标（tx，ty）已知，则瓦片左下角的像素坐标（ixlb，iylb）为

$$ixlb = tx \times is$$

$$iylb = ty \times is$$

瓦片右上角的像素坐标（ixrt，iyrt）为

$$ixrt = (tx+1) \times is+io-1$$

$$iyrt = (ty+1) \times is+io-1$$

如果像素坐标（ix，iy）已知，则像素所属瓦片的坐标为

$$tx = \lfloor ix/is \rfloor$$

$$ty = \lfloor iy/is \rfloor$$

由像素矩阵行数和列数以及瓦片大小，可以计算出瓦片矩阵的行数和列数，然后按从左至右，从下到上的顺序依次生成逻辑瓦片，逻辑瓦片由（(ixlb，iylb)，(ixrt，iyrt)，(tx，ty)，l）唯一标识。

②节点编码

假定用一维数组来存储瓦片索引，瓦片排序从底层开始，按从左至右，从下到上的顺序依次进行，瓦片在数组中的偏移量即为节点编码。为了提取瓦片（tx，ty，l），必须计算出其偏移量。我们采用一个一维数组来存储每层瓦片的起始偏移量，设为osl。若第l层瓦片矩阵的列数为tcl，则瓦片（tx，ty，l）的偏移量offset为

$$offset = ty \times tcl+tx+osl$$

③物理分块

在逻辑分块的基础上对地形数据进行物理分块，生成地形数据子块。对上边界和右边界瓦片中的多余部分用无效像素值填充。物理分块完毕，按瓦片编号顺序存储。

（3）瓦片拓扑关系

瓦片拓扑关系包括同一层内邻接关系和上下层之间的双亲与孩子关系两个方面。邻接关系分别为东（E）、西（W）、南（S）、北（N）四个邻接瓦片，如图 5-4（a）所示；与下层四个孩子的关系分别为西南（SW）、东南（SE）、西北（NW）、东北（NE）四个孩子瓦片，如图 5-4（b）所示；与上层双亲的关系是一个双亲瓦片，如图 5-4（c）所示。若已知瓦片坐标为（tx，ty，l），则该瓦片相关的拓扑关系可以表示为：

①东、西、南、北四个邻接瓦片的坐标分别为：（tx+1，ty，l）、（tx−1，ty，l）、（tx，ty−1，l）、（tx，ty+1，l）；

②西南、东南、西北、东北四个孩子瓦片的坐标分别为（2tx，2ty，l−1）、（2tx+1，2ty，l−1）、（2tx，2ty+1，l−1）、（2tx+1，2ty+1，l−1）；

③双亲瓦片的坐标为（$\lfloor$tx/2$\rfloor$,$\lfloor$ty/2$\rfloor$,l+1）。

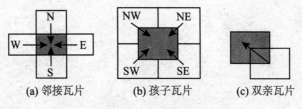

(a) 邻接瓦片   (b) 孩子瓦片   (c) 双亲瓦片

图 5-4   瓦片拓扑关系

瓦片金字塔模型和线性四叉树索引相结合的数据管理模式，能够满足海量地形数据实时可视化的需要，并且在实现海量地形几何数据实时绘制的同时完成海量纹理数据的实时映射；通过对视景体可见区域外地形数据的裁剪和基于分辨率测试的目标瓦片快速搜索算法，大大减少了地形绘制的数据量，提高了系统的执行效率；采用基于高、中、低优先级的地形瓦片请求预测方法，进一步提高了三维地形交互漫游的速度。

（4）瓦片实时切割与调度

瓦片实时切割与调度技术路线是一种瓦片请求—即时切割—返回瓦片的模式。客户端根据地形显示窗口大小和当前视角高度计算该范围内的瓦片数据，实时发送瓦片请求，服务端接收并解析，根据请求参数瓦片所在的数据集、层数与行、列数读取该瓦片范围影像数据存储为切片，并为切片添加索引信息，最后以瓦片方式传输到客户端。

①瓦片实时切割

以如图 5-5 所示的瓦片为例，数据集 T 为正射影像 LandEarth、层数 L 为 0、行数 Y 为 3、列数 X 为 8，瓦片大小 size 为 36 度。使用 GDAL 库读取影像信息计算得出左下角经、纬度 leftLon、leftLat，左上角像元的东坐标、北坐标 adfGeoTransform［0］、adfGeoTransform［3］，影像经纬度每度含有的像素数 deg，标示瓦片在影像中经度和纬度方向读取的像素数 width、height 为 deg * size，tile_loncount、tile_latcount 为标示瓦片经、纬度方向含有影像的像素数。

由左下角经纬度、瓦片大小根据瓦片划分规则计算的所在瓦片左下角的行列数 leftRow、leftCol 为

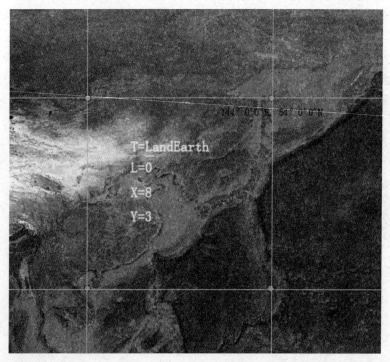

图 5-5 瓦片实时切割

$$\begin{cases} leftRow = (int)(MathAbs(leftIat+90)/size) \\ leftCol = (int)(MathAbs(leftLon+180)/size) \end{cases} \tag{1}$$

标示瓦片的左下角经纬度 tileleftLon、tileleftLat 为

$$\begin{cases} tileleftLat = leftRow * size - 90 + (X - leftRow) * size \\ tileleftLon = leftCol * size - 180 + (Y - leftCol) * size \end{cases} \tag{2}$$

标示瓦片相对于影像左上角纬度、经度方向的像素偏移量 xOff、yOff 为

$$\begin{cases} xOff = (int)((adfGeoTransform[3] - (tileleftLat + size)) * deg) \\ yOff = (int)((tileleftLon - adfGeoTransform[0]) * deg) \end{cases} \tag{3}$$

通过使用 GDAL 库中 GDALDdataset 类获取影像波段的集合 dataset。G018DOM 是单一波段影像，GetRasterBand 方法从波段集合获取波段对象 band，通过 band 的 ReadRaster 方法将瓦片范围内的波段数据读取到 byte[] data 中。将灰度值作为 RGB 的值，并由此计算出 color 值，并按像素绘制到 Image 中。

②瓦片调度

瓦片调度实际上是瓦片请求—返回瓦片的过程，即客户端采用统一的访问接口：http：//（WebServer）/? T=数据集 &L=层数 &X 列数 &Y 行数，实时向服务端发出瓦片请求，服务端下的瓦片服务发布系统接收请求，根据请求参数瓦片所在的数据集、层数、行数、列数从索引数据中检索该瓦片，根据索引值判断瓦片在服务端临时文件夹中是否存在，若存在则直接读取瓦片返回客户端，否则进行瓦片实时切割，为瓦片添加索引存储并返回客户端。

3. 三维可视化关键技术

随着计算机图形学的发展以及计算机三维仿真技术的进步，3D GIS 中的三维可视化也取得了长足的进步，特别是游戏领域的三维仿真技术的融入，使得 3D GIS 平台达到了更好的可视化效果。Geae Explorer 2.0 就是将游戏领域的三维仿真技术融入到地理数据的三维可视化中来，取得了良好的效果。三维仿真的关键技术涉及到 D3D、OpenGL、资源管理、场景组织与数据调度。特效渲染等。

（1）D3D 与 OpenGL

D3D（Direct3D）与 OpenGL 是商业公司为了提高 3D 游戏在 Windows 中的显示性能而开发的程序接口，是游戏领域广泛采用的两个标准。它们能独立于硬件提供丰富的2D/3D功能库，如顶点运算、阴影运算等。使用着色器基于 GPU 的编程，可以实现各种复杂效果的显示。利用 D3D 与 OpenGL 中的粒子系统可以模拟地理空间中雨、雪等现象的模拟仿真。

（2）资源管理

一个完整的 3D GIS 仿真平台需要处理大量的资源，如 DEM 地形、DOM 影像、三维模型、二维矢量、粒子系统、骨骼动画、灯光、多媒体信息等，鉴于这些数据的海量特征，不能依赖系统或者程序运行时的资源管理策略，必须定义高效的资源管理手段从而控制程序合理的时间和空间效率，这是海量数据高效仿真的基础。

（3）特效渲染

逼真的三维仿真，其光照和阴影系统是关键。很长时间，人们为达成较好的全局光照效果，一般都使光线跟踪等运算量较大、比较不适合实时应用的算法。随着硬件及软件的发展，该领域有了较为显著的突破。一些学者提出了预处理光照变换 PRT 方法，通过把运算分成预处理阶段及渲染阶段两部分，预处理部分计算模型上每个顶点在基光源下的反射光，并把计算结果储存起来，而渲染阶段则把环境光源分解成基光源，然后利用预处理数据快速计算出最终反射光。为了实现特效的高效渲染，需要对每个瓦片的对象进行重组织，不再按照对象进行渲染，而是将它们进行拆分成一个个网格面，这种拆分使得在当前瓦片范围内能够快速动态计算任意位置的光照、阴影信息，并且能更高效的释放资源。而且拆分后按照材质渲染，渲染效率也会大大提高。

4. 特性及平台框架

Gaea Explorer 是具有完全自主知识产权的国产软件平台，打破了国外同类型软件 Skyline、Google Earth 和 Virtual Earth 在全球空间信息服务领域的垄断。而且在涉及国防、安全和国家基础空间信息等应用方面，Gaea Explorer 更具有安全性和可靠性。同时，Gaea Explorer 不仅具有 Skyline 等国外同类型产品软件的功能和特点，而且在空间数据的管理与应用、信息的查询与检索和空间分析等 GIS 应用方面具有明显优势，可以实现与 GIS 平台 Geo Star、Map Info 和 Arc GIS 等平台的无缝集成。

Gaea Explorer 不仅支持海量（10TB 以上）4D 空间数据产品（DOM，DLG，DRG 和 DEM）的多分辨率、多尺度全球范围的组织与管理，而且有能力进行大数据量三维城市模型数据、多尺度地名数据的高效组织与管理。通过自主研发的数据索引、数据压缩、数据传输、数据多级缓存和三维可视化渲染等核心算法，实现全球范围空间数据的高效、连续多分辨率的无缝可视化。基于该平台的二次开发支持目前主流的开发技术，根据用户的不同需求，可以提供组件、动态链接库和 API 接口等多种方式的二次开发接口。支持 VC、VB 和 C#等集成开发环境。并且通过易于调用的 API 接口实现与业务系统的无缝集成应用。

Gaea Explorer 软件平台架构采用客户端、应用服务器和数据服务器的三层体系架构。根据这三层体系架构，Gaea Explorer 软件平台主要包括三部分：Gaea Explorer 3D Viewer、Gaea Explorer Server 和 Gaea Explorer Builder。

（1）Gaea Explorer Server

Gaea Explorer Server 是 Gaea Explorer 的应用服务器的核心部件，通过分布式空间数据引擎，管理所有注册的空间数据，并提供实时多源空间数据的服务功能。

实现与 GIS 平台的无缝集成，通过 GIS 应用 API 接口，实现海量信息检索服务、属性与图形的互相查询分析服务以及地形分析等空间分析服务。

提供符合 OGC 标准的 WMS、WFS 和 WCS 的服务。

（2）Gaea Explorer 数据处理工具

Gaea Explorer 数据处理工具是 Gaea Explorer 数据组织与管理的核心部件，通过对海量矢量、影像、地形、地名和三维城市模型等类型的空间数据的高效组织、压缩与管理，实现数据的更新、多时相管理，为实现空间数据的全球范围多分辨率连续可视化提供数据基础。

（3）Gaea Explorer 3D Viewer

Gaea Explorer 3D Viewer 是 Gaea Explorer 客户端核心部件。通过建立地球的几何模型，实现地球模型的三维可视化。

获取服务器端 Gaea Explorer Server 提供的多源、多分辨率数据服务，实现全球三维实时场景的显示与浏览。

获取服务器端 Gaea Explorer Server 提供的查询服务和分析服务，实现基于全球范围的空间分析与应用。

提供可视化组件的二次开发功能，实现与应用系统的无缝集成。

Gaea Explorer 软件平台结构如图 5-6 所示：

5. 主要性能

Gaea Explorer 软件平台的主要性能体现在数据管理能力、应用服务能力和可视化能力等三个方面。

（1）数据管理能力

①支持矢量、影像、地形数据的处理。主要包括：常用格式的 4D（DOM，DEM、DLG 和 DRG）空间数据产品。可以管理的数据量达到 10TB 以上。

②支持主流三维文件格式处理。主要包括：3D Studio 的 3DS 格式，D3D 的 . X 格式、AutoCAD 三维格式、Shap3D、Open Flight 格式和 VRML 2.0 等多种三维数据格式的导入。

③支持建筑物二维矢量数据加上高程信息快速生成大范围三维建筑物模型数据的处理。可以管理 10 万个以上三维建筑物模型。

④支持国家 1：1000000、1：250000 等多种比例尺的地名数据的处理。

（2）应用服务能力

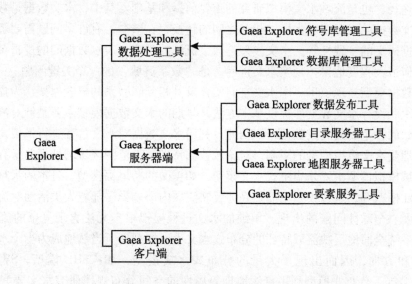

图 5-6　Gaea Explorer 软件平台结构

①支持符合 OGC 标准的 WMS、WFS 和 WCS 服务。

②提供矢量、影像、地形、地名和三维模型等数据服务。

③提供图形与属性的互相查询分析服务。

④提供空间量算、地形分析、洪水淹没和日照等空间分析服务。

⑤支持服务的分布式管理和调度。实现在多个服务器上部署不同类型的服务，从而支持多用户的并发访问。

⑥提供以主流 GIS 平台（GeoStar、MapInfo 和 ArcInfo）的 GIS API 接口，实现与 GIS 平台的无缝集成。

⑦提供组件、动态链接库和 API 函数等二次开发方式，实现与应用系统的无缝集成。

（3）可视化能力

①支持矢量、影像、地形、地名和三维模型等多种数据类型的实时可视化。

②支持 Direx3D 三维引擎的高效绘制。

③支持鼠标、键盘等多种三维场景操作模式。

④支持视景体剪裁、基于视点的 LOD 三维绘制算法，三维场景的浏览速度至少达到每秒 20 帧以上。

⑤支持至少 6 万个简单三维建筑物模型数据的绘制。

5.2　Arc Hydro 数据库模型

5.2.1　水文数据模型

在流域研究中，如何合理地组织和表达水文数据，是实现现代流域科学管理和高效决策的重要途径，也是流域水文模拟研究的重要前提和基础。其中，水文数据是数字流域的血肉，水文数据的来源多种多样，相互之间的转换存在壁垒，有许多问题需要解决，如转换前后数据语义的一致性等；水文模型是数字流域的骨架，表示数据间的逻辑关联和存储框架，如何最大程度地模拟现实水文世界，是"数字流域"的一个关键问题。

水文数据模型是现实世界中水文空间实体及其相互间联系的概念框架，为描述水文空间数据组织和设计水文数据库提供基本方法。早期的水文数据模型主要是针对流域水文过程模拟开始的，主要是集成数据组织功能，利用水文数据对水文过程进行模拟，这种模型的数据处理受水文模拟模型的限制，对流域数据特别是大范围区域的处理非常有限，影响较大的流域模拟模型主要是集中式水文模型，如美国的斯坦福模型、日本的水箱模型、中国的新安江模型等，这些模型不能很好地反映流域内部差异。随着人类活动对流域影响的深入和扩展、全球性问题的出现，单纯的水文过程模拟根本无法再现复杂的流域环境状况，因而系统全面地反映流域特征的分布式水文生态模型理所当然地成为当今水文科学发展的前沿和方向，因而出现了大量的分布式水文模型，如：SHE 模型、SWAT 模型、SWMM 模型等，分布式模型利用自然地理等属性的空间分布规律研究水文要素在空间尺度上的演变过程和规律，充分考虑流域空间差异，是目前发展快且实用的模型。这些模型都需要用到流域水文数据，数据质量的好坏直接影响模拟效果和精度，而且这些模型都有各自的数据格式和存储方式，数据不能通用，因此，有必要研究具有通用特征、统一标准的水文数据组织模型。

肖乐斌[4]等学者总结概括出 GIS 概念数据模型发展的两个阶段：典型 GIS 数据模型和面向对象数据模型，其中典型 GIS 数据模型又可以分为拓扑关系和面向实体水文数据模型。陈华[5]等学者在前人工作的基础上，总结 GIS 在水文水资源中的应用，介绍了结合面向对象技术的面向对象水文数据模型。

1. 拓扑关系水文数据模型

拓扑关系水文数据模型是以"结点—弧段—多边形"拓扑关系为基础存储和组织各个水文要素的数据模型，其特点是以水文点、线、面的拓扑连接关系为中心，要素具有坐标依赖关系。拓扑关系水文数据模型的主要优点是水文数据存储结构紧凑、要素间拓扑关系明晰、拓扑查询效率高。其缺点是：

（1）增加、修改和删除水文要素时，拓扑关系需要重建，导致系统更新困难，难以维护；

（2）难以有效表达复杂的水文地理实体，需要将其分解成多个简单独立实体，破坏了地理事物的整体性；

（3）由于水文地理实体被分解为水文点、线、面基本几何要素，存储在不同的文件和关系表中，对水文地理实体的操作、查询和分析都将花费较多的时间，难以处理大区域复杂空间分析。

2. 面向实体水文数据模型

面向实体的水文数据模型是以独立、完整、具有地理意义的水文实体为基本单元，表达水文地理空间，强调水文个体现象的数据模型。该模型把地理信息看做许多水文实体对象，如测站、河流、湖泊等，这些水文实体具有自己的属性和行为，能够独立完成一些操作。

面向实体水文数据模型与拓扑关系水文数据模型相比较，在拓扑关系组织上有本质区别：强调水文实体的坐标存储间不具有依赖关系。其优点是水文实体管理、修改方便，查询检索、空间分析容易；便于构造现实世界的复杂对象，符合人们认识客观世界的思维方式，易于理解和接受；系统扩展和维护方便。其缺点是：

（1）拓扑关系需要临时构建，空间分析耗费时间长和占用系统资源多，使得水文动态分段、水文网络分析效率降低；

（2）水文实体空间坐标不存在依赖关系，实体间公共水文点和边数据重复存储，造成数据冗余。

3. 面向对象水文数据模型

GIS 在水文水资源中的应用，其目标是最大程度地真实反映水文地理空间，争取处理少量数据获得所需要的水文信息和规律。由于拓扑关系和面向实体水文数据模型对水文地理空间中水文对象的三维特征、多尺度特征和时间特征等支持不够，都不能真正描述和表达好水文地理空间[6]。面向对象水文数据模型在面向实体模型基础上，利用面向对象技术，将水文地理空间看做一个整体，借助其封装性对水文地理空间进行自然分割，以水文实体为基本单元，对水文实体进行抽象，在概念上形成层次结构，模型中水文实体具有空间和时间属性，且各水文实体间还具有拓扑和语义联系。与传统水文数据模型相比较，面向对象水文数据模型的优点主要表现在以下几方面：

（1）封装性：使得系统结构清晰，用户可以在抽象数据类型和空间操作下扩展自己的需要，便于定义复杂的水文实体；

（2）整体性：水文地理空间作为一个整体，水文实体具有空间位置、时间属性、空间拓扑关联和语义逻辑关系，对于处理复杂的水文地理对象具有极大的优越性；

（3）分层存储：能较好地组织和表达各水文数据层间的相互关系，便于水文空间分析等。

5.2.2　Arc Hydro 水文模型

1. 产生背景

在结构化的 Coverage 地理空间数据模型之后，ESRI 公司推出了面向对象的地理空间数据模型 Geodatabase。在这个模型中，实体作为对象，存储在基于 RDBMS 的统一的、智能化的空间数据库中，由要素类、要素数据集、对象类、关系类、几何网络、拓扑、域、有效规则、栅格数据集等来表示实体的属性、行为和相互间的关系，允许定义不同对象间的关系和规则来维持不同对象间的参考完整性和拓扑完整性。要素类描述具有相同几何特征的对象集合，如井、河流、湖泊分别用点、线、面要素类来表示，要素类间建立拓扑反映空间位置关系。要素数据集把参与构建拓扑关系的要素类组合在一起。对象类描述不具备几何特征的对象，如时间。关系类描述要素类、对象类间的关系，如河流流量与时间的关系类。

Geodatabase 为 GIS 应用于各行各业定义了一个通用的空间数据模型，利用这个模型可以定义不同用户或应用的具体模型（如流体模型、电力模型、通信模型和其他数据模型），给不同领域实施 GIS 项目的用户提供一个实用的模板。目前，ESRI 公司联合各行业的技术人员与组织已开发了农业、大气、生物、林业、地质、水文、土地利用、军事、国土安全、管线、交通、电信、水资源利用等数十种数据模型。

Arc Hydro 数据模型是把 GIS 和水文地理领域知识相结合的水文地理数据模型，由 ESRI 联合得克萨斯大学的水资源研究中心（Center for Research in Water Resources，CRWR）从 1999 年开始设计。2000 年 6 月，在圣地亚哥举行的第 20 届年度国际 GIS 用户大会的水文 GIS 预备会议上，CRWR 的主管 David R. Maidment 博士提出了 ArcGIS Hydro Data Model 的模型及文档的草稿，模型的整体设计于 2002 年完成。Arc Hydro 数据模型在 ArcGIS 里存储水文要素的空间、属性及时间数据，用来描述流域的特征地貌和地形，通过水的运动路径来反映各要素类间的关系。

2. 数据模型结构

Arc Hydro 数据模型是基于具有面向对象技术的 Geodatabase 数据模型开发出来的，存储水文要素的空间、属性及时间数据，描述流域的地貌和地形特征，通过水的运动路径来反映各水文要素间的关系的水文数据模型。该模型将水文数据分成五部分组织存储，分别是水文网络（Network）、汇流区（Drainage）、河道（Channel）、水文地理要素（Hydrography）和时间序列（TimeSeries），如图 5-7 所示。

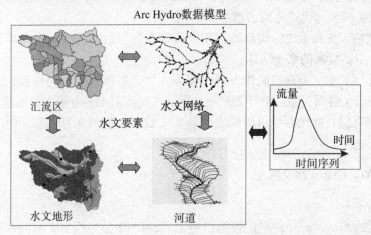

图 5-7　Arc Hydro 数据模型

（1）水文网络

水文网络数据集描述流经自然景观的河流总体信息和地表水流动的连通性，构成 Arc Hydro 数据模型的骨架，模型中所有的水流计算和相对位置计算都围绕其进行。水文网络主要要素类是水文几何网络（Hydro Network），包括复杂边要素水文界线（HydroEdge）和点要素水文节点（HydroJunction），水文界线一般由溪流、河流及面状水体的中心线构成，水文结点则是由水文界线间的节点、汇流区的入/出水口、水文测站和其他相关的用户自定义点构成，水文节点将水文界线相互联系起来，同时使其他水文要素与网络产生关联。网络示意链（SchematicLink）和网络示意节点（SchematicNode）是对应水文几何网络的逻辑网络，符号化表示汇流区与水文节点间的连通关系，用直线提供自然景观上的水流运动的示意图。这两个要素类没有实际的几何坐标值，用来存储网络的相关性和一些属性，是一个示意性网络。利用线性参考技术关联水文几何网络与点或线的表格信息（如水污染排放）被存储在水文事件（HydroEvents）中。

水文网络的 HydroJunction 与 Watershed、Waterbody 之间的关系由不同的关系类来表达，由 HydroJunction 拥有唯一的标识码 HydroID 来与其他要素的 JunctionID 字段建立一对一关联。

（2）汇流区

汇流区数据集，根据地形拓扑定义地表水流运动的方向，表达地形地貌定义的河谷线、分水线、汇流区等水文地理几何特征，包括汇流点（DrainagePoint）、汇流线（DrainageLine）和汇水区（DrainageArea）三部分。水文模型研究的核心问题是精确提取水系、分水线并划分汇流区域，水文边界可以从地形图手工获取、数字化数字栅格图获得或者用栅格型 DEM 提取。汇流线是在地形分析中，定义的自然景观汇流网络；汇流点是集水区在汇流线上的出水口；汇水区子类可以分为主流域（Basin）、子流域（Watershed）和集水区（Catchment），描述汇水区的特定类型，其中主流域是 Arc Hydro 数据模型空间参考和管理的边界范围，通常根据研究区水资源管理的需要，由几个不同的行政流域范围组成，一般用流域内主要河流来命名，如长江流域；子流域是相对于某一个出水口而言，根据特定的水文法则和人类主观意志得到的流域子集，通常是汇流到河网上某一点或某一水体的区域，如长江流域包括许多的子流域，如金沙江流域、岷江流域等；集水区是根据流域景观地形按一定自然规则来划分的汇流区，一般一个集水区对应一条河段。

（3）河道

河道数据集，利用横断面（CrossSection）和纵剖面（ProfileLine）要素类叠加描述三维的河道形态，用于分析河流水力学特性的细部特征，研究洪水淹没、河流形态和生态学。横断面是指垂直于河流流向的剖面；纵剖面是沿河流流向的纵剖线，如河岸线、深泓线、洪水淹没线、水位线等，河道信息一般通过野外测量技术获得，或者从 TIN 或栅格DEM 中提取。

横断面点对象类（CrossSectionPoint）存储横断面点数据，CrossSectionHasPoint 关系类通过 CSCode 与横断面连接，一个横断面要素对应多个横断面点对象。

（4）水文地理要素

水文地理要素数据集，表达地表水资源点、线、面要素的底图信息，主要包括水文点（HydroPoint）、水文线（HydroLine）和水文面（HydroArea）三类水文地理数据和水文响应单元（HydroResponseUnit），其中水文点表示坝（Dam）、桥（Bridge）、泉（Spring）、附属建筑物（Structure）、水文测站（降雨量、径流量、蒸发量、水质等的MonitoringPoint）、井（Well）、入水口（Water With Drawal）、出水口（WaterDischarge）以及用户自定义点（UserPoint）等；水文线表示水系之外的线要素，如境界线、渠道、排水管道等；水文面表示湖泊、海湾、河口等水体（Waterbody），而水文响应单元主要是指由规则的图幅表示，计算单元面积内地表降水的径流量、蒸发量或渗透量和地表水平衡的单元。

（5）时间序列

时间序列数据集存储水文测站和其他设施定期观测的随着时间而改变的水文现象数据，如水位、径流量和水质等观测数据，包括时间序列表（Time Series）和数据类型信息表（TS TypeInfo），通过 Geodatabase 表形式，记录所有数据的 Feature ID 来进行关联，用关系类 Monitoring Point Has TimeSeries 实现某空间范围内水文测站在某时间序列内的监测记录查询。时间序列表中的一行对应着一个具体的时间序列数据，比如某日水位；时间序列数据的描述属性储存在 TS TypeInfo 的关系型表中。数据类型信息表和时间序列表构成了一到多的关系。

将时间序列数据作为 ArcGIS 水文数据模型的一部分，不仅仅是为了构建一个在 ArcGIS 环境中可以使用的完整水文数据模型，更重要的是为了建立能够进行独立的 GIS 计算，且能应用于大多数水文模型。

水文网络、汇流区、河道、水文地理要素组成水运动的物理环境，时间序列记录不同地理位置的水文测站在不同时刻的各种水文观测值。在 Arc Hydro 模型中每个水文要素用 HydroID 唯一定义，把一个要素的 HydroID 作为另一要素的属性字段来形成要素间的关联，如在 HydroJunction 要素类中把一条 HydroJunction 的 HydroID 赋予另一条 HydroJunction 的 NextDownID 字段，来追踪水文要素间的流向；把要素的 HydroID 作为时间序列的关键字段，来反映此要素在不同时间的状态和属性。五个部分共同描述水文要素在时空中的运动状态及各种属性。

3. Arc Hydro 数据模型的优点

Arc Hydro 数据模型继承 Geodatabase 面向对象的组织思路来设计水文数据库，体现了诸多优点：

（1）数据统一存储：数据来源于 DEM、地形图、其他数据库，按照不同要素数据集，统一存储在 Arc Hydro 数据模型中，实现空间数据无缝存储和时间数据有效集成。

（2）水文网络分析：利用已有的水文节点和水文界线要素类建立简单几何网络，并利用 GIS 的网络分析功能，设置水的流向，进行水流跟踪分析、网络查询、流域汇流分析等。

（3）三维河道展示：支持河流水力学模型，研究河道细部特征，为更加精确的水文现象模拟提供基础。

（4）通过关系类实现对象间复杂逻辑关系：通过关系类，表达要素类间、对象类间或者要素类与对象类间的关系，从而在数据模型中更明确地反映现实中的关系。

（5）域值控制，严格数据质量：通过增加校验行为，自动检查数据录入和编辑行为；同时可以减少数据输入，如 TS TypeInfo 表将许多时间数据属性信息进行归类压缩。

（6）丰富的空间拓扑规则：建立拓扑关系定义要素间的关系，详细表达要素在相关要素被移动、改变或删除时所触发的行为，能让用户定位或检查有关的错误。

（7）表达水文要素的时间特性：时间序列数据集表达水文水资源现象的时间特性，支持水文数据的时空变化分析，同时正在研究对形状或位置随时间变化的要素、栅格数据集的处理。

4. Arc Hydro 工具集

基于 Arc Hydro 数据模型，ESRI 和 CRWR 联合开发了一套运行在 ArcGIS 环境的工具集——Arc Hydro Tools。Arc Hydro 工具集的主要功能是为水资源数据管理及应用从 DEM 提取流域信息、生成水文网络，然后为水文数据分配并管理各种属性值，如 HydroID、JunctionID、DrainID、NextDonwID 等标识属性，以及 LengthDown 等度量属性，同时按照属性值进行水文网络跟踪等[7]。

Arc Hydro 工具集的许多功能必须得到 ArcGIS 扩展模块的支持，如 Spatial Analyst、3D Analyst 等，在 ArcView 环境中部分功能不能实现，在 ArcGIS8.3 或更高级版本中能实现所有的操作功能。Arc Hydro 工具集可以对输入的栅格型 DEM 进行预处理，显示流域特征、划分子流域、定义河网结构、确定流域边界和计算流域特征参数。还可以根据用户要求改变或增加模型数据结构，来扩展 Arc Hydro 系统功能。

值得注意的是，Arc Hydro 工具集使用前要求保存地图文档，该工具集默认将所提取出的水文矢量要素直接存储在与所保存的 ArcMap 文档同目录下创建一个与地图文档同名的自动创建的 Geodatabase 中一个名为"Layers"要素集内。还需注意的是，Arc Hydro 工具集在处理 DEM 和提取流域要素过程生成的栅格要素是在 Geodatabase 同目录下自动新建一个名为"Layers"文件夹，存储所有的栅格要素，而不是自动存储在 Geodatabase 中。

5.3 元胞自动机槽蓄量计算模型

5.3.1 河道槽蓄量计算

河道槽蓄量是指在某水位高程时，河道中水的体积。河道槽蓄量计算是水文专业进行河道演变分析、流域开发、防洪调度及河道治理的一项重要工作。由河道槽蓄量可以计算得到河流冲淤量、冲淤厚度等成果。这对于估算河道中水的体积，发电、农田水利灌溉、规避洪水灾害以及航道的清淤疏浚、水利运输等方面有着重要意义。

传统的河道槽蓄量计算方法主要有三种：断面地形法、水沙平衡法和数字高程模型法。

断面法是通过固定断面地形观测数据、利用数学上的梯形或截锥体积计算公式来直接计算槽蓄量的。

水沙平衡法：其基本原理是河道内起止断面间的沙量或水量的变化量应等于槽蓄量的变化量。这种方法只能计算槽蓄量的增加或减少值，即相对槽蓄量，无法计算绝对槽蓄量。

数字高程模型法是利用河道地形 DEM 进行分析，通过计算 DEM 每个三角形区域上的槽蓄量，然后求和，得到整个选定区域的河道的槽蓄量。

5.3.2 地理元胞自动机

元胞自动机是 20 世纪 40 年代由数学家冯·诺依曼（John Von Neumann）首先提出的，20 世纪后期得到广泛研究和飞速发展的一种研究方法，是复杂科学的一个重要的研究领域。元胞自动机是一种"自下而上"的研究思路，具有强大的复杂计算功能、固有的并行计算能力和动时空动态特征。这些特征使得该方法在模拟空间复杂系统的时空动态演变方面具有自然性、合理性和可行性。目前在国际上，利用元胞自动机模型研究地理过程的复杂行为是地理信息系统建模领域的一个研究前沿，也是一个方兴未艾的研究领域。

元胞自动机（Cellular Automata，简称 CA，也有学者译为细胞自动机、点格自动机、分子自动机或单元自动机），是一种时间和空间都离散的动力系统。散布在规则格网（Lattice GRID）中的每一个细胞（Cell）取有限的离散状态，遵循同样的作用规则，依据确定的局部规则同步更新，大量元胞通过简单的相互作用而构成动态系统的演化。

不同于一般的动力学模型，元胞自动机不是由严格定义的物理方程或函数确定，而是用一系列模型构造的规则构成。凡是满足这些规则的模型都可以算做是元胞自动机模型。因此，元胞自动机是一类模型的总称，或者说是一个方法框架。

元胞自动机一般由元胞、状态、元胞空间、邻居、规则和时间组成，其中元胞、元胞空间、邻居和规则是必不可少的四部分。如图 5-8 所示。

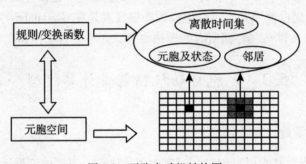

图 5-8　元胞自动机结构图

地理元胞自动机是针对现有的地理现象和过程的特点，对标准的元胞自动机进行扩展，用于模拟地理复杂现象。地理元胞自动机是一个通用的模型框架，并不针对某一具体的应用。

地理元胞自动机的构成如下：

1. 元胞

在地理元胞自动机中，元胞可以是被赋予特定含义的地理实体，但更多时候是连续地理现象的抽象划分，如土地利用中的地块，水流演进中格网单元的水域。

2. 状态

在地理元胞自动机中，由于地理实体往往具有多种状态且各状态相互关联、相互影响，所以元胞状态通常是一个多元变量，其中可能有一个是主要关注变量。

3. 元胞空间

元胞空间的结构与地理数据中规则格网模型的 DEM 有着天然的契合点，对于二维元胞空间可以用栅格数据模型（GRID）来表示。此时，元胞空间被赋予了空间尺度的概念，元胞的大小对应与栅格的空间分辨率，或者说格网间隔。借助于空间分辨率和栅格数据模型，空间数据库、航空遥感影像、图像可以转换为元胞空间。

在地理元胞自动机的边界定义上,传统的周期性、反射型均不适应于地理问题,因而地理元胞自动机的边界一般采用定值型和某种概率控制下的随机型。

4. 邻居

元胞自动机中的邻居概念,在地理元胞自动机中表现为空间近邻关系。邻居具有其地理学意义,反映了地理相邻实体间的相互作用。

5. 规则

元胞自动机的核心是演化规则的制定。地理元胞自动机演化规则的合理与否,直接影响着模拟结果是否接近真实世界的地理现象。地理元胞自动机中的规则集中体现了空间实体间的相互作用,根据不同的应用,这种相互作用被赋予不同的地理含义。由于地理现象的复杂性,在地理元胞自动机模型中,有时也需要对规则进行若干扩展。

(1)由于地理空间系统的复杂性和不确定性,地理元胞自动机常采用随机型规则:即在元胞状态和邻居构形确定的情况下,元胞的状态变化和动作并不是确定的,而是受到一定的概率限制。

(2)地理元胞自动机基于不同构元胞自动机的概念,即规则并不是在所有元胞和任何时刻都一致的。其一,有可能根据元胞处的地理区域不同而采用不同的演化规则;其二,其演化规则有可能随着时间的变化而变化,在空间系统的不同发展阶段采用不同的演化规则。

6. 时间

与标准的元胞自动机一样,地理元胞自动机的时间概念也是一个离散尺度。但这个离散的时间是一个抽象的概念,单位到底是年、月还是日很难确定。如何将抽象的时间与现实中的时间对应起来就是一个难题。在模型中确定时间通常有以下两种办法:

(1)数据推理法:根据历史数据系列来训练已经构建好的地理元胞自动机模型,由模型的模拟结果与历史数据相对应的方法来推理一次循环应该对应于实际中多长时间。

(2)模型控制法:即利用其他宏观预测模型来预测该研究区域的某个指标总量,与地理元胞自动机模型模拟的总量相对应,进而推理模型抽象时间对应的实际时间。

5.3.3 元胞自动机槽蓄量计算模型

1. 基本算法

基于元胞自动机河道槽蓄量计算算法的基本思想是:河道水流由上断面(上游)向下断面(下游)漫延,最终形成符合上、下断面给定水位的水面形状,计算水面下水的体积,即为河道槽蓄量。

(1)水面形状的处理

在现实世界中,由于河道水流的运动结构复杂,水面形状也异常复杂。河道水流有主流和副流(次生流),主流是水流沿着河槽总方向的运动,是由河床纵比降的总体趋势决定的。而河床副流是在水流内部产生的一种大规模的水流旋转运动,河床副流是由河床纵比降以外的因素引起的,可以因重力作用而引起,也可以在其他力(内力或外力)的作用下而产生。在河道的弯道处,水流作曲线运动时,必然产生指向凹岸的离心力,这就使得凹面的水面上升、凸岸的水面降低,从而形成横比降。

在建模中，将水面理想化，水面只考虑纵比降和主流的情况。通过河水漫延，最终获得的水面应该为沿着河道主流的方向，水位依次下降，形成一个类似于斜面形状的水面。

（2）形成满足上下断面水位的水面

在实际计算中，是先给出上、下断面的水位，然后按要求计算上、下断面间的槽蓄量。

当上、下断面水位相同时，通过分析河道地形规则格网 DEM，搜索出 DEM 中上、下断面区域内高程小于水位的所有格网点，计算这些格网水面下的体积，然后求和，即为槽蓄量。

本算法主要是解决当上、下断面水位不同，即水面带有纵比降的情况。

在本算法中，将河道地形规则格网 DEM 转换为元胞空间，元胞的状态集含有水深和 DEM 高程状态。初始时，元胞的水深值均为 0。开始模拟后，将上断面位置处的元胞状态始终设置为：

$$元胞水深 = 上断面水位 - 元胞\ DEM\ 高程$$

通过制定合理的演化规则，水流沿着河道从上断面向向下断面漫延，当下断面位置处所有元胞状态满足：

$$元胞水深值 + 元胞\ DEM\ 高程值 = 下断面水位$$

时，此时的水面即为需要的水面形状，元胞自动机停止演进。

由于水流漫延的过程是一个动态平衡的过程，下断面处的各元胞的水面高程（元胞水深值 + 元胞 DEM 高程值）不可能同时达到下断面的水位值，在处理时，取下断面处各元胞水面高程的平均值。

（3）河道槽蓄量的计算

当满足上、下断面水位的水面形成后，遍历元胞空间，根据元胞大小（河道规则格网 DEM 的格网间隔）、元胞的水深值，可以计算出每个元胞上的槽蓄量（当元胞 DEM 水位高程大于水位时，元胞水深为 0，故槽蓄量也为 0），然后求和，即为整个河道上、下断面范围内的河道的槽蓄量。

2. 模型设计

（1）模型定义

在标准的元胞自动机模型中，元胞状态的演化由简单的布尔规则来定义。由于水流漫延受到的影响因素众多，水流的状态复杂多变，仅靠简单的演化规则单一的元胞状态已经无法动态模拟水流的漫延，此时需要对标准的元胞自动机进行扩展[8]~[10]。

①元胞及其状态的扩展

在标准的 CA 模型中，元胞没有地理学意义，元胞的状态集是一个有限的、离散的集合，在某一时刻，元胞状态只能取状态集合中的一个值。

在此算法的元胞自动机，由于元胞在某时刻需要表达水深、流量、流速等多个状态量，因此需要将传统的元胞状态扩展为元胞状态集，用下式来表示

$$S = \{S_1,\ S_2,\ S_3,\ \cdots,\ S_n\} \tag{5-1}$$

同时元胞状态集还受到多个因素的影响，如河道地形、地面摩擦、土壤渗透率等因素的影响，这些因素在短时期内不会随着时间的变化而变化。但是它们会对元胞状态集产生

影响，我们将其定义为辅助状态集。即

$$P = \{P_1, P_2, P_3, \cdots, P_n\} \tag{5-2}$$

在此算法的元胞自动机中，元胞具有地理学意义，元胞代表着河道中元胞范围内的地表和水域。

②元胞空间的扩展

在地理信息系统中，元胞空间的概念使人很容易将其与规则格网数据模型对应起来。此算法中二维元胞空间可以用河道地形规则格网 DEM 表示。此时的元胞空间就被赋予了地理上的空间尺度概念。元胞的大小对应于空间分辨率。不同的空间尺度，水流漫延形成的水面及槽蓄量计算结果会有一定的差别。

③转换规则的扩展

传统的元胞自动机转换规则一旦确定，适合于整个元胞空间和整个演化过程。在河道地形中，不同区域的地理特征不同，有可能需要在不同地理区域设置不同的演化规则。

基于以上几个方面对传统元胞自动机的扩展，本书研究的水流漫延 CA 模型结构定义为五元组：

$$CA = (L, N, S, P, f) \tag{5-3}$$

式中：CA 为元胞自动机；L 为元胞空间；N 为邻域关系；S 为元胞状态集；P 为辅助状态集；f 为演化规则。

（2）模型构成

1）元胞

在通过水流漫延模拟出水面 CA 模型中，元胞被赋予地理意义，元胞代表单位元胞范围内的地表及水域。在研究水流由河道上断面向下断面漫延的动态过程中，要研究水深、流量、流速等主要状态变量集及对主要状态变量产生影响的地面摩擦、土壤渗透、河道地形等影响因素。因此，在此时将元胞概化为具有地理坐标、高程值、水深（水面高度）、流速、流量及地面摩擦率、土壤渗透率等地理属性的格网单元。

2）元胞空间划分

由于规则格网数据模型与四方形划分的元胞空间有着天然的相同点，所以此模型中二维元胞空间采用四方形划分。

3）边界处理

水流漫延 CA 模型的元胞空间是河道上、下断面间的河道地形区域，是某一块有边界的河道流域空间，不再是理论上的可以无限扩展的抽象空间。在有限的地理空间下进行动态漫延仿真，需要考虑如何处理空间边界的问题。在进行边界处理时，要考虑以下几种情况：

①河道区域：考虑到河道一般狭长，在用矩形裁剪上、下断面间的河道地形 Raster 时，使河道边界位于研究区域内，从而避免边界情况出现。

②在裁剪的河道 Raster 区域，将 Raster 的 NoData 区域设置为固定值。在此算法中，设置为河道地形的最大值。这样一来可以突出河道地形，便于三维显示；同时，Raster 的 NoData 区域包含的边界被处理成固定值，这也符合地理元胞自动机边界处理的常用规则，即定值型边界。

③当边界元胞处于河道上断面位置时，元胞的水深状态始终为：

$$水深 = 上断面水位 - DEM\ 高程$$

即处理成定值型边界。

④当边界元胞处于下断面位置时，水不再向元胞空间外流出，而是水面逐渐上升直至达到要求。亦即只考虑元胞空间内的邻居状态的影响，与内层元胞的处理规则相同。

⑤当边界元胞不处于上、下断面上时，当由于考虑到水的流动性及"无孔不入"特性，边界元胞只需要考虑元胞空间内的邻居状态对其的影响即可，亦即使用和内层元胞一样的处理规则，只不过这些边界元胞的邻居个数少一些。

4）邻域定义

此算法中的邻居定义采用 Moore 型，在二维元胞空间中，中心元胞周围的八个元胞作为其邻居。水流具有分散形状，水流的流向与流量分配与受到周围八个邻居状态的影响。

Moore 型邻居与水流流向判别法的八方位法、基于坡度及坡度指数的多流向算法、无穷方向算法 Dinf 等算法在 3×3 的格网局部区域空间结构上具有一致性，在水流方向的判断及流量的分配上，便于在多种算法中选择及变化。

5）元胞状态

根据河道水流漫延的影响因素、元胞状态量是否随时间变化以及槽蓄量计算需要关注的状态量，将元胞的状态变量分为两类：

一类为核心状态量，用于描述元胞自身的状态。此类状态量主要包括分析水面形状的水深、流速、流量。水深表示当前元胞所占的地表空间上形成的水流高度。流速表示水流在元胞单元间移动速度的快慢。流量表示单位时间内元胞上的过水量。

另一类为辅助状态量，主要是对核心状态量产生影响的量，它们不随着时间的变化而状态发生变化。它们作为构建元胞自动机局部规则的输入变量，连同核心状态变量一起来决定核心状态变量在下一时刻的值。辅助状态量主要包括对水流方向产生影响的 DEM 高程值，对流速产生影响的地面摩擦系数、对流量产生影响的水流渗透率等状态量。

将核心状态变量和辅助状态变量用面向对象的方法封装成元胞类，作为水流漫延 CA 模型的元胞容器。

3. 模型演化

元胞自动机模型的整个模拟过程完全是受演化规则控制的，合理的演化规则是模型效果的关键。规则是针对局部区域定义的，用于反映元胞单元间的相互联系和相互作用。但局部规则与传统的宏观规律，既有联系，又有区别。局部规则的定义目前尚没有统一的方法，但目的都是尽量使模拟结果接近现实。由于地理现象和规律的复杂性，有时要找到一个合理的规则会非常困难。

水流漫延元胞自动机模型需要表达这样的现实：地形决定水流边界，水流适应地形而流动。这里面就涉及流向、流速及流量分配。

（1）流向

流向表征水流离开中心元胞流向邻居元胞时的方向。目前主要有基于规则格网的多种水流流向判别方法，如单流向法 D8、Rho8 方法；多流向法的基于坡降和基于地形指数的算法、DEMON 算法、无穷方向算法 Dinf 等。

D8 方法实现简单，效率较高及对凹地、平坦区域有着较强的处理能力，且与我们采用元胞自动机模型的实现算法在空间结构上相吻合，因此，选择最大坡降算法 D8 方法来实现水流流向判断，将其作为河道中水流由上断面沿着河道地形向下断面漫延的算法基础。

（2）流速

流速在元胞自动机中表征水流在元胞间的移动速度。由于元胞自动机将空间和时间高度离散化，在这里将流速概化为水流在当前元胞上停留的时间。可以通过曼宁公式进行计算

$$V = \frac{1}{n} R^{2/3} J^{1/2} \tag{5-4}$$

式中：V 为流速；R 为水力半径，这里用水深来代替；J 为地形比降。

计算出水流速度后就可以求得水流穿过元胞代表的地表空间所需时间 T，公式如下

$$T = \frac{\text{Cellsize}}{V} \tag{5-5}$$

式中：T 为时间，元胞格网边长值 CellSize，V 为流速。

（3）流量分配

流量分配表征单位时间内通过中心元胞的水量进入其下流邻居元胞的比例。由于采用了最大坡降法 D8，及中心格网的流量全部进入其下流坡降最大的邻居格网。流量的计算公式如下

$$Q = V \times S = V \times \text{CellSize} \times \text{depth} \tag{5-6}$$

式中：Q 为流量；S 为元胞上的水流截面积，由于是元胞形状是规则格网，截面积 S 可以由元胞格网边长值 CellSize 与元胞上水深 depth 的乘积得到。

水流漫延 CA 模型局部演化规则需表达出地表水流受到元胞状态影响而在地形格网上的流动的物理过程，主要包括元胞格网处水流速度的计算以及中心元胞到其邻域元胞的水流流向判断和流量分配关系的确定。元胞在空间上表示一定的地表面积，因此水流速度表示水流在当前元胞上停留的时间片段，水流流向判断及流量分配则显示出元胞当前属性状态对水流的影响。这三个核心状态的演变规则表达了地形决定水流边界、水流适应地形而流动的相互关系。

河道水流漫延 CA 模型局部规则的构建以 D8 水流单流向判断算法为基础，结合 Manning 公式计算出元胞空间的水流速度，解决了流向、流速计算及流量分配的问题，其定义如下式

$$f: S_i^{t+1} = f[(S_i^t, S_N^t), A] \tag{5-7}$$

式中：(S_i^t, S_N^t)，为时刻 t 时中心元胞和邻域元胞核心状态的组合；A 为中心元胞及其邻域元胞辅助状态的组合；f 为元胞自动机的局部演化规则。

经过上述步骤，我们已经建立了水流漫延的 CA 模型。模型的输入为河道上、下断面水位，元胞辅助状态量（DEM、地表摩擦系数、地面渗透率），元胞核心状态量（水深、流速、流量）通过 Manning 公式和 D8 算法实时计算得到，模型输出为河道水流漫延的动态模拟及最终形成的满足上下断面水位的水面，最后得到槽蓄量。模型结构如图 5-9 所示。

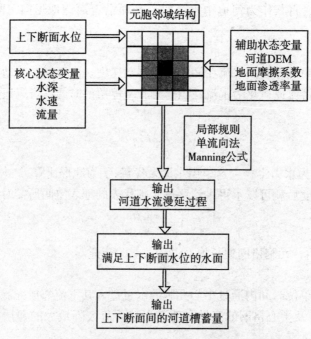

图 5-9　水流漫延 CA 模型结构图

5.4　河流建模与渲染关键技术

5.4.1　河流建模

1. 河流自动建模

在处理湖泊等小范围的水体时，由于涉及地域范围较小，通常把水当做一个平面建模，然后利用地物进行遮盖，生成湖泊特殊的外形；在处理海洋等大型水体时，指定海洋的范围，如海岸线，或者直接由 DEM 确定海洋的范围，再进行渲染。而河流穿过多种类型，不同地段河流的高程不尽相同。对河流的建模，指定一个假想的河流静止时的河面，才能实现大范围的河流渲染。

由于一般河流的水文数据包含河流的左岸线数据，要得到河流的模型，通常需要建立河流右岸信息。河流垂直水流动方向上水位可以看做是一致的，把左岸线上各个点对应右岸边各个点找到，就可以完成河流的建模工作。

河流建模中，采用左右等点建模方式，左岸一个点，对应右岸一个点。对于左岸线上，开始和结尾的点，最开始（末尾）一段作为河流的流向，对于中间点，取两边河流线的平分线作为河流的流向。如图 5-10 所示。

然后通过左岸点与对应区域的河流流向来计算对应的右岸点的坐标。如图 5-11 所示。

如图 5-11 右岸点时，通过河流最大宽度，找到对应点的最远可能的右岸点。然后在

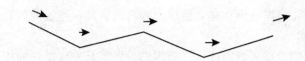

图 5-10　通过左岸确定河流流向示意图

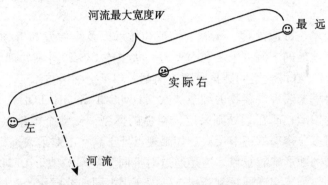

图 5-11　右岸点解算示意图

左岸点和最远可能右岸点中内插足够多的点，寻找高程与左岸点最接近的点即为右岸点。假设左岸点的坐标分别为 $(x_{\text{left}}, y_{\text{left}}, z_{\text{left}})$，河流方向为 $(x_{\text{flow}}, y_{\text{flow}}, z_{\text{flow}})$，河流最大宽度为 W，河流可能最远右点的坐标为 $(x_{\text{right}}, y_{\text{right}}, z_{\text{right}})$，那么存在公式

$$\begin{cases} (x_{\text{right}}-x_{\text{left}}, \ y_{\text{right}}-y_{\text{left}}, \ z_{\text{right}}-z_{\text{left}}) \cdot (x_{\text{flow}}, \ y_{\text{flow}}, \ z_{\text{flow}}) = 0 \\ (x_{\text{right}}-x_{\text{left}}, \ y_{\text{right}}-y_{\text{left}}, \ z_{\text{right}}-z_{\text{left}}) \cdot (x_{\text{left}}, \ y_{\text{left}}, \ z_{\text{left}}) = 0 \\ \sqrt{(x_{\text{right}}-x_{\text{left}})^2 + (y_{\text{right}}-y_{\text{left}})^2 + (z_{\text{right}}-z_{\text{left}})^2} = W \end{cases} \tag{5-8}$$

　　根据上述公式，求解理论最远右点，通过左岸点和理论最远右岸点的经纬度值确定一个大圆弧，在圆弧上内插点，寻找最佳右岸点。在具体实现中，采用 RiverVertex 结构来记录河流左、右岸点的信息。

public struct RiverVertex

public double Lat;　　　　　　　　　//记录节点的纬度
public double Lon;　//记录节点的经度
public double Height;　//记录节点的高程;
public double X;　//记录节点地心坐标系的 X 坐标值
public double Y;　//记录节点地心坐标系的 Y 坐标值
public double Z;　//记录节点地心坐标系的 Z 坐标值

}

具体算法实现采用从左岸点到理论最远右岸点等间距采样。考虑到河流的 V 字形构造，在寻找右岸点时，通过判断 DEM 的变化趋势，排除靠左岸的全部的点。得到右岸边对应的河流节点。

最后将河流的左、右岸点依次加入数组，并写入文件，完成河流自动建模过程。

2. 河流水面建模

金沙江流域流经的地理区域跨度大、范围广，如果对流域进行河流水面建模并直接进行河流水面的渲染会造成大量的资源消耗，不利于实时渲染的需求。因此为了减少河流水面渲染的资源消耗，结合影像金字塔技术实现水面网格 LOD 绘制，优化网格节点数，提高绘制效率。

影像金字塔技术在影像处理、压缩、管理和显示以及影像发布等领域具有广泛的应用，也是目前数字地球的主流技术。国内外的一些主流 GIS 和遥感处理软件，如 ArcGIS、SuperMap、Erdas 等，在海量空间数据管理方面都采用了金字塔技术。

通过影像金字塔来表现观察物的细节层次（Level Of Detail，LOD），其中在近处观察物体时采用精细的模型，而在远处则采用较粗糙的模型，使整个模型以"块"为单位进行显示，从而具有多分辨率的细节层次。如果视点处于高空中对地表进行浏览，则将得到不同分辨率的宏观的地形地貌景象，这是通过对不同分辨率的地形 DEM 与不同分辨率影像的贴合来表现的，为了实现通过判断视点高度调用不同细节层次的数据，一般需要建立金字塔层次结构的多分辨率数据库，通过调用多分辨率数据库中的数据来展现。以基于格网索引方式的栅格数据分区组织方法，对同一细节层次的数据按照"片—网格—行列"的方式进行分区组织。瓦片是指同一个细节层次区域的划分后得到的子区域，也是进行数据调度的基本单位，通过建立瓦片的索引很好地描述空间内数据的组织。而网格则是构成瓦片的基本单位，通过网格得到更细致的地形特征，并且将网格进行三角形化后，是图形绘制渲染的基础。

金字塔模型对海量栅格数据进行分层组织，不同细节层次的地形通过不同层的数据来表示。根据视点的远近不同来判断瓦片的细节层次，视点距离越近，瓦片级别越高，细节越多；视点距离越远，瓦片级别越低，细节越少。

河流水面采用规则格网建模，对不同大小的瓦片进行相同数量的采样点网格建模，不同大小的瓦片建模后得到的网格间距也不相同，由此体现出水面网格的 LOD。三维渲染中的基本形状是三角形，复杂的图形都是基于三角形构建而成。

5.4.2　河流渲染

1. 河流水面渲染

（1）水面光反射

光反射的原理，主要有以下两种方法生成反射纹理。方法一是，虚拟一个摄像机到摄像机位置关于水平面的对称点，从该虚拟摄像机位置观察到的水面周围景象作为反射纹理。方法二是，由于实际景象和倒影景象的坐标各点关于水平面对称，对水面周围景象关于水平面进行对称处理，再将实际景象裁剪，获得反射纹理。两个方法如图 5-12、图 5-13 所示。

对比上述两种方法，前者需要计算摄像机移动后观察到的景物，同样效果下处理起来比较复杂。采用建立关于水平面的对称变化矩阵的方法，设置当前摄像机位置与地面相切

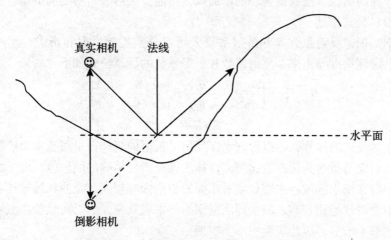

图 5-12　转换相机位置生成水面倒影纹理

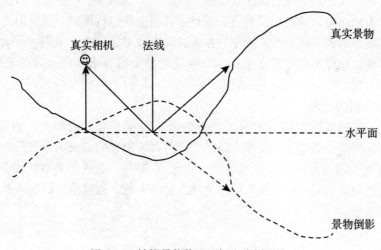

图 5-13　转换景物物理坐标生成倒影纹理

的平面，绘制当前水面周围的景象到反射纹理中，从而实现反射纹理的计算。

（2）水面光折射

一般水面的绘制，还需要考虑到水面的折射，折射和反射一样都能对最终绘制结果的真实感起着重要的作用。折射相对反射要复杂许多，需要考虑到空气和不同水质的折射率，以及 Snell 定律，即折射定律。Snell 定律是指光从一种介质进入另一种介质时，其入射角的正弦比等于光在两种介质中的传播速度之比。公式表达如下

$$\frac{\sin\theta_i}{\sin\theta_t} = \frac{C_i}{C_t} \tag{5-9}$$

式中：θ_i 为入射角度；θ_t 为折射角度；C_i 为光线在空气中的传播速度；C_t 为光线在水体中的传播速度。

处理反射和折射之间的关系是模拟水面光照效果的关键步骤，对这两种光学现象获得

的纹理进行合理的结合，绘制出逼真的水面成为可能。反射和折射之间的结合关系通过菲涅尔（Fresnel）公式描述。

根据光学知识，反射系数 R 和折射系数 T 可以分别控制反射和折射。菲涅尔公式通过电介质的电磁理论推导出来，反射系数和折射系数的计算公式如下

$$R = \frac{1}{2} \cdot \left\{ \frac{\sin^2(\theta_t - \theta_i)}{\sin^2(\theta_t + \theta_i)} + \frac{\tan^2(\theta_t - \theta_i)}{\tan^2(\theta_t + \theta_i)} \right\} \tag{5-10}$$

$$T = 1 - R \tag{5-11}$$

通过菲涅耳公式的计算，可以根据水面反射、折射的规律得出河流水面绘制时水面中某个像素中反射光与折射光所占的比例，计算出该像素处精确的颜色值。由于水是一种透明的流体，一般在浅水区域，水底景象对水面的像素影响较大，金沙江流域具有丰富的矿物质，水质中含泥沙量比较高，河水浑浊呈现不出水底景象，所以在金沙江流域河流水面渲染中折射效果不明显，因此实验中不予实现。

2. 河流波浪渲染

通常情况下，使用凹凸映射贴图（Bump Mapping）来模拟 3D 场景中的粗糙表面，例如砖墙、鹅卵石地面等。这些粗糙的表面很难用几何形状进行模拟，而且即使使用几何形状模拟也会直接影响到整体的渲染效率。在水面动态效果实现中，采用一种动态凹凸纹理的方式进行实现，这样不仅降低了水面动态变化对渲染的要求（凹凸纹理未增加渲染节点），又能模拟出数学方法难以模拟的河面运动。

（1）凹凸映射的原理

从远处看，判断如图 5-14 中物体是粗糙的唯一证据是在其表面上下的亮度有改变。人的大脑能够获得这些亮暗不一的图案信息，然后判断出它们是表面中有凹凸的部位。图 5-14 中的浮雕效果即由不同的亮度所产生。由于日常生活中绝大多数的光源来自上方，所以向上倾斜的地方会亮一些，向下倾斜的地方会暗一些，通过简单的物体上色，可以获得凹凸不平的效果。

图 5-14　粗糙物体表面图

（2）法向量贴图与凹凸映射图

由于传统的 RGB 纹理通常用三个无符号数分别表示红色、绿色、蓝色分量，而法向量也是从表面向外的三元向量。因此，可以用 RGB 纹理格式来存储法向量，称之为法向量贴图（Normal Map），此时存储在纹理中的数值不代表颜色，而表示法向量。即

使用 RGB 纹理的红色、绿色、蓝色分量来存储法向量的 x，y，z 分量。将有符号的法向量值进行范围压缩到［0，1］的无符号范围，然后将法向量存储在 RGB 纹理中。由于每个凹凸映射大多数情况下并不是特别剧烈，法向量的值接近（0，0，1），对应的 RGB 值接近（128，128，256），对应的法向量纹理偏蓝。图 5-15 为应用于水渲染的法向量贴图。

图 5-15　水面渲染的法向量纹理图

通过对景物表面法向量的扰动，能导致表面光亮度的变化（光亮度是法向量的函数）。向量（0，0，1）在凹凸纹理映射中表示未经扰动的法向量，扰动后的法向量存储在一个二维数组里，称为凹凸映射图。在 $m×n$ 大小的高度域纹理中，用 $h（i，j）$ 表示存储在 $（i，j）$ 位置的高度值。因此可以先计算出该位置在 U 和 V 方向上的切向量，进而通过 $U（i，j）$ 与 $V（i，j）$ 的叉积得到该处的法向量

$$U（i，j）=（1，0，h（i+1，j）-h（i，j））$$
$$V（i，j）=（0，1，h（i，j+1）-h（i，j））$$
$$\overrightarrow{\text{normal}}=\frac{（h（i，j）-h（i+1，j），h（i，j）-h（i，j+1），1）}{\sqrt{（h（i，j）-h（i+1，j））^2+（h（i，j）-h（i，j+1））^2+1}}$$

（3）凹凸映射工作机制

凹凸映射是补色渲染技术（Phong Shading Technique）的一项扩展，只是在补色渲染里，多边形表面上的法线将被改变，这个向量用来计算该点的亮度。当加入了凹凸映射时，法线向量会略微地改变，怎么改变则基于凹凸图。改变法线向量就会改变多边形的点的颜色值。

（4）利用凹凸纹理模拟动态水面

动态水面模拟的主要工作是生成波浪，并产生动态效果。利用凹凸纹理，可以生成某固定时刻的波浪效果。要实现动态的波浪，还必须加入一个参数改变凹凸纹理的纹理坐标。由于实际水面的波浪往往与风向有关，在实际使用动态凹凸映射时，添加了波浪大小参数，风力大小参数，水运动方向参数和时间参数，由这几个参数共同控制水面的运动效果。

5.5　基于 DEM 数字河网提取

5.5.1　数字高程模型

数字高程模型（Digital Elevation Model，DEM）作为地表地形的一种数字化表达方式，广泛应用于 GIS 分析和可视化环境中[11]。结合不同的研究背景，DEM 有着不同的定义。描述地表地形起伏的数字模型被称之为数字地形模型（DTM）。与 DTM 不同，数字地表模型（DSM）不仅描述地表的自然属性，还对人造物如大坝、建筑物等进行描述。还有一些 DEM 的衍生定义如 DCM、DGM 等从不同角度对地表进行数字化描述。

事实上，要做到对地表连续精确地数字化表达是不可能完全实现的，因为地表的形态变化十分复杂，不可能对地表上的每个点进行精确的数字化表达。因此，按一定间距选取采样点，并按一定规律将采样点连续化以实现地表地形的近似描述。采样模型主要包括 3 大类：等值线采样、不规则三角网（TIN）采样和规则格网（GRID）采样。

等值线采样模型：采用不相交的曲线描述地表高程的起伏，同一条曲线上各点具有相同的高程值，两条相邻曲线之间具有相同的高程差，这些彼此不相交的等值线就表示整个区域的地表高程起伏，通过内插可以确定两条等值线间任意点的高程值。等值线模型是地表模拟最常用的方法，其模拟精确程度受等值线数据源的精度影响。一般来说，通过航拍的立体影像和立体绘图仪获取的等值线精度较高，而通过地面高程点插值获取的等值线精度稍差。

不规则三角网（TIN）采样模型：TIN 模型由具有高程信息的点和线，由这些点、线构成不规则三角形面片，以实现地表高程起伏描述。三角形面片的构造方法常采用 Delaunay 三角网产生，该方法能够确保同样的高程点集所构造 TIN 的唯一性。由于 Delaunay 三角网的特性，只有最相邻的两个点才可以用于构成三角形的边，并且所构造的边线不会与另外两个点构成的边线相交，且所构成的不规则三角形中，三个顶点构成的圆不会包含其他三角形的顶点。TIN 模型表示的地表由具有高程信息的不规则三角形面片构成，高程点间的高程差使三条边具有不同的斜率，一个个倾斜的面片表示了地表的起伏信息。空间上任意一点的高程值，均可以通过所在不规则面片所表示的平面上求得。TIN 模型在表达地形起伏的细部特征信息上更具有优势，十分有利于地形的可视化表达。由于地形细部表现得更为详细，TIN 模型广泛用于基于地形的各种计算分析中，如填、挖方分析、等值线绘制和高程点内插，基于 TIN 模型进行的地形可视化能够反映地形的细节信息，在三维可视化领域中得到了广泛的应用。

规则格网（GRID）采样模型：与 TIN 模型类似，基于规则格网采样模型用一个个多边形来表示地表的起伏。与 TIN 模型的区别在于，不再用不规则三角网表示地表起伏，而是采用规则的多边形，并且多边形所在的面上具有相同的高程信息。通常情况规则格网用正方形表示，正方形的边长代表所生成数字地形模型的空间分辨率。由于表示地形的格网具有相同的高程信息，该模型可以简化为一个高程信息的二维矩阵，十分利于存储。理论上，格网边长越小，DEM 的空间分辨率越高，越能够反映现实世界地表起伏的细部特征，但是同时会花费大量的计算时间，尤其是大范围的地形信息，如流域信息，对计算机资源的消耗是巨大的。许多研究也讨论了运用其他的数据结构模型来优化基于规则格网 DEM 的存储，最通常的做法，还是对数据进行压缩。由于 DEM 存储与图像存储类似，许多基于图像的压缩算法均能应用于 DEM 的优化存储。与等高线和 TIN 模型相比较，规则格网模型数据结构简单，易于计算和存储，在地形数字表达上效率更高，应用更为普遍。

5.5.2 DEM 数字河网提取基本原理

河网水系是水流泥沙研究的基础，从原始的数字高程模型中提取流域河网信息，是流域水沙模拟研究的基础和关键。Ai 等[12]研究了从等高线中提取数字河网，并将提取的河网信息用于等高线的综合。Palacios-Velez 和 Jones[13],[14]提出了基于 TIN 的河网提取通用方法。大多数基于 DEM 的河网提取主要基于规则格网模型，规则格网 DEM 的河网提取方法可以分为 3 类：基于流向的 CI（Channel Initiation）方法、基于谷底识别的 VR（Valley Recognition）方法和混合方法[15]。谷底识别方法的思路为，通过对比格网与相邻格网高度差，确定谷底位置，通过连接谷底获取河网水系。该方法由 Douglas 和 Peucker 于 1975 年提出[16]。后经过发展，逐步由单方向的谷底判断发展到多方向上的谷底判断。谷底判断的参考格网高程也由主要考虑相邻格网发展到相对更远格网。虽然谷底识别的方法能够反映一定的河网变化，但是由于主观因素太强，并且生成河网的拓扑正确性得不到保证，不能用于基于河网的后续分析[17]，现在已经较少采用，只作为辅助 CI 方法的参考。目前最广泛应用的河网提取方法还是基于流向的方法，该方法于 1984 年由 O'Callaghan[18]提出。其基本思路是：基于水往低处流的自然规律，根据规则格网与周围格网高程差来判断水的流向，根据水的流向计算汇水区域。假设汇水阈值，认为大于某一阈值的格网为水流的汇水区，将离散汇水区域连接起来便构成整个流域河网。基于流向的 CI 方法主要包括汇水区阈值的选择和流向的判断。阈值的选择直接决定河网的形成是否符合真实河网形态，流向的判断直接影响汇水区域的形成。通常情况下，对原始 DEM 的处理按照上述两个关键步骤提取出的河网往往不能代表真实河道的实际情况，需要对 DEM 数据进行预处理，对提取河网水系过程中的某些流程进行调整和修正，以达到提取的河网水系更加接近真实河道的目的。

5.5.3 基于 CI 方法的河网提取流程

基于 CI 方法河网提取的基本流程如图 5-16 所示，主要包括：

（1）前期处理部分，包括原始 DEM 的坑地填充和实际河流矢量图层的强迫矫正。通过对 DEM 原始数据的处理，使后续提取的河网更加切合实际。

（2）计算部分，进行流向和汇水累积量计算。按照 CI 方法计算流向矩阵，通过水流累计计算确定汇水累计格网数据。

（3）后续处理，设置汇水量阈值生成河流水系网络。汇水区阈值的选择至关重要，阈值过大或过小均会影响生成河网水系的表现力。阈值越小提取河网密度较大，提取速度受到影响，并且会形成较多细碎的河网会使后续处理变得异常复杂；阈值越大提取河网密度越稀疏，不能表现流域河网的特征。

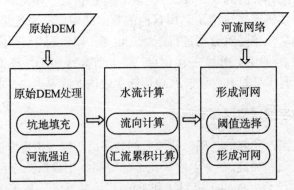

图 5-16　DEM 河网提取流程图

1. 数据预处理

（1）坑地填充

产生 DEM 数据时，由于人为的或其他一些原因，不可避免出现一些错误，其中坑地是主要问题之一。坑地为 DEM 中一些与实地地形不相符的格网单元。这些格网单元的高程值较周围格网值低，形成一个面积较小的汇水区。如图 5-17 所示 A、B 区域。

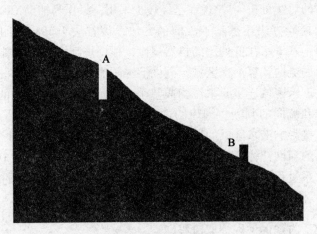

图 5-17　坑地示意图

当水流从地势较高区域流到这些坑地时，不再流向其他地区而形成断流。从而对水流流向的判断产生影响，需要对这些区域进行预先处理。对坑地采用升高坑底所占格网高程的方法，可以有效地解决断流问题，如图 5-18 所示。

图 5-18（a）中红线区域内格网的高程值较周围格网小，水流向该区域后会形成环流，河流断流，不会再流向其他区域，坑地对于数字河网的提取十分不利。对于处理 DEM 中区域面积较小的坑地，采用基于图像学理论的平滑滤波方法，可以较好地解决坑地问题。对于面积较大区域往往采用如图 5-18（b）所示方法来进行处理，格网的高程被人为抬高到与周围格网相近的水平，这样就不会阻挡水流的正常流动，这种方法可以处理

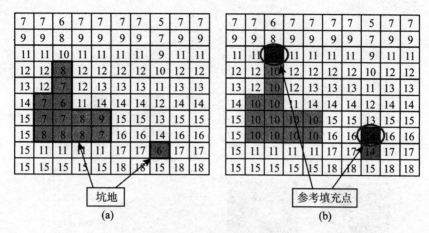

图 5-18　坑地填充示意图

较大区域的坑地，但是填充后的坑地会变成一块平坦的区域。事实上，无论哪种方式进行的坑地填充均改变了原有地形特征，也可能将原本实际存在的坑地填充为平地。

（2）河流强迫

从 DEM 中提取河网的关键在于流向判断的正确性，原始的 DEM 提取的河网与真实的河网走向有时会存在矛盾，特别是在一些较为平坦的区域。河流强迫为以上问题提供了解决方案，通过主要河流的矢量数据对原始的 DEM 进行处理，人为降低河道附近的高程值，确保水流在河道汇集，从而达到增大河道附近格网的水流汇集值的目的。使自动提取的河流网络流经主要河网区域。河流强迫基于 AGREE 算法[19]，缓冲区大小（Stream buffer）、平滑系数（Smooth drop）、锐化系数（Sharp drop）为该算法主要参数。该算法的主要思想为沿着参考河流，对河流两岸按一定的宽度生成缓冲区域，并降低区域内格网高程值，高程值降低的程度与距离河道的距离成反比，即距河道越近，格网高程值的降幅越大。这样参考河流附近的 DEM 能够更好的符合河床的基本形态，即"V"字形的河床。缓冲区大小决定高程值被降低格网的影响范围，其值表示了沿河道向两岸辐射的宽度，以格网个数为单位。平滑系数和锐化系数决定格网高程降低的程度，以 DEM 高程单位为单位。根据平滑系数和锐化系数按照格网距河道的远近分配高程的降低值，最终使原始 DEM 中河道附近的形态构成一个 V 形河床。由于河床区域格网高程值低于附近格网一般水平，流经附近格网的水流最终会汇集到河道所在格网中。这样提取出的河网能够更加切合主要河流分布。图 5-19 描述了金沙江下游流域原始 DEM 根据金沙江干流河道强迫处理前后的 DEM 对比。

图 5-19 中河流强迫处理设置缓冲区大小为 5 个格网宽度，平滑系数为 10m，锐化系数设为 1000m，DEM 分辨率为 90m。利用金沙江下游流域 1∶250000 水系河网中金沙江干流矢量对下游区域 DEM 进行处理，选取 30km×30km 区域进行处理前后分析。河流强迫后DEM 数据与原始 DEM 通过叠加分析，得到如图 5-19 右所示结果。沿河道向岸边的缓冲区内格网高程值均发生了变化，河道所占格网位置高程值变化最大，高程均降低了

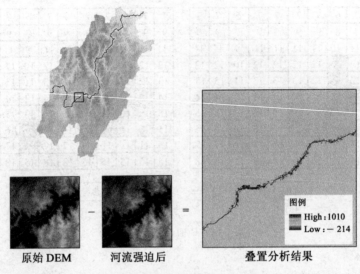

原始 DEM　　　　河流强迫后　　　　　　叠置分析结果

图 5-19　河流强迫后 DEM 分析

1010m，沿岸边高程变化不同。由于高程值得到了普遍降低，能够最终确定水流汇流到河道所占格网。

对原始 DEM 处理并不是数字河网提取的必须步骤，坑地的填充避免了坑地对于河流汇集断流的影响，而河流强迫则是通过矢量河道数据降低原始 DEM 格网高程值，使水流最终汇集到河道所经过的格网。前者主要应用于坑地较多的区域，后者主要应用于较为平坦且有河网矢量数据的区域。

2. 水流计算

（1）流向计算

流向的判断决定水流沿格网的分配，按照分配法则的不同分为单流向分配和多流向分配。采用 D8 算法进行处理。其基本思想是计算地面点八方向上的坡降度大小，取坡降度最大的方向为水流方向。

（2）汇流累积计算

按照 D8 算法描述，研究区域中以 3×3 为最小单元，每个单元中间点所在格网水流方向应该是八方向上的一个，流向由中间点所在格网与周围格网坡降比决定。对 DEM 所有格网进行流向判断，可以生成流向格网矩阵。流向网络连接可以计算出每个格网汇集水流的程度，以单个格网的蓄水量为 1 来计算，根据流向网络连接图可以计算每个格网的实际汇水量。

3. 形成河网

地表河网由汇水累积格网产生，通过给定水流累积格网一个汇水量阈值，如果格网单元汇水量大于该阈值，则该格网被标记为河网的组成单元，通过连接这些汇水单元可以形成地表河网。

5.6 大区域不规则河道的水流仿真

在大区域不规则河道中仿真水流有四个关键点：

（1）由于河道的不规则性及水位、水流方向的不固定性，水面不能简单的以平面来代替研究，而要根据实际的河道数据、地形数据及水文数据对水面进行建模。

（2）在大区域范围下，如果把整个河道网的水流一次性建模并渲染是不现实的，所以必须对研究区域进行分块、组织与调度。

（3）不能排除多个分块同时处于计算机视口中的情况，这时渲染数据量也很大，所以必须使用LOD[20]思想来动态对分块进行调度、建模与渲染。

（4）为了取得逼真的仿真效果，必须研究水面反射、水面波浪、水面动态高光等因素在计算机中的表达方法。图5-20为仿真流程简图。

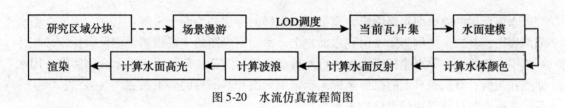

图5-20　水流仿真流程简图

5.6.1　LOD 方案

基于高度场[14]的原理，先把研究区域按合适大小进行分块，分块称之为瓦片，当某个瓦片需要更详细的建模级别时，则对该瓦片进行四叉树分割，并使用指针四叉树结构组织子瓦片，直到分割出适合当前LOD级别的子瓦片。调度方法如下：

在计算机视口范围内遍历瓦片；

if 相机在地表视场角小于 M1 ∗ 当前瓦片大小；

and 瓦片到相机的距离小于 M2 ∗ 当前瓦片大小；

then 向下匹配更大的 LOD 级别；

if 相机在地表视场角大于 M3 ∗ 当前瓦片大小；

and 瓦片到相机的距离大于 M4 ∗ 当前瓦片大小；

then 向上匹配更小的 LOD 级别。

if 以上两个条件都不满足，then LOD 级别不变。

其中，M1，M2，M3，M4 为常量，可以控制指定条件下的 LOD 级别。

5.6.2　水面建模

在瓦片内，采用规格格网来对水面进行建模，规格格网的采样密度决定了水面模型的详细程度，当不同大小的瓦片以固定采样个数建模时，LOD 级别和瓦片大小相对应。采样算法根据河道边界数据按照一定采样密度在瓦片内采样，如果采样点在河道内或采样点

125

的相邻采样点在河道内（为了把河面包含在三角网内），则计算采样点的水面高程，再把采样点加入到水面三角网，否则舍去采样点，扫描完整个瓦片后就得到了瓦片内的水面三角网模型，多个瓦片中的水面三角网拼接，便可以构成河道的水面三角网。由于采样的间距问题，部分样点会落在河道之外，但因为这部分三角网正好被地表模型覆盖，因此这并不影响水仿真的效果。如果整个瓦片没有与河道有交集的部分，则方格不被建模，不被建模的方格在渲染时直接被跳过，这极大地提高了系统渲染效率。

5.6.3　水体颜色

水体颜色由水的漫反射色和环境色决定，即

$$C_{\text{water}} = C_{\text{ambient}} + C_{\text{diffuse}} \tag{5-12}$$

式中：C_{water} 为水面颜色；C_{ambient} 为环境光颜色；C_{diffuse} 为水的漫反射颜色。

5.6.4　水面反射

水面反射的效果即水面倒影。模拟水面倒影的方法分为两个步骤：其一，生成一幅水面倒影图；其二，把倒影图映射到水面之上。水面倒影图的生成根据镜面反射原理，在计算机中，将所有实物点坐标沿水面进行对称运算后再渲染，便可以得到水面倒影图。用水面点在当前计算机视口上的投影坐标来确定倒影和水面点的映射关系[21]。公式（5-13）给出水面点与计算机视口坐标的关系为

$$P_{\text{screen}} = P_{\text{world}} \cdot M_{\text{world}} \cdot M_{\text{view}} \cdot M_{\text{projection}} \cdot M_{\text{viewport}} \tag{5-13}$$

式中：P_{screen} 是水面点在计算机视口的投影坐标；P_{world} 是水面点的实际坐标；M_{world} 是水面点在三维场景中的变换矩阵；M_{view} 是当前三维场景的观察矩阵；$M_{\text{projection}}$ 是三维场景的投影矩阵；M_{viewport} 是把投影坐标转换到视口坐标的变换矩阵，其构造方法为[21]

$$M_{\text{viewport}} = \begin{bmatrix} 0.5 * \text{width} & 0 & 0 & 0 \\ 0 & -0.5 * \text{height} & 0 & 0 \\ 0 & 0 & \text{max}Z - \text{min}Z & 0 \\ x + 0.5 * \text{width} & y + 0.5 * \text{height} & \text{min}Z & 1 \end{bmatrix} \tag{5-14}$$

式中：width 和 heigh 分别为计算机视口的宽度和高度，x，y 分别为计算机视口左上角坐标，$\text{max}Z$ 和 $\text{min}Z$ 为三维场景裁剪的深度缓冲值的最大值与最小值。把 P_{screen} 的 x、y 范围调至 [0，1]，就得到倒影图和水面点的关系

$$P_{\text{sampler}} = P_{\text{scrren}} \cdot [1/\text{width}, 1/\text{height}]^{\text{T}} \tag{5-15}$$

式中：P_{sampler} 即为水面点 P_{world} 在倒影图上的映射点；width 和 height 同式（5-15），"T"表示转置。

在实际中，光线射到水面并不是 100% 被反射，菲涅尔定律（Fresnel Term）指出了水面反射光和折射光在不同观察角度时的比例问题，由于菲涅尔定律非常复杂，近似公式（5-16）可以满足仿真的需要，即

$$f = r + (1-r) \cdot (1.0 - V_{\text{view}} \cdot V_{\text{normal}})^5 \tag{5-16}$$

式中：f 为菲涅尔值；r 为水的反射系数；值为 0.02037；V_{view} 为观察方向；V_{normal} 为水面法线，次方 5 是经验值。最后，使用公式（5-16）计算考虑了菲涅尔值的水面反射。

$$C_{\text{water}} += f \cdot C_{\text{reflection}} + (1-f) \cdot C_{\text{refraction}} \tag{5-17}$$

式中：C_{water} 为水面的颜色；$C_{\text{reflection}}$ 为反射光的颜色，$C_{\text{refraction}}$ 为折射光的颜色；f 为菲涅尔值，若不考虑折射，令折射色为 0。

5.6.5 波浪、风向和流向

产生波浪的算法有多种，根据波浪生成的原理区分，可以分为两类[20]：一类为真实波浪，即通过持续扰动水面点的高度来产生类似真实波浪的起伏或者对波浪进行真实的数学建模；另一类则是视觉效果的波浪，目前比较流行的做法是借助一张称之为凹凸纹理的栅格图（每个栅格里面都存储了一组扰动值）来持续扰动水面来产生视觉上的波浪效果。第一类方法比较适合模拟真实波浪，比如海浪的生成，但是算法复杂度高，一般的算法，模拟效果很难达到要求。第二类方法简单高效，并且效果很好，很适合湖泊，江河波浪的模拟。这里选择第二类方法。

纹理中的每个像素的 r 值和 g 值都对应了一组扰动值，把凹凸纹理映射到水面，用 r，g 值对反射进行扰动，便可生成涟漪不平的水面效果。设从水面点 P_{world} 在凹凸纹理上的映射点 P_{delta} 处取得的扰动向量 Delta = [r，g]（$0<r$，$g<1$），把 P_{sampler} 按照公式（5-18）进行扰动

$$P_{\text{sampler}} += k \cdot (\text{Delta}-0.5) \tag{5-18}$$

式中，为了使得干扰方向均匀，减去 0.5 把 delta 调整至 [-0.5，0.5]，k 值的大小影像扰动值的大小，扰动值越大，产生的波浪越高，反之相反。由于公式（5-18）中每个 P_{samper} 处对应的 Delta 为定值，所以这样仅仅产生了静态的水波，为了让水波能够"流动"，需要给 P_{delta} 增加一个随时间的变化向某个方向偏移的变量

$$P_{\text{delta}} = \frac{P_{\text{screen}}}{\ln} \cdot \text{WindDirection} + \text{time} \cdot v \cdot \text{Direction} \tag{5-19}$$

式中：P_{delta} 是水面点 P_{world} 在凹凸纹理上的映射点，ln 的大小影像水波波长，取值为 0.8，WindDirection 控制产生某个方向上的细微效果，表示风向，time 是一个时间变量，v 的取值越大，产生的水的流速越大，反之相反，Direction 控制了采样偏移的方向，即为水的流向。

5.6.6 动态水面高光

水面高光其实是镜面反射的效果，Phong 光照模型包含了对镜面反射的处理方法。一个简化的 Phong 模型的描述为

$$C_r = k_a \cdot C_a + k_c \cdot [k_d \cdot C_d (N \cdot L) + k_s \cdot C_s (V \cdot R)^n] \tag{5-20}$$

式中：C_r 表示 Phong 模型计算的最终颜色，k_a 表示环境光系数，C_a 表示环境光颜色，k_c 表示一个系数，用来控制环境光和反射光的关系，k_d 表示漫反射系数，C_d 表示漫反射颜色，k_s 表示镜面反射系数，C_s 表示镜面反射颜色，一般有 $k_a + k_d + k_s = 1$，L 表示入射光，N 表示镜面法线，R 表示反射光，V 观察方向，H 为 L 和 V 的角平分线[22]。由于只考虑计算镜面反射，因此取 $k_s = 1$，$k_c = 1$，公式被简化为[22]

$$C_r = C_s (V \cdot R)^n \tag{5-21}$$

为了免去计算 R 的麻烦，V·R 可以用 N·H 来替换[22]。

静态的水面高光缺乏真实感，为了产生动态闪烁的效果，对反射光线 R 进行扰动，扰动方法为

$$V_{reflection} = R + Delta$$

其中，$V_{reflection}$ 为扰动后的反射光线；R 为原始反射光线；$Delta$ 为扰动向量。调整公式（5-19）中的 $Direction$ 参数，获取多个方向上的不用的扰动向量 $Delta_i$，最后按照

$$Delta = \sum (k_i \cdot Delta_i)$$

进行线性叠加得到叠加的 $Delta$。实验证明，使用叠加的扰动向量使水面高光效果更加逼真。最后，根据 $Phong$ 模型的原理，直接使用 $C_{water} += C_{specular}$ 把高光值添加到水面即可，其中，$C_{specular}$ 为由公式（5-21）计算的镜面反射值。

5.7　水文泥沙分析与预测关键算法

5.7.1　断面要素计算

1. 断面水面宽（B）计算

断面水面宽计算功能通过直接调用数据库中实测的断面（包括水文大断面和固定断面）地形数据，计算河道各断面在各级水位高程下的水面宽度。如图 5-21 所示。

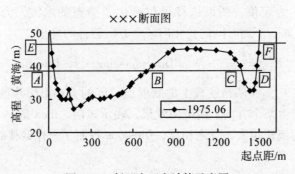

图 5-21　断面水面宽计算示意图

（1）当某水位 Z 下过水断面为单式（图中 EF 线）时，根据水位值（Z），用插值法计算 E、F 点起点距 LE、LF，两起点距差值（LF−LE）即为该水位时水面宽；

（2）当某水位下过水断面为复式（图中 AD 线）时，用插值法分别计算 A、B、C、D 点起点距（LA、LB、LC、LD），A、B 起点距差值（LB−LA）与 C、D 起点距差值（LD−LC）之和为该水位时水面宽。

计算公式如下，其中 d_i 为第 i 和第 $i+1$ 个采样点间的过水面宽（计算步骤见断面面积计算，即

$$B = \sum_{i=1}^{n-1} d_i \tag{5-22}$$

2. 断面面积（A）计算

断面地形法计算的关键是断面面积的计算，由于河道地形复杂，河道中还存在洲滩等地形，河道断面的形状也就不规则，没有现成的计算公式，只有根据断面起点距，相应高程，水位，以直线插值法计算。

某水位下过水断面一般为复式或单式，用分段计算断面上邻近两点水位下的过水面积进行积分，即为某一水位下的断面面积。计算公式为

$$A = \sum_{i=1}^{n-1} A_i \tag{5-23}$$

式中：A 为断面过水总面积；n 为断面采样点数；A_i 为两相邻（第 i 和 $i+1$）采样点间水位下的过水面积。

断面面积的计算分以下几种情况分别处理，如图 5-22 所示。

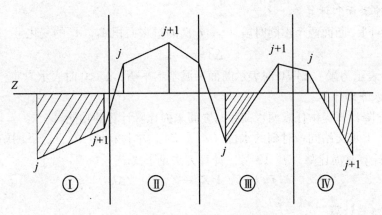

图 5-22 断面面积计算的几种情况

（1）当两相邻采样点高程低于或等于水位时，其过水面积按下式计算

$$d_i = l_{i+1} - l_i \tag{5-24}$$

$$A_i = \frac{1}{2} d_i ((z - z_i) + (z - z_{i+1})) \tag{5-25}$$

式中：l_i 为第 i 采样点起点距；z 为计算水位；z_i 为第 i 个采样点高程；d_i 为第 i 和第 $i+1$ 个采样点间的过水面宽。

（2）当两相邻采样点高程大于或等于水位时，其过水面积 A_i 为 0。

（3）当两相邻采样点高程介于水位之间时，需根据插值法求出相对于水位线的过水宽度 d_i，并计算水位下三角形的面积

$$d_i = \frac{(z - z_{i+1})(l_{i+1} - l_i)}{z_i - z_{i+1}} \tag{5-26}$$

$$A_i = \frac{1}{2}(z - z_{i+1}) d_i \qquad （当 z_i > z > z_i + 1 时） \tag{5-27}$$

或

$$d_i = \frac{(z_i - z)(l_{i+1} - l_i)}{z_i - z_{i+1}} \tag{5-28}$$

$$A_i = \frac{1}{2}(z - z_i)d_i \qquad （当 z_i < z < z_i + 1 时） \tag{5-29}$$

水面宽 B 为：

$$B = \sum_{i=1}^{n-1} d_i \tag{5-30}$$

3. 断面平均水深计算

利用前面的方法计算出在某一水位下断面的过水水面宽度和断面面积后，用面积除以宽度即为断面某一水位下平均水深

$$\overline{H} = \frac{A}{B} \tag{5-31}$$

4. 断面冲淤面积计算

某水位下同一断面两个不同时段 (t_1, t_2) 的过水面积 A_1，A_2 的变化量。

$$\Delta A = A_1 - A_2 \tag{5-32}$$

$\Delta A > 0$ 时表示为淤，$\Delta A = 0$ 时表示断面冲淤基本平衡，$\Delta A < 0$ 时表示为冲。

5. 水面纵降比计算

水面纵比降计算提供任意两水文测站之间水面比降计算的功能。

根据上、下水文站同一时刻的水位（$Z_上$、$Z_下$，单位：m）及上、下测站间距（ΔL，单位：km）计算水面比降（J，10^{-4}）。计算方法见下式

$$J = 10 \times （| Z_上 - Z_下 |） / \Delta L \tag{5-33}$$

5.7.2　水量计算

1. 径流量计算

径流量计算提供各水文测站任意时段内径流量计算功能。当 T 为 365 或 366 时，计算的是年径流量。

计算方法为：根据日均流量（Q_i，单位：m^3/s），天数 T，计算测站任意时段径流量（W，$10^8 m^3$）。计算过程见下式

$$W = \sum_{i=1}^{T} Q_i \times 864/1000000 \tag{5-34}$$

2. 多年平均径流量计算

多年平均径流量计算提供各水文测站的多年平均径流量计算功能。

根据历年年径流量（W_i，单位：亿 m^3）；n 为计算时段的年数。采用算术平均的方法进行计算，其计算过程为

$$\overline{W} = \frac{1}{n} \sum_{i=1}^{n} W_i \tag{5-35}$$

年径流量可以直接从数据库中调用，也可以根据径流量计算得到。

3. 水量平衡计算

根据上、下测站任意时段径流量（$W_上$、$W_下$，$10^8 m^3$）及两测站之间的区间（支流）

来水量 $W_区$，计算该区间水量差值 ΔW 情况。计算过程为

$$\Delta W = W_下 - W_上 - W_区 \tag{5-36}$$

5.7.3 输沙量计算

1. 输沙量计算

输沙量计算提供泥沙监测断面控制区域内泥沙量计算功能。当 T 为 365 或 366 时，计算的是年输沙量。

根据日均输沙率（Q_{Si}，单位：kg/s）（日均流量 Q_i、日均含沙量 S_i），天数 T，计算测站任意时段输沙量（WS，单位：10^4 t）。计算过程为：

$$W_S = (\sum_{i=1}^{T} Q_{Si}) \times 864/100000 \tag{5-37}$$

$$W_S = (\sum_{i=1}^{T} Q_i \times S_i) \times 864/100000 \tag{5-38}$$

2. 多年平均输沙量计算

多年平均输沙量计算提供各水文测站的多年平均输沙量计算功能。

根据历年年输沙量（W_{Si}，10^4 t），n 为计算时段的年数。采用算术平均的方法进行计算，其计算过程为

$$\overline{Ws} = \frac{1}{n} \sum_{i=1}^{n} W_{si} \tag{5-39}$$

年输沙量可以直接从数据库中调用，也可以根据输沙量计算得到。

3. 沙量平衡计算

沙量平衡计算提供各泥沙监测河段的沙量平衡计算功能。

根据上、下测站任意时段的输沙量（$W_{S上}$、$W_{S下}$，单位：10^4 t）及两测站间的区间（支流）来沙量 $W_{S区}$，计算该区间沙量差值 ΔW_S 情况。计算过程为

$$\Delta W_S = W_{S下} - W_{S上} - W_{S区} \tag{5-40}$$

5.7.4 河道槽蓄量计算

1. 断面法

断面法基于库区各断面地形监测数据。根据某水面线下（上、下断面计算水位可能不同）沿程断面面积（A_i、A_j）、断面间距（L_{ij}）计算两断面间槽蓄量 ΔV_i，各断面间槽蓄量之和即为河段槽蓄量 V（10^4 m³）。

计算过程为：

（1）梯形公式 $\quad\quad\quad\quad \Delta V_i = (A_i + A_j) \times L_{ij}/2/10000 \tag{5-41}$

（2）采用截锥公式 $\quad \Delta V_i = (A_i + A_j + \sqrt{A_i \times A_j}) \times L_{ij}/3/10000 \tag{5-42}$

注：截锥公式当 $A_i > A_j$ 且 $(A_i - A_j)/A_i > 0.40$ 时使用。

（3）河段槽蓄量 $\quad\quad\quad\quad V = \sum \Delta V_i \tag{5-43}$

2. DEM 地形法

地形法基于库区地形的矢量化（数字化）成果。根据所需计算河道的数字高程模型，

累积计算构成 TIN 的每个三角形小区域上的槽蓄量，即为河道的总槽蓄量。

如图 5-23 所示，设三角形的三个顶点为 A、B、C，顶点三维坐标为 $(x_a,\ y_a,\ z_a)$、$(x_b,\ y_b,\ z_b)$、$(x_c,\ y_c,\ z_c)$，且 $z_a \geqslant z_b \geqslant z_c$，可以通过排序得到这样的假设。

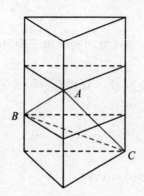 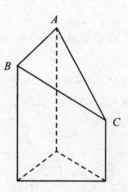

图 5-23　三角形区域上的槽蓄量计算示意图

设计算高程面为 z，图 5-23 中 $\triangle ABC$ 的边 AB、BC、CA 对应的边长分别为 c、a、b，CA 边上的高为 h_b，三角形区域上的槽蓄量为 vol，三角形面积为 S_Δ；接触表面积为 area，则槽蓄量计算方法如下：

$$S_\Delta = \frac{1}{2} \times a \times b \times \sin C = \frac{1}{2} \times b \times c \times \sin A = \frac{1}{2} \times a \times c \times \sin B \tag{5-44}$$

（1）如果 $z \leqslant z_c$，则 area $= 0$，vol $= 0$；

（2）如果 $z_c < z \leqslant z_b$，则

$$\text{area} = S_\Delta \times \frac{(z - z_c) \times (z - z_c)}{(z_b - z_c) \times (z_a - z_c)} \tag{5-45}$$

$$\text{vol} = \frac{1}{3} \times \text{area} \times (z - z_c) \tag{5-46}$$

（3）如果 $z_b < z < z_a$，则

$$\text{area} = S_\Delta \times \left[1 - \frac{(z_a - z) \times (z_a - z)}{(z_a - z_b) \times (z_a - z_c)} \right] \tag{5-47}$$

$$\text{vol} = \frac{1}{6} \times \left[2 \times \text{area} \times (z - z_b) + b \times \frac{z - z_c}{z_a - z_c} \times (z - z_c) \times h_b \right] \tag{5-48}$$

（4）如果 $z \geqslant z_a$，则

$$\text{area} = S_\Delta \tag{5-49}$$

$$\text{vol} = \text{area} \times \left[(z - z_a) + \frac{1}{3} (z_a - z_b + z_a - z_c) \right] \tag{5-50}$$

如果数字高程模型为 TIN（不规则三角网）模型，则直接采用上面的计算公式计算各三角形区域的槽蓄量，然后累加即为河道槽蓄量。如果数字高程模型为规则格网，则把每个格网分做两个三角形也可以采用上面的计算公式计算槽蓄量。

5.7.5 冲淤量计算

1. 输沙平衡法

根据河道内干、支流布设的各泥沙监测站点悬移质、推移质输沙量实时监测数据，以及库周边崩塌入库沙量计算成果，计算河段（库区）泥沙冲淤量。

$$W_S = W_{出} + G_{B出} - (W_{入} + G_{B入} + TF_{F入}) \tag{5-51}$$

式中：W_S 为泥沙冲淤量，单位为 kg；$W_{出}$、$G_{B出}$ 分别为河段区间出口断面悬移质和推移质沙量，单位为 kg；$TF_{入}$ 为库周边崩塌入库沙量，单位为 kg；$W_{入}$、$G_{B入}$ 分别为河段区间进口悬移质和推移质沙量，单位为 kg。$W_S > 0$ 时为冲刷，$W_S < 0$ 时为淤积。

2. 断面法

根据河道内干、支流布设的各断面监测数据，由断面过水面积的变化计算两断面的冲淤面积 ΔA_1、ΔA_2，计算断面间泥沙冲淤量。

$$\Delta V = \frac{L}{3}(\Delta A_1 + \Delta A_2 + \sqrt{\Delta A_1 \times \Delta A_2}) \tag{5-52}$$

式中：L 为断面间距；ΔV 为冲淤量，单位为 m^3；$\Delta V > 0$ 时为淤积，$\Delta V = 0$ 时基本冲淤平衡，$\Delta V < 0$ 时为冲刷。如果 ΔA_1、ΔA_2 符号不同，则需先计算冲淤面积为零处距两断面的间距，然后分别计算冲淤量。

3. 库容差法

根据某水面线下同一河段或两个断面间两测次的槽蓄量 V_1、V_2 的变化计算河段冲淤量 ΔV。选用于断面法或地形法。计算过程为

$$\Delta V = V_1 - V_2 \tag{5-53}$$

当 $\Delta V > 0$ 时为淤积，$\Delta V = 0$ 时基本冲淤平衡，$\Delta V < 0$ 时为冲刷。

5.7.6 冲淤厚度计算

1. 河道平均冲淤厚度计算

河道平均冲淤厚度计算基于各分段泥沙冲淤量计算成果，由计算式

$$\overline{H_S} = \frac{2\Delta V}{(B_1 + B_2) \times L} \tag{5-54}$$

计算得到。式中：ΔV 为某水面线下同一河段两测次的泥沙冲淤量，单位为 m^3；B_1、B_2 分别为两断面的水面宽度，单位为 m；L 为断面间距，单位为 m。

2. 冲淤厚度分布计算

根据河段的数字高程模型（DEM），将河道划分为不同空间距离的矩形或三角形网格，采用直线插值和算术平均方法计算各网格的平均河床高程。不同测次，各网格河床平均高程之间的差值即为冲淤厚度分布模型。其结果也是一个格网（GRID）文件，可以用分级分色图反映河段的冲淤分布情况。分级分色图颜色深浅表示河段的各个位置冲淤量的大小。

5.7.7 实时预测预报模型

库区泥沙实时预测预报的模型包括统计（经验相关）模型、可以用于泥沙预报并有

实时校正功能的一维泥沙运动力学经验模型、泥沙运动数据模型以及对于水库库区异重流运动预报的模型。

1. 统计（经验相关）模型

泥沙实时预测预报统计（经验相关）模型，主要是考虑影响泥沙运动变化过程的各种因素之间的统计关系式（经验相关模型），或分析泥沙要素自身变化的统计规律来进行实时预测预报。如依据上、下游各泥沙监测站点的水文泥沙实时监测数据包括流量、水位（深）、水温、流速、含沙量（输沙率）等，通过调用库区沿程流量、流速、水深与含沙量（输沙率）和推移质输沙率关系图，悬移质—推移质输沙率关系和流量—推悬比关系图以及相关整理分析数据成果等，由直线插值和样条插值函数，自动插值计算得到悬移质含沙量（输沙率）和推移质输沙率值大小及过程。

2. 一维泥沙运动力学经验模型

根据提供的水库库区相关监测站的水位、流量、含沙量过程和边界等参数，利用一维泥沙运动力学经验模型，求得河段中各站的悬移质含沙量（输沙率）过程。泥沙预报模型要求有实时校正功能。

一般地，水库库区悬移质泥沙运动属于非饱和输沙。根据韩其为等学者的研究，非饱和输沙时水流含沙量的沿程变化为

$$S = S_* + (S_0 - S_{*0})\ e^{\frac{\alpha\bar\omega L}{q}} + (S_{*0} - S_*)\ \frac{1}{2L}(1 - e^{\frac{\alpha\bar\omega L}{q}}) \tag{5-55}$$

式中：S_0、S 分别为计算区间进、出口断面的含沙量；L 为两断面间距；S_{*0}、S_* 分别为计算区间进、出口断面的水流挟沙力；q 为断面单宽流量；$\bar\omega$ 为悬移质泥沙代表沉速；α 为系数，根据实测资料验证，淤积时取值 0.25，冲刷时取值 1.0。

经验模型是从上述关系式出发，通过泥沙监测站点（网）实测资料的分析、整理，分别得到在各种水沙条件（包括流量、水位或水深、水温等）下的水流挟沙力学计算公式；其后由上游泥沙监测站点（网）的实测资料，实现从上游到下游的沙量、沙峰过程的递推预报。

3. 数学模型

（1）一维洪水演进模型

基本方程：

连续方程

$$\frac{\partial A}{\partial t} + \frac{\partial Q}{\partial x} = q_L \tag{5-56}$$

运动方程

$$\frac{\partial Q}{\partial t} + \frac{\partial}{\partial x}\left(\frac{Q^2}{A}\right) + gA\frac{\partial Z}{\partial x} + g\frac{n^2 Q|Q|}{AR^{4/3}} = 0 \tag{5-57}$$

式中：x 为流程（m）；Q 为流量（m^3/s）；q_l 为旁侧入流量（m^3/s）；R 为水力半径（m）；Z 为水位（m）；B 为河宽（m）；t 为时间（s）；A 为过水断面面积（m^2）；n 为糙率系数；g 为重力加速度。

求解基本方程时所需的边界条件：上边界为上游来流流量过程，下边界为出口断面水

位过程或水位流量关系。上述基本方程组和边界条件一起构成定解条件。

（2）一维非恒定水沙数学模型

泥沙基本方程：

泥沙连续性方程

$$\frac{\partial AS_k}{\partial t}+\frac{\partial QS_k}{\partial x}=-\alpha\beta\omega_k\ (S_k-S_{*k})\tag{5-58}$$

河床变形方程：

$$\rho'\frac{\partial A_b}{\partial t}+\sum_k\frac{\partial Q_{bk}}{\partial x}-\sum_k\alpha B\omega_k(S_k-S_{*k})=0\tag{5-59}$$

式中：t 为时间；x 为水流流动方向的距离；A 为断面过水面积；Q 为流量；Z 为水位；R 为水力半径；B 为水面宽；n 为曼宁糙率系数；g 为重力加速度；β 为动量修正系数；S_k，S_{*k} 为第 k 组悬移质断面平均含沙量及水流挟沙力；ω_k 为第 k 组泥沙沉速；A_b 为河床冲淤面积；Q_{bk} 为断面推移质输移率；α 为恢复饱和系数；ρ' 为泥沙干密度。

运用有限体积法离散后的方程为

$$\frac{V_{ki+1/2}^{n+3}-V_{ki+1/2}^{n}}{2\Delta t}+\frac{Q_{i+1}^{n+2}(S_{ki+3/2}^{n+1}+S_{ki+1/2}^{n+1})-Q_i^{n+2}(S_{ki+1/2}^{n+1}+S_{ki-1/2}^{n+1})}{2\Delta x}=-\alpha B\omega_k(S_{ki+1/2}^{n+1}-S_{*ki+1/2}^{n+1})\tag{5-60}$$

$$\rho'\frac{A_{bi+1/2}^{n+3}-A_{bi+1/2}^{n+1}}{2\Delta t}+\sum_k\frac{Q_{bk_{i+1}}^{n+2}-Q_{bk_i}^{n+2}}{\Delta x}-\sum_k\alpha B\omega_k(S_{k_{i+1/2}}^{n+3}-S_{*k_{i+1/2}}^{n+3})=0\tag{5-61}$$

其中，$S_{i+1/2}^{n+3}=V_{i+1/2}^{n+3}/A_{i+1/2}^{n+3}$。可以依此求出新时间层的流量，过水面积水位，含沙量和河床冲淤面积的数值。经转换可以计算得到流速、水位（水深）、河床高程等。

（3）平面二维非恒定水沙数学模型

基本方程：

水流连续性方程

$$\frac{\partial Z}{\partial t}+\frac{\partial M}{\partial x}+\frac{\partial N}{\partial y}=0\tag{5-62}$$

水流运动方程

$$\frac{\partial M}{\partial t}+\frac{\partial uM}{\partial x}+\frac{\partial vM}{\partial y}=-gh\,\frac{\partial Z}{\partial x}-\frac{gn^2u\sqrt{u^2+v^2}}{h^{1/3}}\tag{5-63}$$

$$\frac{\partial N}{\partial t}+\frac{\partial uN}{\partial x}+\frac{\partial vN}{\partial y}=-gh\,\frac{\partial Z}{\partial x}-\frac{gn^2u\sqrt{u^2+v^2}}{h^{1/3}}\tag{5-64}$$

泥沙连续性方程

$$\frac{\partial hS_k}{\partial t}+\frac{\partial MS_k}{\partial x}+\frac{\partial NS_k}{\partial y}=-\alpha\omega_k\ (S_k-S_{*k})\ +\frac{\partial}{\partial x}\left(\varepsilon h\,\frac{\partial S_k}{\partial y}\right)+\frac{\partial}{\partial y}\left(\varepsilon h\,\frac{\partial S_k}{\partial y}\right)\tag{5-65}$$

河床变形方程

$$\rho'\frac{\partial Z_b}{\partial t}=\sum_{k=1}^{N_s}\alpha\omega_k\ (S_k-S_{*k})\ -\frac{\partial g_{bx}}{\partial x}-\frac{\partial g_{by}}{\partial y}\tag{5-66}$$

式中：Z 为水位；h 为水深；Z_b 为河床高程；u、v 分别为垂线平均流速在 x，y 方向的分量；M、N 分别为单宽流量在 x，y 方向的分量，$M=hu$，$N=hv$；ε 为泥沙扩散系数；S_k 为非均匀悬移质中第 k 粒径组的含沙量；S_{*k} 为非均匀沙中第 k 粒径组的水流挟沙力；ω_k 为非均匀悬移质中第 k 粒径组的泥沙沉速；α 为恢复饱和系数；ρ' 为河床淤积物干密度；g_{bx}、g_{by} 分别为 x、y 方向单宽推移质输沙率；N_s 为床沙分组数；g 为重力加速度。

4. 异重流运动预报模型

根据水库库区地形和水沙条件，利用相应公式计算异重流潜入点水深 h_p

$$h_p = 0.381\sqrt[3]{\frac{(Q/B)^2}{1+\dfrac{\frac{1}{1000}}{0.63S}}} \tag{5-67}$$

式中：Q 为水流流量；B 为库区水面宽度；S 为含沙量。

由水库库区水面线定出潜入点具体位置，并按相应的阻力公式计算其传播时间，判别异重流到达各泥沙监测站点和坝前的具体时间。

5.8　三维可视化关键技术和算法

5.8.1　地形场景数据的动态管理

根据视点的坐标和视线的方向，可以计算出视景体与地形平均水平面相交的平面区域范围，即地形可见区域范围。

如图 5-24 所示为地形可见区域示意图，图 5-24 中 XOY 为地形平均水平面，E 为视点，视线 EM 与地形平均水平面的交点为 M，视点在 XOY 上的投影为 M_0。视景体 E—$ABCD$ 与平面 XOY 的四个交点分别为 A、B、C 和 D，则地形可见区域范围即为四边形 $ABCD$。

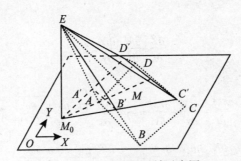

图 5-24　地形可见区域示意图

地形可见区域的表示若用于地形显示的屏幕窗口宽和高分别为 X_w 和 Y_w（以像素为单位），视景体的水平视场角和垂直视场角分别为 $\text{Fov}X$ 和 $\text{Fov}Y$。设当可见区域 $ABCD$ 恰好充满显示窗口时，窗口水平方向和垂直方向平均每个像素所对应的地面距离分别为 D_x 和 D_y，则有

$$D_x = EM \times \tan(\text{Fov}X/2) \times 2.0/X_w$$
$$D_y = EM \times \tan(\text{Fov}Y/2) \times 2.0/Y_w$$

即当地形分辨率 X 方向低于 D_x 或 Y 方向低于 D_y 时，地形显示的精度将会降低；反之，将会产生不必要的数据冗余，影响绘制效率。也就是说，此时的 D_x 和 D_y 即为理论上地形绘制所需的最佳分辨率。由于通常地形 X 方向和 Y 方向的采样间距相同，因此我们在实际应用中取 D_x 和 D_y 中的小值作为最佳地形分辨率，用做后续瓦片搜索的重要依据。需要指出的是，通常该最佳分辨率被用做窗口中心瓦片所对应的分辨率，而窗口其他位置所对应的瓦片分辨率则根据瓦片中心到视点的距离作适当的降低调整，因为这不仅符合人眼的视觉规律，而且还可以减少用于地形绘制的三角形数量。

5.8.2　LOD 技术

LOD 技术在不影响画面视觉效果的条件下，通过逐次简化景物的表面细节来减少场景的几何复杂性，从而提高绘制算法的效率。该技术通常对每一原始多面体模型建立几个不同逼近精度的几何模型。与原模型相比较，每个模型均保留了一定层次的细节。在绘制时，根据不同的标准选择适当的层次模型来表示物体。LOD 技术具有广泛的应用领域。目前在实时图像通信、交互式可视化、虚拟现实、地形表示、飞行模拟、碰撞检测、限时图形绘制等领域都得到了应用。恰当地选择细节层次模型能在不损失图形细节的条件下加速场景显示，提高系统的响应能力。

5.8.3　开挖分析

通过给定的倾角和网格的间距来计算垂直高度，将设计的高度分为若干个相等高度的多棱柱来计算。

采用垂向区域法来计算开挖的体积。如图 5-25 所示，有效区域 A 表示用户关心的计算区域。设计面为工程开挖完成后的形态，原始 DEM 表示还未开挖的情况。垂向区域法充分利用了 DEM 的格网特点，根据 DEM 的网格将岩体离散成一个个小方柱，每个小方柱的高度根据该网格四个顶点的 Z 值采用距离反比法来拟合，上下两个 Z 值的差即为该小方柱的高度。将落在有效区域 A 里面的小方柱的体积累加起来，即为所有开挖的量。同样可以计算回填的量。这里要注意边界部分的处理，在边界处并非包含整个小方柱体。可以将网格和有效区域的边界同时投影到水平面，求出区域边界与各方格边的交点的 X、Y 值，交点的 Z 值通过该交点的那条网格边的两点的 Z 值线性内插得到。同样可以求得边界处这些非方柱体的体积。

采用距离反比法来拟合小方柱的高度。

$$z = \left(\frac{z_1}{d_1^2} + \frac{z_2}{d_2^2} + \frac{z_3}{d_3^2} + \frac{z_4}{d_4^2}\right) \bigg/ \left(\frac{1}{d_1^2} + \frac{1}{d_2^2} + \frac{1}{d_3^2} + \frac{1}{d_4^2}\right) \tag{5-68}$$

式中：z_1，z_2，z_3，z_4 分别为方柱四个点的高程，d_1，d_2，d_3，d_4 分别为小方柱的中心到四个点的平面距离。

5.8.4　基本地形因子计算

1. 坡度/坡向计算公式

坡度/坡向是一种描述地形表面特征的重要变量。基于规则 DEM 数据进行的坡度/坡向计算方法较多，其精度与计算效率各不相同，采用求解坡度的最佳方法——二次曲面拟

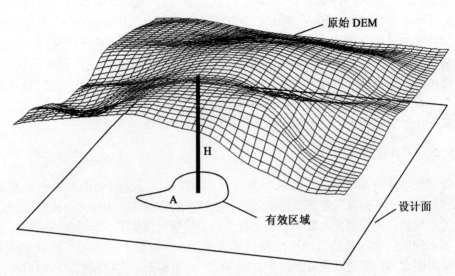

图 5-25　开挖分析设计思路示意图

合法，即采用 3×3 的窗口（见表 5-3）。每个窗口中心为一个高程点。点 e 的坡度/坡向的求解公式如下

$$slope = \arctan(\sqrt{slope_{we}^2 + slope_{sn}^2}) \tag{5-69}$$

表 5-3　　　　　　　　　　　　　　　　**坡度/坡向计算**

e_5	e_2	e_0
e_1	e	e_3
e_8	e_4	e_7

坡向的计算公式为

$$Aspect = \frac{slope_{sn}}{slope_{we}} \tag{5-70}$$

式中：slope 为坡度，Aspect 为坡向，$slope_{we}$ 为 X 方向的坡度，$slope_{sn}$ 为 Y 方向上的坡度。关于 $slope_{we}$ 和 $slope_{sn}$ 的计算，采用下述算法：

$$\begin{cases} slope_{we} = \dfrac{e_1 - e_3}{2 \times cellsize} \\ slope_{sn} = \dfrac{e_4 - e_2}{2 \times cellsize} \end{cases} \tag{5-71}$$

式中：cellsize 为格网 DEM 的格网间隔。

2. 距离量算公式

距离量算即计算三维模型上任意两点之间的斜距或平距，其计算公式为：

斜距计算公式

138

$$D_1 = \sqrt{(X_A - X_B)^2 + (Y_A - Y_B)^2 + (Z_A - Z_B)^2} \tag{5-72}$$

平距计算公式

$$D_2 = \sqrt{(X_A - X_B)^2 + (Y_A - Y_B)^2} \tag{5-73}$$

5.8.5 水淹分析

根据数字高程模型（DEM）求取给定水位条件下的淹没区，可以区分以下两种情形：

（1）凡是高程值低于给定水位的点，皆计入淹没区；

（2）考虑"流通"淹没的情形，即洪水只淹没水能流到的地方。

水淹分析分为"无源淹没"和"有源淹没"两种。

无源淹没处理相对简单，只要 DEM 网格上的高程低于给定水位都统计进来。而有源淹没需处理迂回连通问题，算法较为复杂。我们采用有源淹没算法中比较实用的种子漫延算法——一种基于种子空间特征的扩散探测算法，其核心思想是将给定的种子点作为一个对象，并赋予特定的属性，然后在某一平面区域上沿 4 个（或 8 个）方向游动扩散，求取满足给定条件、符合数据采集分析精度、且具有连通关联分布的点的集合。该集合给出的连续平面就是所要估算的淹没区范围，而满足水位条件，但与种子点不具备连通关联性的其他连续平面，将不能进入集合。其计算过程如图 5-26 所示。

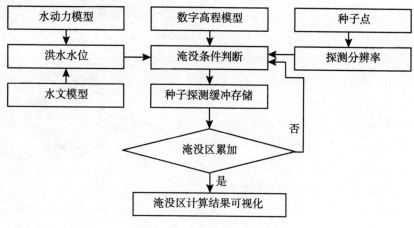

图 5-26　无源水淹分析流程图

有源淹没分析采用区域填充算法。区域填充是指先将区域的一点赋予指定的颜色，然后将该颜色扩展到整个区域的过程。

区域填充算法要求区域是连通的，因为只有在连通区域中，才可能将种子点的颜色扩展到区域内的其他点。区域可以分为 4 向连通区域和 8 向连通区域。4 向连通区域是指从区域上一点出发，可以通过四个方向，即上、下、左、右移动的组合，在不越出区域的前提下，到达区域内的任意像素；8 向连通区域是指从区域内每一像素出发，可以通过八个方向，即上、下、左、右、左上、右上、左下、右下这八个方向的移动的组合来到达。如图 5-27 所示。

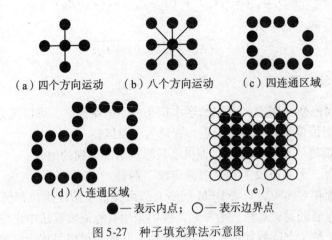

（a）四个方向运动　　（b）八个方向运动　　（c）四连通区域

（d）八连通区域　　　　　　（e）

●—表示内点；○—表示边界点

图 5-27　种子填充算法示意图

1. 区域填充的递归算法

以上讨论的多边形填充算法是按扫描线顺序进行的。种子填充算法假设在多边形内有一像素已知，由此出发利用连通性找到区域内的所有像素。

设 (x, y) 为内点表示的 4 连通区域内的一点，oldcolor 为区域的原色，要将整个区域填充为新的颜色 newcolor。内点表示的 4 连通区域的递归填充算法：

```
void FloodFill4 (int x, int y, int oldcolor, int newcolor)
{ if (getpixel (x, y) = =oldcolor)
    { drawpixel (x, y, newcolor);
    FloodFill4 (x, y+1, oldcolor, newcolor);
    FloodFill4 (x, y-1, oldcolor, newcolor);
    FloodFill4 (x-1, y, oldcolor, newcolor);
    FloodFill4 (x+1, y, oldcolor, newcolor);    }}
```

边界表示的 4 连通区域的递归填充算法：

```
void BoundaryFill4 (int x, int y, int boundarycolor, int newcolor)
{ int color;
  if (color! =newcolor && color! =boundarycolor)
    { drawpixel (x, y, newcolor);
    BoundaryFill4 (x, y+1, boundarycolor, newcolor);
    BoundaryFill4 (x, y-1, boundarycolor, newcolor);
    BoundaryFill4 (x-1, y, boundarycolor, newcolor);
    BoundaryFill4 (x+1, y, boundarycolor, newcolor);    }}
```

对于内点表示和边界表示的 8 连通区域的填充，只要将上述相应代码中递归填充相邻的 4 个像素增加到递归填充 8 个像素即可。

2. 区域填充的扫描线算法

区域填充的递归算法原理和程序都很简单，但由于多次递归，费时、费内存，效率不高。为了减少递归次数，提高效率可以采用扫描线算法。算法的基本过程如下：当给定种子点（x，y）时，首先填充种子点所在扫描线上的位于给定区域的一个区段，然后确定与这一区段相连通的上、下两条扫描线上位于给定区域内的区段，并依次保存下来。重复这个过程，直到填充结束。

区域填充的扫描线算法可以由下列四个步骤实现：

（1）初始化：堆栈置空。将种子点（x，y）入栈。

（2）出栈：若栈空则结束。否则取栈顶元素（x，y），以 y 作为当前扫描线。

（3）填充并确定种子点所在区段：从种子点（x，y）出发，沿当前扫描线向左、右两个方向填充，直到边界。分别标记区段的左、右端点坐标为 xl 和 xr。

（4）并确定新的种子点：在区间 [xl，xr] 中检查与当前扫描线 y 上、下相邻的两条扫描线上的像素。若存在非边界、未填充的像素，则把每一区间的最右像素作为种子点压入堆栈，返回第（2）步。

上述算法对于每一个待填充区段，只需压栈一次；而在递归算法中，每个像素都需要压栈。因此，扫描线填充算法提高了区域填充的效率。

5.8.6 三维建模

1. 城市三维建模原理

针对实际情况建立建筑物三维模型是三维浏览中相当关键的一个环节。模型的逼真程度和精细程度直接影响到整个三维数字地图的三维感官。依照模拟的需求，如模拟对象、真实性、色彩、材质、模拟细部区等，建筑物三维建模分为五级：概念模式、抽象模式、影像模式、拟真模式及全真模式（如图 5-28 所示）。从另一个角度来讲，也可以将多细节层次 LOD 模型将三维建模分为 4 个级别：LOD1、LOD2、LOD3、LOD4。概念模式和抽象模式对应 LOD1；影像模式对应 LOD2；拟真模式对应 LOD3；全真模式对应 LOD4。从概念模型到全真模型，逼真程度和精细程度逐个增加，所耗费的工作量和模型数据存储空间也越来越大。拟真模式和全真模式一般用在文物保护和建筑物设计方面，在针对城市大范围建筑物建模时，一般不采用拟真模式和全真模式，而概念模式和抽象模式又难以充分表现建筑物的机构和纹理信息，不能满足三维数字地图的三维建模要求。影像模式是一种比较折中的建模方式，即可以比较好的表现建筑物外部纹理和大致结构，与拟真模式和全真模式相比较，又不会花费过多的人力和时间。

从整个城市三维建模的角度来说，三维模型的建立主要应该分为几何建模（geometrical modeling）与纹理建模（texture mapping）两个部分：①正射影像+DEM 构成三维地形表面；②由房屋的几何模型+纹理构成三维建筑物，以及三维的植被（森林）与其他地物所组成。根据具体要求、原始资料的不同，进行城市三维建模的方案也不相同。例如有的城市建模对地面的纹理要求不高，正射影像可以采用 TM 图像+DEM 构成；反之，应采用航空影像+DEM 构成。又如欧洲建筑的屋顶结构非常复杂，如果要对屋顶进行建模，就必须应用航空摄影的影像；反之，若对屋顶的三维建模要求不高，房屋的几何建

概念模式	抽象模式	影像模式	拟真模式	全真模式
LOD1		LOD2	LOD3	LOD4
(a)		(b)	(c)	(d)

图 5-28　建筑物建模分级

模可以由数字线划图实现，房屋的高度根据楼层的数目进行估计。由于无论是航空影像、还是卫星影像均是由空中对地观测的结果，不能清晰地反映房屋的墙面纹理，当前解决墙面纹理的方法多是以地面摄影的方法获取。随着空间定位与激光技术的进步，由空中对地进行激光扫描的数据，在几何建模中的作用将会愈来愈重要。因此城市建模的原始资料、方案、途径很多（如图 5-29 所示），其成本也差别很大。

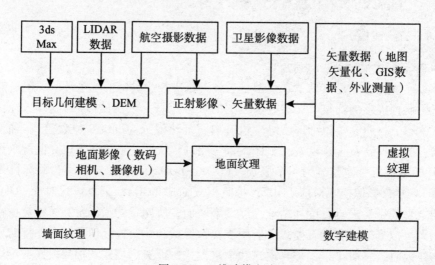

图 5-29　三维建模方法

2. 重点目标建模方法

重点目标三维模型提供放大、漫游、缩小、旋转、飞行、步行、航行等基本操作。

在 3DMAX 中对这些目标进行单独建模，赋予精细的结构和材质。将建好的模型转为 *.x 或是 *.flt 格式，该格式的模型文件都比较小，利于加载和显示。这一格式转化的过程可以通过第三方插件来完成。转换格式之后的模型文件可以直接加载到三维场景中，调整好位置和相关属性，从而完成重点目标的建模。

3. 实体模型与地形集成

三维实体模型构建好以后，面临的一个重要挑战就是模型的实时显示和漫游。随着模型数量的不断增多以及类型和复杂度的不断增加，对于提高大规模、大数量的三维场景的漫游速度和真实感提出更高要求。实体模型是同地形融合在一起的，因此必须实现几何实体和地表模型的无缝集成，两者才能成为有机的整体。对于数字流域这样的大型仿真系统，要按照实体位置的分布情况，对场景区域进行分割，并由此划分场景的层次结构，综合每个实体的空间位置关系、模型间的结构关系、模型内部的结构关系来确定三维场景中所有实体模型的层次结构，通过场景模型的层次结构和分块提高模型的可组织性和显示效率，虚拟现实中场景的建模依据物体的几何特征、位置分类划分，从而确定场景的总体层次，再对实体按其结构进行层次分解，利用建模软件建立对应的树状层次结构，直到底层分解到基本图元结构，最终生成多级静态 LOD，在场景漫游过程中通过组织调配与实时生成的 DEM 地形场景动态融合在一起。

实体模型与地形模型融合集成的过程需要注意下面几个关键问题：

（1）地形模型与几何实体往往采用不同的建模工具构建，存在着不同的坐标系统，尺度因子也不尽相同，需要经过合理的转换将几何实体移到实际位置。

（2）随着视点的变化，场景从一个细节层次过渡到另一个细节层次时，场景地形的高程发生变化，这时几何实体模型需要做相应的变动。

（3）同一场景中地形模型是多尺度的，在几何实体同时跨越若干个多分辨率模型的情况下，若处理不当，三维建筑就会在不同分辨率的地形边缘产生倾斜，地形与几何实体之间会出现错位。

（4）地形模型的表面一般有起伏，而建筑实体模型的底面是水平的，并且本身是竖直的，这都会造成几何实体模型与地表模型分离、地物模型方位或空间位置偏离等现象。

5.9 DEM 边界的使用

DEM 边界是在 DEM 生成时用于界定范围的封闭折线，使在其范围内的 DEM 数据为可用于计算、有实际意义的有效数据，在该系统中同时也是利用 DEM 进行各类计算的重要工具。

DEM 边界一般在入库前由人工手工绘制，在入库时需将该边界连同 DEM 一并入库，因系统中每个测次的 DEM 数据均有一个唯一且与之同名的边界，当 DEM 数据在数据库里进行删除时，也需将对应的同名边界进行删除。DEM 边界不能对其范围进行单独修改，否则与 DEM 数据的有效范围不符，DEM 数据应其边界同步改变。

DEM 边界在计算时主要用于界定计算范围。

在槽蓄量相关计算中，常计算某两个断面间的槽蓄量或槽蓄量高层关系，通过选择的首末断面和 DEM 边界的可界定槽蓄量的计算范围，也可以将任意手工绘制的范围与 DEM 边界进行相交运算得到任意河段内的槽蓄量计算范围。

在计算冲淤相关中，有相同项目两个测次的 DEM 数据参与计算，与槽蓄量相关计算相同，每个测次都会根据用户输入与 DEM 边界产生一个计算边界，但每个 DEM 边界因河道地形的变化，边界均不相同，此时则需根据具体算法考虑边界问题。

在计算某个河段的冲淤量时，需要分别得到两个测次在一定高程下的槽蓄量，此时只需利用各自的计算边界计算各测次的槽蓄量，从而得到该河段内的冲淤量。

在计算冲淤厚度时，两个测次的 DEM 数据在相同的坐标下均需有效数据，此时则需计算两个测次计算边界的交集作为计算边界。

第6章　功能设计与实现

系统功能设计是利用用户对系统功能的需求将总体设计细化的过程，系统功能的实现是程序员按照功能设计文档运用的各类算法编制系统程序的过程，是软件开发过程的最后一步。

本章介绍如何实现金沙江下游巨型水库群联合调度水沙平台数据库管理功能，基于三维地球浏览模式的水库群信息综合查询功能，二维、三维联动的水库群水沙联合分析、河床冲淤变化预测预报、水库群泥沙淤积定量定位分析功能，利用河道、水文泥沙数据进行水文泥沙运动模拟、水库群水淹分析等三维动态模拟仿真功能等。用户可以利用这些功能，或多个功能的组合为工程管理和水库群的优化调度提供基础信息和决策支持。

6.1　水文泥沙数据库管理子系统

6.1.1　概述

水文泥沙数据库管理子系统是金沙江水文泥沙信息系统的支撑，是实现系统各种功能的中心环节。数据库管理子系统的设计应在充分分析数据源的基础上，对数据进行分类组织，设计结构合理、层次清晰、便于查询、调用方便、信息完整的数据库表结构。信息应包括水文整编成果资料、河道观测资料、遥感影像资料、技术报告文档等属性或空间信息。应支持空间信息的存储和海量数据的管理。应充分满足科学计算、图形显示、查询输出等对使用数据的要求，实现常规报表的生成输出。采用现代网络数据库技术，支持多种查询方式。

提供各级用户的分级及操纵权限管理，确保系统的安全。提供备份管理，以避免系统的软件、硬件故障及操作失误造成破坏时的数据库恢复。服务器端提供日志管理功能。

水文泥沙数据库管理子系统作为后台支持系统，其关键是后台数据库的设计。在数据库设计中，需要运用数据库的基本原理与软件工程的原理和方法，以及应用领域的知识，对数据库等待存储的数据进行分析，并对其进行需求分析，做好数据流图与数据字典，接下来进行概念模型的设计，其次进行逻辑结构设计，物理结构设计，再实施数据库，最后进行数据库的运行、维护和管理。由于数据表不涉及复杂的索引关系，查询效率已达到系统的要求，所以物理结构中按照数据库默认的索引关系即可。

水文泥沙数据库管理子系统后台管理数据库所存储的数据不同于空间地理数据，除去了时空上的限制，主要数据包括后台管理的用户基本信息，角色权限信息，数据源的信息，数据图层渲染信息，日志信息等基本业务信息。

　　本子系统运用新奥尔良（New Orland）设计法，完成子系统的设计。一个完整的数据库设计需要经历需求分析阶段、概念结构设计阶段、逻辑结构设计阶段、物理结构设计阶段、数据库实施阶段以及运行、维护和管理阶段。在需求分析阶段，开发人员需要准备了解与分析用户的需求，然后编写需求说明书。本子系统对处理响应时间要求，已达到实时查询的效率，可以在短时间内正确查询返回正确的值。

　　水文泥沙数据库管理子系统实现的主要功能分为用户信息的查询、角色权限查询、数据源的管理与设置、数据维护、系统管理等功能。对水文泥沙数据库管理子系统进行功能实现上的划分，可以细化为以下三个功能，基本管理功能，数据库系统功能，数据维护功能。每个功能又包含子功能，功能之间的关系如图 6-1 所示。

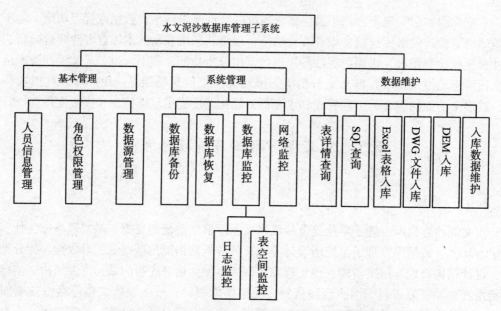

图 6-1　水文泥沙数据库管理子系统功能划分层次关系图

6.1.2　子系统功能

1. 基本管理功能

　　子系统的基本管理功能主要包括用户人员信息管理，角色权限管理，数据源管理。通过基本管理功能来提供各级用户的分级及操纵权限管理，保证系统的登录与操作安全性。

（1）人员信息管理

　　人员信息管理对用户数据的处理包括组增加，组删除，组名修改；用户基本信息输入存储，修改，输出查看；用户角色权限信息的输入存储，修改，输出查看；用户组数据源文件的输入存储，修改，输出查看。主要涉及的表有用户表 USER_INFO，用户组表 GROUP_INFO，用户组关联表 USER_GROUP。

　　按照人员信息管理业务的需求，用户角色分为决策人员、专业人员和普通人员三类，他们都有不同的操作权限定义。

人员信息管理模块功能界面如图6-2、图6-3所示。

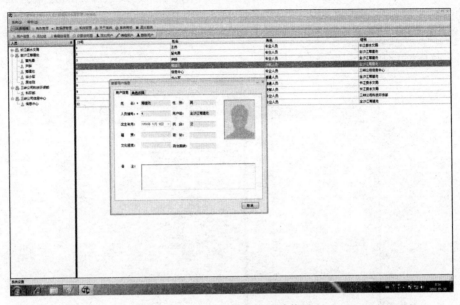

图6-2 人员信息管理模块功能界面

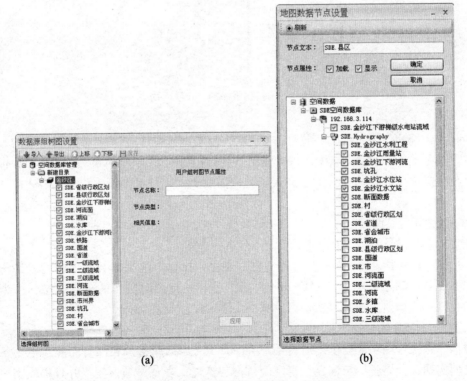

(a)   (b)

图6-3 用户组数据源文件的输入存储界面

User 类，Group 类中定义了对应的操作方法，通过该操作方法来对数据库中的表进行字段值增加、更新、删除等操作。OAEngine 类提供了对各类数据操作的公共方法，作为操作的公共接口，只需要实例化一次即可完成对所有表的数据库操作。

（2）角色权限管理

角色权限管理功能模块如图 6-4 所示。

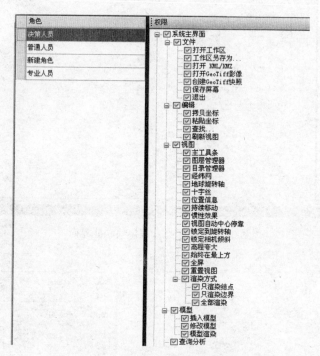

图 6-4　角色权限添加、查看界面

Role 类，Right 类中定义了对应的操作方法，通过该操作方法来对数据库中的表进行字段值增加、更新、删除等操作，对权限字符串进行解析。OAEngine 类提供了对各类数据操作的公共方法，作为操作的公共接口，只需要实例化一次即可完成对所有表的数据库操作。

（3）数据源管理

数据源管理功能模块如图 6-5 所示。

DataSource 类中定义了对应的操作方法，通过该操作方法来对数据库中的表进行字段值增加、更新、删除等操作。OAEngine 类提供了对各类数据操作的公共方法，作为操作的公共接口，只需要实例化一次即可完成对所有表的数据库操作。

2. 系统管理功能

数据库系统管理功能提供给后台用户 Oracle 10g 数据库备份和恢复功能，主要备份与恢复类型包括，全局备份与恢复，表空间备份与恢复，表备份与恢复。并且提供用户数据库表、表空间以及日志文件的监控及登录用户的网络监控。

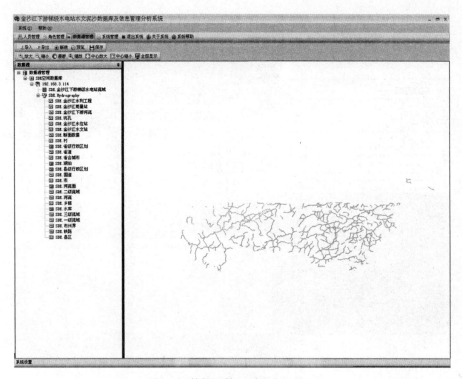

图 6-5　数据源管理图层显示界面

（1）数据库备份

数据库备份功能模块如图 6-6 所示。

OracleLog 类、OracleBackUp 类中定义了对应的操作方法，通过该操作方法来对数据库中的表进行字段值增加、更新、删除等操作，并对数据库备份与恢复命令进行构建。

（2）数据库恢复

数据库恢复使用类与数据库备份使用类是相同的。通过类的实现，完成的数据库恢复功能模块如图 6-7 所示。

（3）数据库监控

数据库监控使用类与数据库备份使用类是相同的。通过类的实现，完成的数据库监控功能模块如图 6-8 所示。

通过数据库系统的监控，可以实时监控数据库系统，及时发现表空间数据存储信息的问题。

（4）网络监控

对系统登录用户进行网络监控管理，进行客户端监听和关闭操作。

3. 数据维护功能

数据维护功能包括表详情查询、SQL 查询、Excel 表格入库、DWG 文件入库、DEM 入库以及入库数据维护。

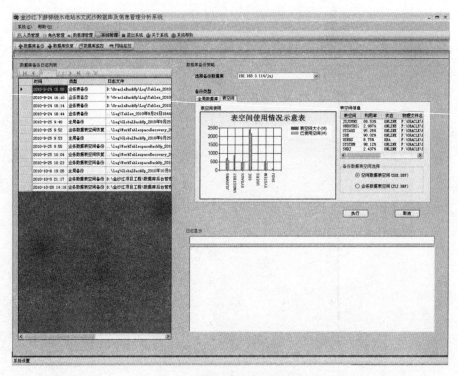

图 6-6　数据库备份选择界面

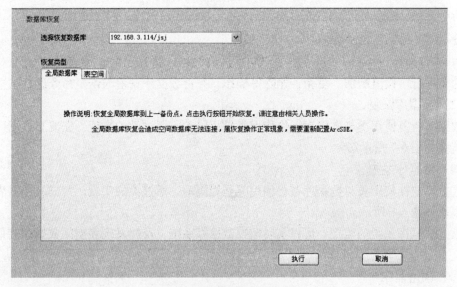

图 6-7　数据库恢复功能界面

（1）表详情查询

表详情查询功能负责为用户提供基础水文数据库、扩充水文数据库、水质数据库、系

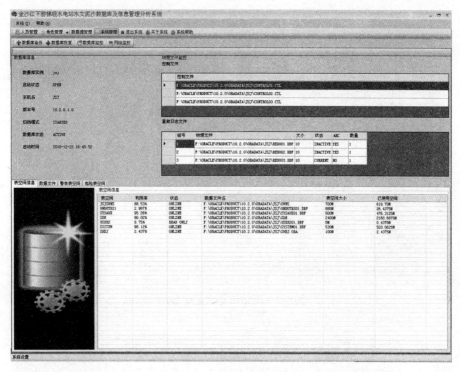

图 6-8　表空间监控界面

统扩展数据库、元数据库字典、河床组成勘测调查数据库表的查询、显示、编辑（添加、修改、删除）、显示表结构等功能。在显示过程中，由于记录过多，可以前移、后移、暂停、定位第一个记录和最后一个记录。查询可以分为简单查询和复杂查询，简单查询是指对单字段限制条件进行查询，复杂查询可以进行多字段联合条件查询。为了对数据进行改正、更新，可以通过编辑来更改错误和追加记录，表详情查询如图 6-9 所示。

（2）SQL 查询

SQL 查询功能负责为用户提供专业 SQL 语句操作，包括选择、插入、更新、删除操作，来完成数据库表维护。程序提供 Select、Insert、Update、Delete 四种 SQL 语句的操作模板，用户只需修改显示字段、查询条件即可，SQL 查询如图 6-10 所示。

（3）Excel 表格入库

Excel 表格入库功能负责为用户提供 Excel 表格入库操作。Excel 表格按照标准进行录入，需注意字段类型、枚举值等。在入库过程中，首先根据 Excel 文件名是否与数据库表名一致来验证是否入库、然后验证字段信息是否匹配，最后验证记录是否在阈值范围之内，以此来保证入库数据质量。上述所有条件均符合要求方可入库，若有一项不符立即撤销入库操作，转向验证下一个 Excel 表格，Excel 表格入库如图 6-11 所示。

（4）DWG 文件入库

DWG 文件入库功能负责为用户提供 DWG 文件入库操作，DWG 文件以大字段 Blob 形

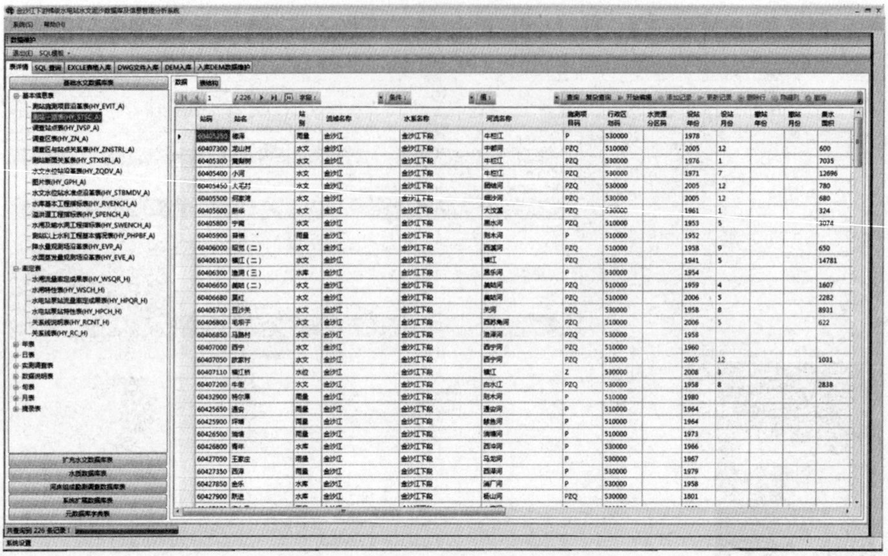

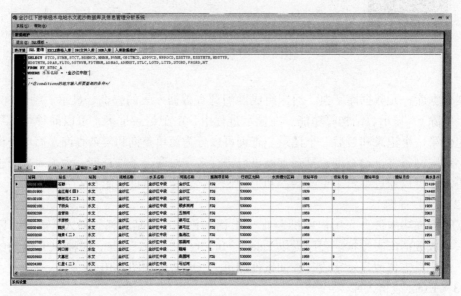

图 6-9　测站一览表记录显示

图 6-10　SQL 语句高级查询

式存储于数据库中，并且记录该文件的项目名称、测图批次、测图时间以及文件名称等信息，DWG 文件入库如图 6-12 所示。

（5）DEM 入库

DEM 入库功能负责为用户提供 DEM 入库和 DWG 文件转换为点、线、注记要素入库功能。DEM 入库是针对整个批次的 DWG 数据，在入库过程中，一方面利用 DWG 数据中的实测点以及等高线（首曲线、计曲线）的高程数据和 DEM 边界数据，生成 DEM 并存

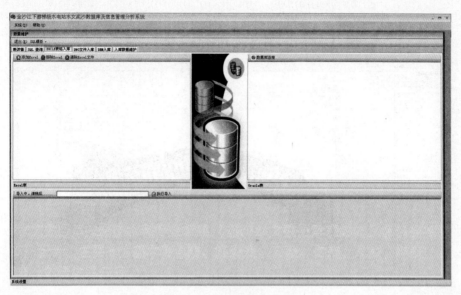

图 6-11　Excel 表格入库

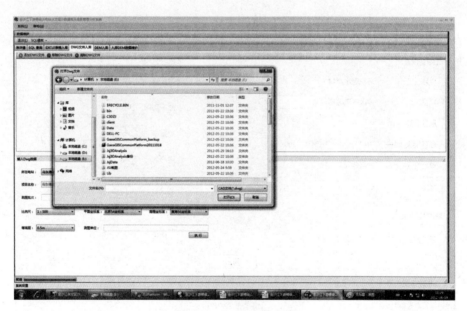

图 6-12　DWG 文件入库

入 SDE 中，在 DIC_RDEM 表中记录 DEM 的元数据信息；另一方面，将 DWG 数据转换为点、线、注记存入 SDE 相应要素类中，在 DIC_DWG_PRJINFO 表中记录这些要素的元数据信息，如图 6-13、图 6-14 所示。另外还可以对单纯的 DEM 数据（*.img）根据给定的边界存入 SDE 中，但这时就没有相应的点、线、注记存入 SDE 相应要素类中。

（6）入库数据维护

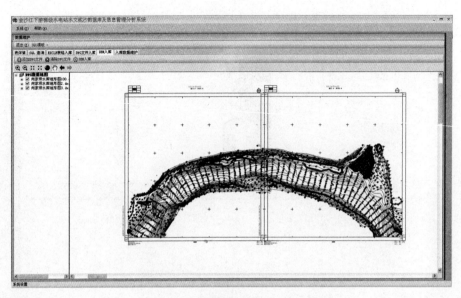

图 6-13　整个批次 DWG 文件显示

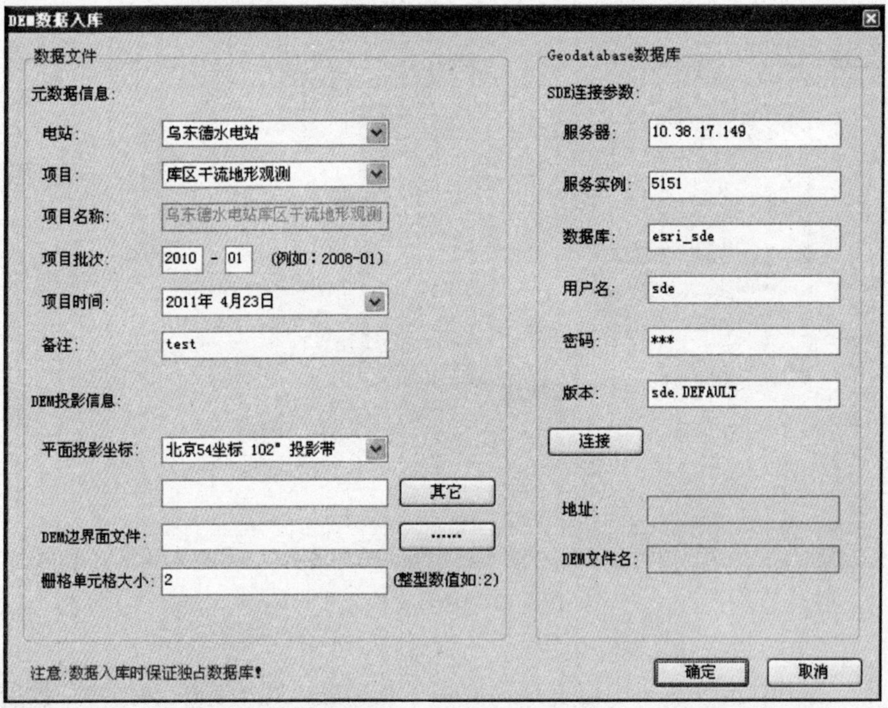

图 6-14　DEM 生成和入库参数设置

　　入库数据维护功能负责为用户提供入库数据维护操作，主要是对错误的 DEM 数据进行删除操作，在删除 DEM 数据的同时，为了保证数据的一致性，与 DEM 同时录入的 SDE

点、线、注记要素也会被同时删除，入库数据维护如图 6-15 所示。

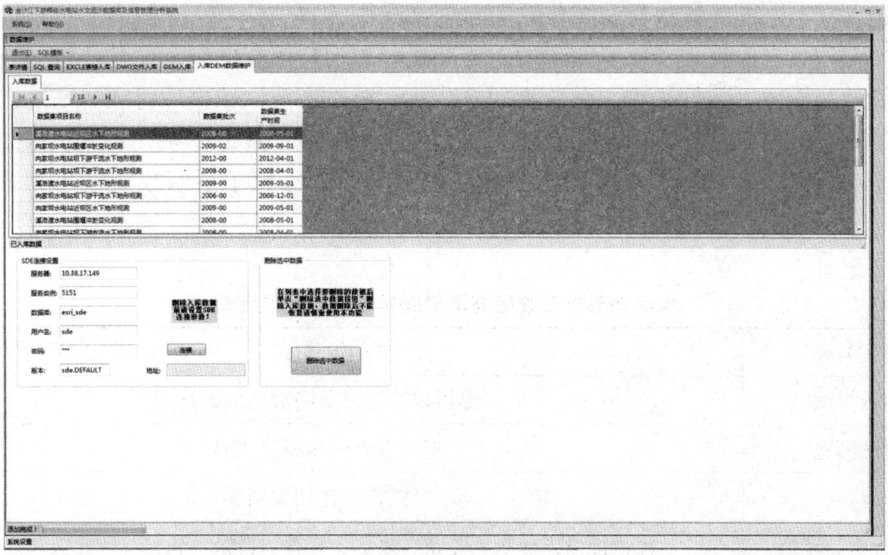

图 6-15 入库数据维护–删除 DEM 数据和与之相对应的点、线、注记要素

6.2 水道地形自动成图与图形编辑子系统

6.2.1 概述

水道地形自动成图与图形编辑子系统用于系统水道地形数据处理、编辑，是金沙江水文泥沙信息系统的重要组成部分，该子系统由水道地形自动成图与图形编辑两个独立的模块组成。为了保护数据的安全性，水道地形自动成图与图形编辑子系统应严格限制使用人员权限，仅供授权的系统管理人员和数据维护人员使用。

符合测绘标准或规范的测图成果主要由专业测绘系统软件实现或由本系统自动成图模块自动生成，本系统考虑了如何将专业测绘软件所生成的地形图数据或 CAD 数据无遗漏的转入图形编辑模块，完成两个模块间的完全对接，以实现测图及数字高程模型的三维显示；实现基于以图形为对象的属性查询，并对测图进行高效管理和分析。

水道地形自动成图模块可以完成河道测量地形信息的数据更新、显示、查询、输出等功能，具体包括：将预处理的河道测量数据读入；由读入的数据生成数字高程模型（DEM）与等高线的生成、分幅及提取；测图打印输出。该模块基于 ArcGIS Engine 开发实现，制图数据为 Geodatabase 数据，包括水道地形 27 层数据。

图形编辑模块主要实现对地形图数据的进一步加工，以满足系统对数据的一致性要求，是本系统其他功能实现的数据基础，包括：图元对象的创建、移动、属性编辑；矢量数据的编辑；以及实现对 ArcInfo、MapInfo、AutoCAD 等系统文件格式的导入、导出，支

155

持常用的 GIS 编辑功能。

制图输出提供一个基本地形图模板便于用户使用，用户可以对模板中的地形符号化，图层注记，基本制图要素进行编辑修改等自定义操作。

水文泥沙数据库管理子系统实现的主要功能分为用户信息的查询、角色权限查询、数据源的管理与设置、数据维护、系统管理等功能。对水文泥沙数据库管理子系统进行功能实现上的划分，可以细化为以下三个功能，基本管理功能，数据库系统功能，数据维护功能。每个功能又包含子功能，水道地形自动成图与图形编辑子系统模块清单如表 6-1 所示。

表 6-1　　　　　　　　**水道地形自动成图与图形编辑子系统模块清单**

模块名称	功 能 描 述
空间数据编辑	提供多种编辑空间数据的方法
地图浏览	提供常规地图浏览工具
符号化	提供符号化相关功能
空间分析与转换	提供地形图分析、更新、显示、查询、转换、输出打印相关功能
制图输出	提供制图、专题图制作相关功能
基本操作	图形保存打开等功能

6.2.2　子系统功能

1. 空间数据编辑

空间数据编辑是本子系统的主要功能之一，主要是对矢量空间数据进行编辑，其中包括对各种地图要素的选择、绘制、删除、复制、粘贴、移动、旋转等操作，以及针对点、线、面三种不同地物对象的相应编辑操作。在该模块的开发过程中，充分考虑到矢量空间数据的安全性，提供了用户编辑操作在未保存状态下的撤销和重做功能；同时，在程序中进行编辑对象要素性质判断，只提供与该编辑对象相应的编辑功能，极大程度上避免了因用户误操作造成的数据损失。

2. 地图浏览

地图浏览主要是提供一些基本的 GIS 功能，包括放大、缩小、中心放大、中心缩小、漫游、全屏、地图旋转、视图移动和视图坐标转换等操作。

3. 符号化

符号化模块主要提供设置图层的符号，包括图形符号和标注。其中符号化设置中包括以下功能：

（1）要素集：简单符号。

（2）目录集：质地填充、多值质地填充。

（3）数量级：分级颜色、分级符号、比例符号、点密度。

（4）图表集：饼图、柱图、堆图。

4. 空间分析与转换

水道地形成图模块主要提供地形图查询、空间分析、地图输出、数据转换、投影转换和坐标转换等功能。

查询主要包括对数据的各种形式的查询，面积量算和定位。

空间分析包括两个部分，缓冲区分析和空间叠置分析。缓冲区分析是查询地物是否在缓冲区的范围内，系统将在缓冲区范围内的地物的属性信息显示出来。缓冲区可以在绘制要素的周围以该要素为中心，以设定的缓冲半径界定的区域内的要素全部查询到，并将查询到的要素的信息显示出来。空间叠置分析是分析要素层与要素层之间的是否有要素的求差分析、擦除分析、定位分析、求交分析、求并分析和更新分析。根据用户对要素层的设置以及容差的设置对两个要素层进行分析，并可以将分析的结果以 shp 的格式输出。其中求交分析是可以对不同类型要素的要素层进行分析，求差分析、擦除分析、定位分析、求并分析和更新分析是对相同类型要素的要素层进行分析。菜单如图 6-16 所示：

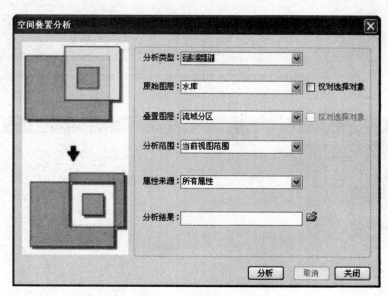

图 6-16　空间叠置分析窗口

地图输出主要包括：输出 shp 文件、输出 pdf 文件、输出影像文件、输出图片文件和矢量数据裁剪输出的功能。

空间投影转换提供了定义要素投影和各投影之间的转换功能。数据格式转换提供了数据导入、数据导出、数据转化成 shp 数据、MapInfo 转换成 shp 数据等功能。等高线生成提供了由实测点生成等高线的功能。提取地形图层提供了提取水文 27 层要素的功能。如图 6-17、图 6-18 所示。

5. 制图输出

制图模块主要是用于地图在打印机端输出前的设置，包括生成等高线、生成 DEM、图幅分幅以及专题图制作四个子模块。制图模块的所有工具均是在开始制图后才能使用。

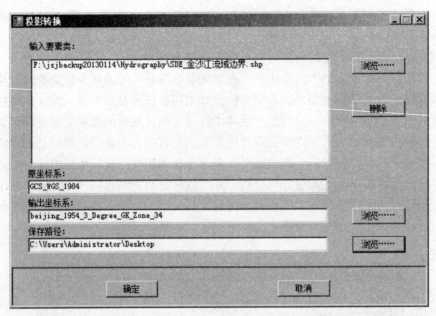

图 6-17　WGS84 到 BJ54 投影之间的转换功能

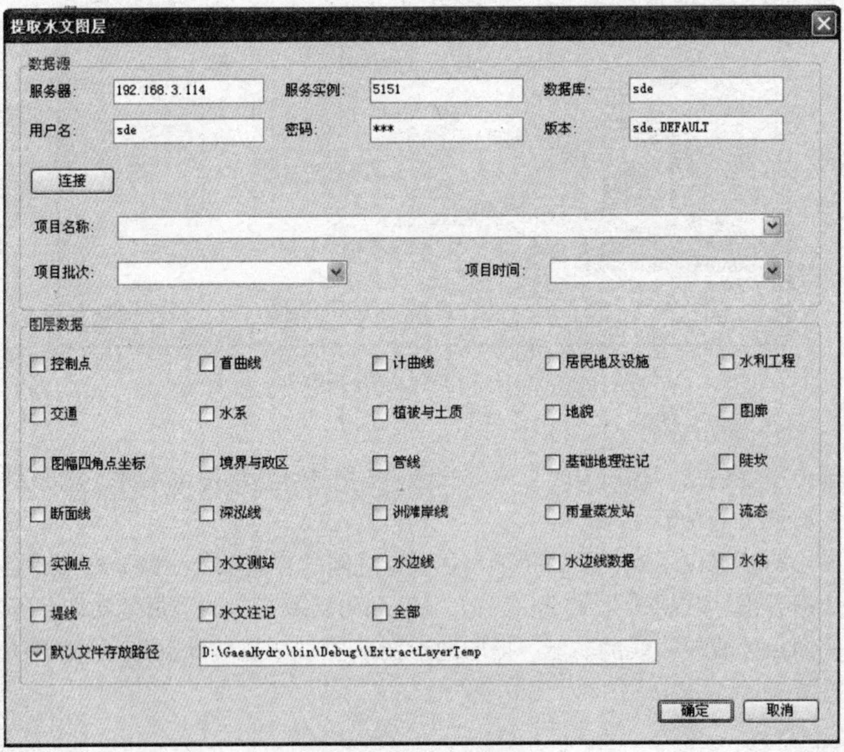

图 6-18　提取水文图层窗口

四个子模块通用的功能包括：放大、缩小、漫游、中心放大、中心缩小、放大至全页、放大至100%、前一视图、后一视图、插入文本、插入标题、插入比例尺、插入图例、插入指北针、插入图框、插入轮廓线等。

生成等高线提供了对离散点按照条件进行筛选，由筛选的点生成等高线的功能，同时生成的等高线还可以存储为 CAD 数据格式。如图 6-19 所示。

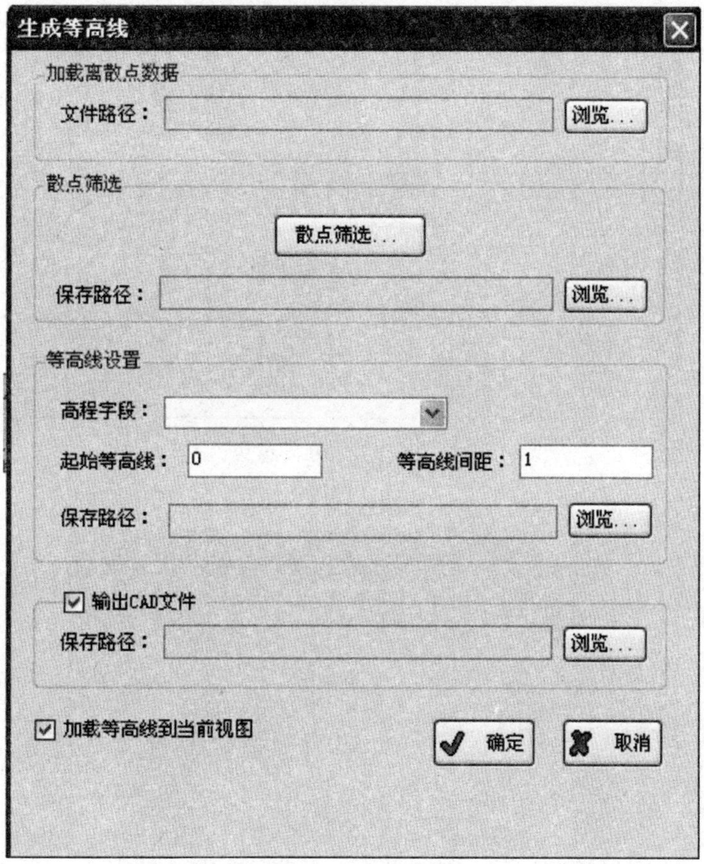

图 6-19 生成等高线窗口

生成 DEM 提供了由选择的点、线、面数据生成指定格网间隔大小的 DEM 数据的功能。如图 6-20 所示。

图幅分幅功能提供了标准分幅和自由分幅两种功能。标准分幅提供了基本比例尺1∶500、1∶1000、1∶2000、1∶5000、1∶10000、1∶25000 地图分幅输出的功能；自由分幅提供按照选定的矩形区域进行分幅的功能。如图 6-21 ~ 图 6-23 所示。

专题图制作功能提供了生成四种特定的专题图的功能。

6. 基本操作

基本操作提供了打开工作区、保存工作区、加载图层、移除图层以及数据打印中的打印设置、打印预览、打印等功能。

图 6-20　生成 DEM 窗口

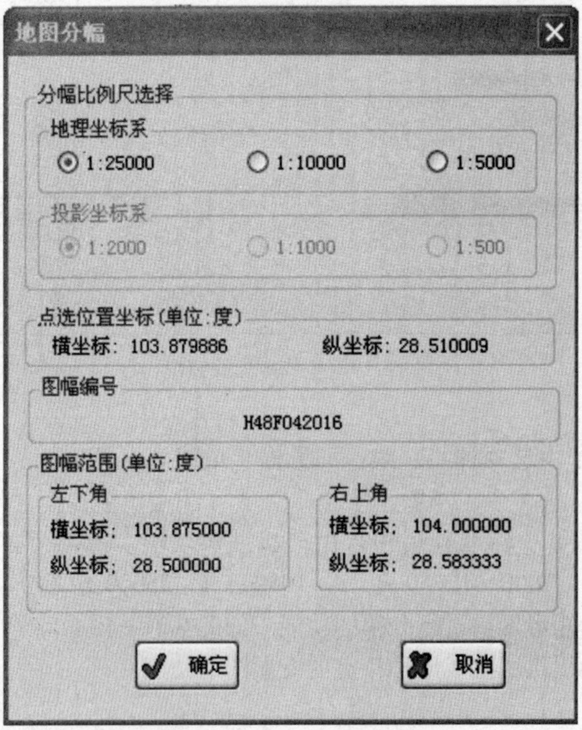

图 6-21　地图标准分幅窗口

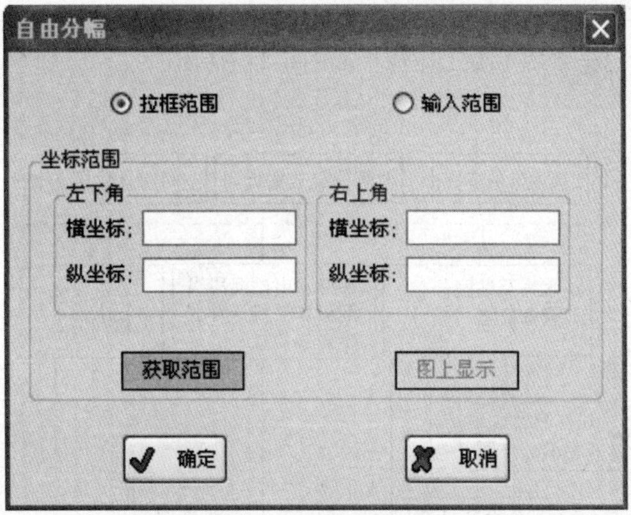

图 6-22 地图自由分幅窗口

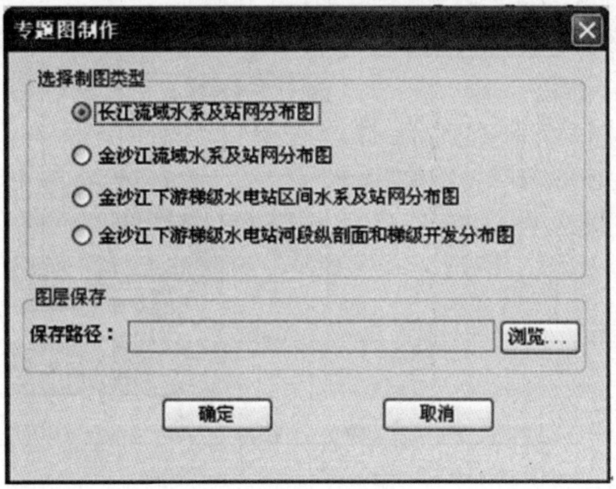

图 6-23 专题图制作窗口

6.3 信息查询与输出子系统

6.3.1 概述

信息查询与输出子系统包括三方面的功能：一是查询，提供详细的属性数据的查询、修改、统计和分析功能；二是提供用户自定义查询和查询配置功能，实现基本信息查询、监测信息数据查询、空间信息数据查询、档案信息数据查询、系统信息数据查询等各种类型的数据信息查询功能；三是提供多形式统计图表的自动生成功能，主要实现依据查询内容快速生成相应的报表的功能。

信息查询与输出子系统主要工作流程如图 6-24 所示。

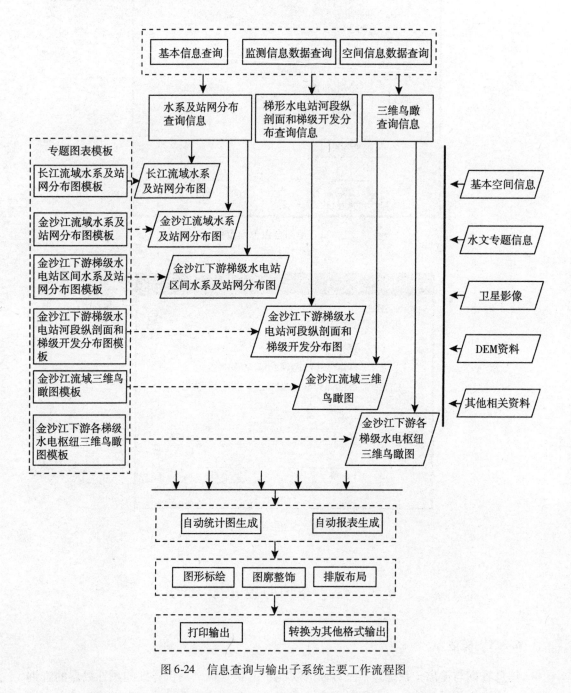

图 6-24　信息查询与输出子系统主要工作流程图

该子系统主要设计思想为：

（1）提供友好的图文一体化查询界面，实现查询结果的图文一体化表达。

（2）空间图形与属性数据实时联动查询，实现从空间图形到属性、属性到空间图形的双向查询功能。

（3）提供基于工作流的模板定制功能，实现基于模板的专题地图排版、整饰与输出。

（4）针对业务化查询的需求，系统采用了 Net Remoting 技术，实现 B/S 环境下的业务查询功能。

（5）基于动态标记语言 GeoXML 的热点查询技术，记录用户频繁快速定位显示热点查询信息。

信息查询与输出子系统依据功能的不同可以划分为：基本信息查询模块、监测信息数据查询模块、空间信息数据查询模块、档案信息数据查询模块、系统信息数据查询模块、报表生成模块、专题图制作与输出模块。具体模块划分如表 6-2 所示。

表 6-2　　　　　　　　　　　信息查询与输出子系统模块清单

模块名称	功能描述
基本信息查询	为用户提供河流、监测站、测量断面、梯级水电站的基本信息查询功能。该查询除了对图层数据基本属性的查询外，还涉及统计分析结果的查询
监测信息查询	监测信息数据查询模块主要负责监测信息数据的查询功能
空间信息查询	空间信息数据查询模块主要实现空间图形与属性数据实时联动查询，并采用热点记忆功能，记录用户频繁快速定位显示热点查询信息
档案信息查询	每个用户在自己的权限范围内，进行目录或电子文件的查询、利用及打印等功能
系统信息查询	系统信息数据查询模块用于查询与输出系统运行日志及数据记录，便于监视整个系统的运行情况

6.3.2　子系统功能

1. 基本信息查询

基本信息查询功能负责为用户提供测站、固定断面、河流和水电站工程基本信息查询。该查询除了对数据基本信息的属性查询外，还可以根据属性数据查询测站、固定断面、河流和水电站工程的空间位置信息。

（1）测站基本信息查询功能，主要包括水文站、水位站、雨量站三个部分，每部分测站信息的查询输出内容包括：测站断面关系、测站施测项目沿革、测站一览、测站以上水利工程基本情况、降水量观测场沿革、水面蒸发量观测场沿革、水文水位站水准点沿革、水文水位站沿革等。

（2）固定断面基本信息查询功能，主要内容包括：参数索引、床沙粒径分析成果、断面标题、断面成果、干容重泥沙级配统计说明、含沙量成果、流速成果、泥沙级配成果、泥沙级配统计说明、水文泥沙成果、悬沙粒径分析成果、异重流测验成果等。

（3）河流信息查询功能，主要查询金沙江下游河段干流及各支流的信息。

（4）水电站工程基本信息查询功能，主要包括各梯级水电站工程基本信息查询。如图 6-25 所示。

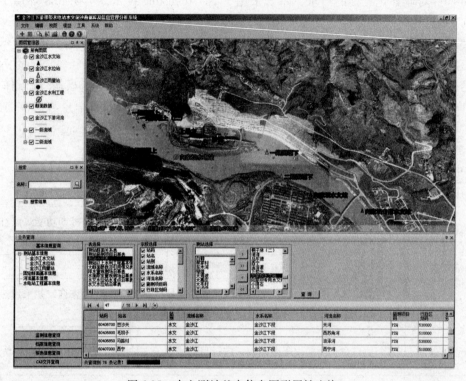

图 6-25 水文测站基本信息图形属性查询

2. 监测信息查询

监测信息查询功能负责水文测站监测信息专题数据的查询，以及结果输出。该查询除了对**数据基本信息的属性查询外，还可以根据属性数据查询水文测站的空间位置信息。该功能主要查询内容包括：各站水位资料、流量资料、输沙率资料、含沙量资料、泥沙颗粒级配资料、水文资料、降水量资料、蒸发量资料、固定断面监测资料、河床组成勘测调查资料的信息查询。按查询方式可以分为日、旬、月、年间隔与精确到时、分间隔的条件选择查询。**如图 6-26 所示。

3. 档案信息查询

档案信息查询功能负责为每个用户在自己的权限范围内，进行目录或电子文件的查询、下载等。该查询主要是根据档案编号、题名、卷宗号、关键字以及编制时间这些条件的任意搭配来执行。该功能主要查询内容包括：乌东德、白鹤滩、溪洛渡、向家坝四个梯级水电站的库区水文观测、坝区水文观测、坝下游水文观测、其他水文勘测工作以及电站相关非水文勘测工作等相关文档。如图 6-27 所示。

图 6-26 监测信息属性查询

图 6-27 档案信息查询

4. 报表查询

报表查询功能负责为用户提供报表显示、报表打印、导出 Excel 等。该查询主要是根据水文测站、断面、年份时间以及它们的组合条件来执行。该功能主要查询内容包括：各站水位资料、降水量资料、输沙率资料、水温资料、固定断面监测资料、流量资料、含沙量资料以及其他相关资料的信息查询。如图 6-28 所示。

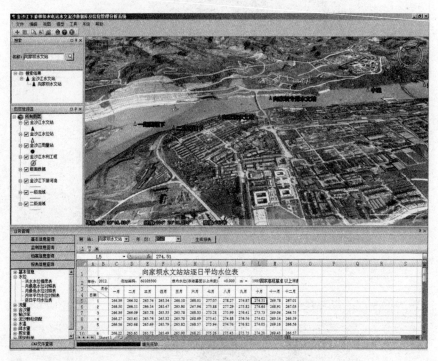

图 6-28　按测站和年份报表查询

5. CAD 文件查询

CAD 文件查询功能负责为用户提供乌东德、白鹤滩、溪洛渡、向家坝四个梯级水电站的水道地形数据 DWG 文件查询和显示。该查询主要是根据项目名称、测量批次和测量时间这些条件从 DIC_DWG 表中提取。如图 6-29 所示。

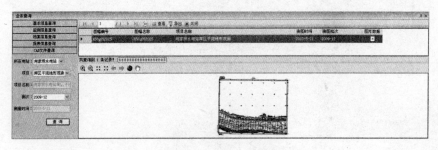

图 6-29　DWG 文件查询

6.4 水文泥沙分析与预测子系统

6.4.1 概述

水文泥沙分析与预测子系统包括四个模块：水文泥沙计算模块、水文泥沙分析模块、河道演变分析模块、泥沙预测数学模型模块。

水文泥沙计算模块提供各种与水文泥沙相关的计算功能。

水文泥沙分析模块包含分析水沙过程、水沙沿程变化、水沙年内年际变化、水沙综合关系，并提供分析结果的图表显示。

河道演变分析模块提供河道演变参数计算、河道演变分析功能及其分析结果图形表现的功能。

泥沙预测数学模型模块为金沙江下游梯级水电站的水文泥沙数据分析提供实用水沙模型，并提供对各类模型的便捷管理功能。

6.4.2 水文泥沙计算

水文泥沙计算模块的结构如图6-30所示，主要功能包括：

（1）水文大断面要素计算；

①大断面要素计算；

②水面纵比降计算；

③大断面套绘。

（2）水量计算

①径流量计算；

②多年平均径流量计算；

③水量平衡计算。

（3）沙量计算

①输沙量计算；

②多年平均输沙量计算；

③沙量平衡计算。

1. 水文大断面要素计算

水文大断面要素计算包括：断面水深、过水面积、水面宽、水面纵比降、河相系数、河床高程、水面纵比降计算、大断面套绘等专业功能。

水文大断面要素计算功能初始化时查询数据库，自动将数据库中的河流名称和测站名称以及其测站编码用下拉框列出，由用户交互选择计算大断面，根据用户选择的不同的大断面自动更新测量时间（年，月，日），并用下拉列表框列出以便计算人员选择，还提供一个编辑框由用户输入计算水位高程和一个滚动条由用户选择水位高程。根据选择或输入的结果，系统从数据库中提取大断面数据计算并把结果显示在对话框中，同时显示其图形。

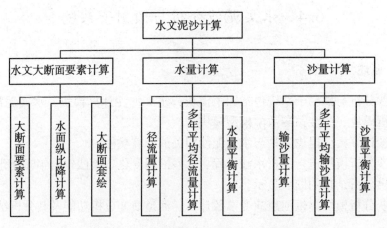

图 6-30　水文泥沙计算模块的结构框图

　　如图 6-31 所示是界面方式计算断面水面宽的要素计算对话框，系统最初自动列出金沙江水文泥沙数据库中的所有河段以供用户计算选择，根据用户选择的河段的不同，更新此河段的各个测站，根据用户选择的大断面的不同，更新此断面的各个测量时间，之后可以自动绘制出大断面的河底地形线（断面纵剖面）；在计算高程输入框中输入要计算的高程值或者选择高程进度条，系统自动计算出水面宽、断面面积以及平均水深、河相系数、河床平均高程。

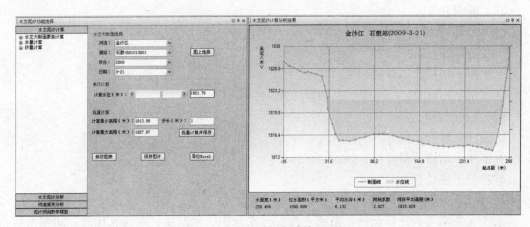

图 6-31　大断面要素计算对话框

　　系统提供批量计算的功能，用户可以在编辑框中输入计算水位的步长，并保存结果。

　　水面纵比降计算提供任意两水文测站之间水面比降计算的功能。计算操作时，用户在系统提供的窗口中选择上、下测站（或河段名称）、计算时间（时段）。系统根据选择测站距河口的距离将测站按照从上游到下游的顺序排好次序，保证下测站是在上测站的下游，用户可以选择上、下测站的公共测量时间，获取其对应的水位，以及测站间距，计算出水面纵比降。

计算结果以文本形式通过屏幕显示，如图 6-32 所示。

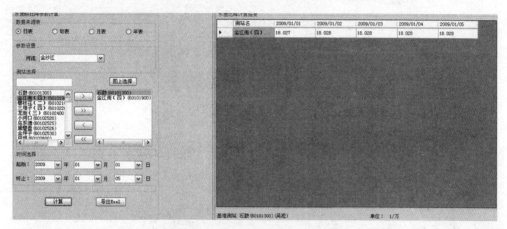

图 6-32　水面纵比降计算对话框

大断面套绘是指将相同测站的断面不同时间的变化显示出来。

初始化时查询数据库，系统自动将数据库中的河流名称、测站名称以及其测站编码用下拉框列出，由用户交互选择计算断面，根据用户选择的不同大断面自动更新其测量时间用列表框列出以便计算者选择，同时还将测量时间（年，月，日）用下拉列表框列出，还提供一个编辑框由用户输入计算水位高程和一个滚动条由用户选择水位高程（需要校验最大值、最小值），然后根据选择结果，系统绘制出实测的起点距、河底高程拟合河底地形线（断面、纵剖面），然后用给定的水位高程线交河底地形线，用前面的方法计算出不同时间段过水面积。如果遇到心滩，要分段处理。还可以计算出某两个测次中最大冲淤量及部位，并在图上进行标识。处理结果数据显示在对话框的一个编辑框中。

断面河床系数计算提供窗口选择测站名称、测量时间和计算水位。计算结果数据显示在对话框的一个编辑框中，图形显示在图形区，可以屏幕查询河段各大断面任意水位下不同时间下的过水面积。如图 6-33 所示。

2. 水量计算

（1）径流量计算

径流量计算提供各水文测站任意时段内径流量计算功能。径流量计算参数包括水文站编码、数据测次、观测时段。

首先提供一个对话框接收用户交互的参数，初始化时查询数据库，初始化列出所有的河段，再根据选择数据表，列出表中所有的测站名称及其编码，起止时间用两组下拉列表框列出供计算者选择，根据选择的目标测站和时段在表中检索年平均径流量、年径流量值显示在对话框的两个编辑框中，依照上述计算公式计算。

计算时可以在系统提供的菜单窗口选择数据来源表、河段、测站名称（编码）、计算

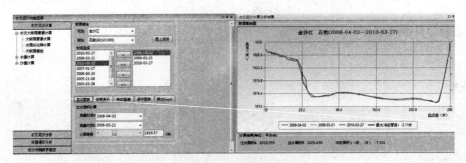

图 6-33　大断面套绘图

年份和计算时段，计算结果以文本形式通过屏幕显示。如图 6-34 所示。

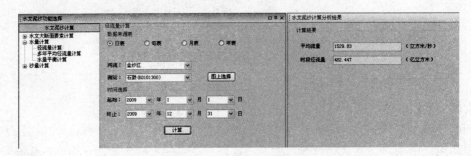

图 6-34　径流量计算对话框

（2）多年平均径流量计算

多年平均径流量计算提供各水文测站的多年平均径流量计算功能。径流量计算参数包括水文测站和计算时段。

提供一个对话框接收用户交互的参数，初始化时查询数据库，列出所有的河段，再根据河段列出所有的测站名称及其编码，起止年份用两组下拉列表框列出供计算者选择，根据选择的目标测站和时段在表中检索年径流量值保存在数组中，然后用公式计算。结果用一个编辑框显示。

（3）水量平衡计算

水量平衡计算提供一个对话框接收用户交互的参数，初始化时查询数据库，列出所有的河段，根据河段列出所有的测站名称及其编码，按照从上游到下游的顺序对测站进行排序，时间用两组下拉列表框列出供计算者选择，其中计算选某年的水量平衡，只用一个时间值，计算多年的水量平衡，要选择时间区间，根据选择的目标测站和时段在表中分别检索上、下测站年径流量值保存在数组中求和得到 $W_下$ 和 $W_上$，$W_区$ 用一个编辑框由用户输入，默认值为 0，注意 $W_区$ 汇水为+，分水为−，然后用公式计算，结果用一个编辑框显示出来。

3. 沙量计算

沙量计算功能和水量计算类似，不再赘叙。

6.4.3 水文泥沙分析

模块提供的水文泥沙可视化分析功能：包括实时编绘水文泥沙过程线图；水文泥沙沿程变化图；水文泥沙年内年际变化关系图，水文泥沙综合关系图等，以满足水文泥沙分析、信息查询及成果整编等工作的需要。

模块的结构与功能如图 6-35 所示。

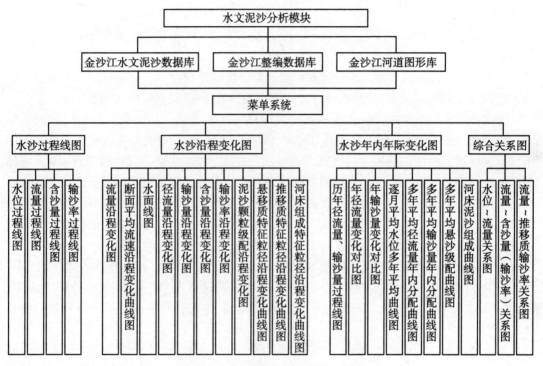

图 6-35　水文泥沙分析模块结构框图

（1）过程线图绘制功能

①水位过程线图；

②流量过程线图；

③含沙量过程线图；

④输沙率过程线图。

（2）沿程变化图绘制功能

①流量沿程变化图；

②断面平均流速沿程变化曲线图；

③水面线图；

④径流量沿程变化图；

⑤输沙量沿程变化图；

⑥含沙量沿程变化图；

171

⑦输沙率沿程变化图；

⑧泥沙颗粒级配沿程变化图；

⑨悬移质特征粒径沿程曲线图；

⑩推移质特征粒径沿程曲线图；

⑪河床组成特征粒径沿程曲线图。

1. 过程线图

过程线图根据各测站监测数据绘制，反映河流水位、流量、含沙量、输沙率变化与时间的关系。

几种过程线的设计与实现大致类似，下面以水位过程线实现为例详细介绍功能实现流程与界面。

水位过程线图根据各测站水位监测数据绘制，反映水位变化与时间的关系。水位过程线图按时间序列绘制显示，绘制参数包括河流、测站编码、观测时段（测次）等。

界面设计和绘制方法：提供对话框接收用户交互的参数。功能在初始化时查询数据库，把数据库中表 HY_STSC_A 中的 RVNM（河流名称）字段中的河流名称读出并排序用下拉列表显示，根据当前显示的河流名称，从数据库表 HY_STSC_A 中读取 STCD（测站编码）和 STNM（测站名称）添加测站到列表框中。在选择测站时，提供了地图交互选择测站的功能，如果在地图上拉框选择的测站属于测站列表框中，则添加到右侧的已选测站列表框中。在向已选测站列表中添加测站时，需要对测站进行排序。本功能提供四种时间类型套绘：日、旬、月和年。选择日表时，从表 HY_DZ_C 中读取字段 DT（年-月-日）；选择旬表时，从表 HY_DCZ_D 中读取字段 PTBGDT（年-月-日）；选择月表时从表 HY_MTZ_E 中读取 YR（年份），MTH（月份）；选择年表时从表 HY_YRZ_F 中读取字段 YR（年份）。选择了测站和数据来源表后，在起始时间下拉列表和截止时间下拉列表中会显示相对应的时间。

显示时间时，如果是多个测站，则显示多测站的公共时间。绘图时，选择了日表，则从表 HY_DZ_C 中读取 AVZ（水位）且 DT 放入二维表里；选择了旬表，则从表 HY_DCZ_D 中读取 AVZ（水位）且 PTBGDT 放入二维表里；选择了月表，则从表 HY_MTZ_E 中读取 AVZ（水位）且 YR，MTH 放入二维表里；选择了年表，则从表 HY_YRZ_F 中读取 AVZ（水位）且 YR 放入二维表里；用于绘图。

图形以 X 轴表示时间（日，旬，月，年），图形 Y 轴表示月平均水位，若为单测站，Y 轴单位为水位（m/测站的高程基面）；若为多测站，Y 轴单位为水位（m），并在图表中提示"各测站高程基面可能不一致"。操作界面上提供是否进行多年平均水位过程线绘制的选择。还实现了任意多的测站、任意多的时间水位过程线图的联合套绘，不同测站，不同时间过程线用不同颜色来表示，结果可以用做对比研究。操作界面上还提供修改图表、保存图片和导出图表为 Excel 的功能。

绘制流程：水位过程线图的绘制流程如图 6-36 所示。

操作界面：如图 6-37 所示。

绘制结果：金江街（四）站 2010 年和 2011 年日平均水位过程线套绘图，如图 6-38 所示。

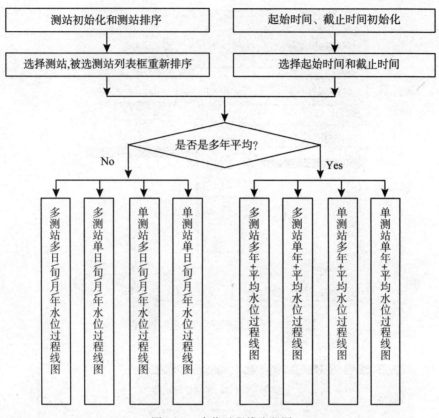

图 6-36　水位过程线流程图

2. 水沙沿程变化图

水沙沿程变化图包括：流量沿程变化图、断面平均流速沿程变化图、水面线图、径流量沿程变化图、输沙量沿程变化图、含沙量沿程变化图、输沙率沿程变化图、泥沙颗粒级配沿程变化图、悬移质特征粒径沿程曲线图、推移质特征粒径沿程曲线图、河床组成特征粒径沿程曲线图等。

下面以流量沿程图为例详细介绍功能实现流程与界面。

流量沿程图根据流量测验成果及里程绘制，反映流量沿程变化情况。流量沿程曲线图提供屏幕查询流量和里程功能。流量沿程曲线图绘制参数包括测站、观测时段（测次）、流量监测数据、距坝里程等。

界面设计和绘制方法：提供对话框接收用户交互的参数。功能在初始化时查询数据库，把数据库中表 HY_STSC_A 中的 RVNM（河流名称）字段中的河流名称读出并排序用下拉列表显示，根据当前显示的河流名称，从数据库表 HY_STSC_A 中读取 STCD（测站编码）和 STNM（测站名称）添加测站到列表框中。在选择测站时，提供了地图交互选择测站的功能，如果在地图上拉框选择的测站属于测站列表框中，则添加到右侧的已选测站列表框中。在向已选测站列表中添加测站时，需要对测站进行排序。本功能提供四种时间

图 6-37　水位过程线流程图操作界面

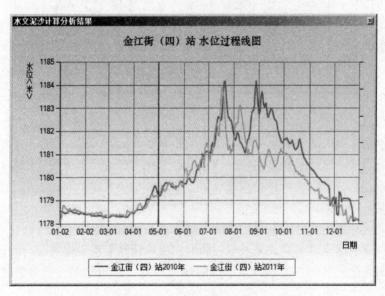

图 6-38　水位过程线图

类型套绘：日、旬、月和年。选择日表时，从表 HY_DQ_C 中读取字段 DT（年-月-日）；选择旬表时，从表 HY_DCQ_D 中读取字段 PTBGDT（年-月-日）；选择月表时从表 HY_MTQ_E 中读取 YR（年份），MTH（月份）；选择年表时，从表 HY_YRQ_F 中读取字段 YR（年份）。选择了测站和数据来源表后，在起始时间下拉列表和截止时间下拉列表中会显示相对应的时间。

显示时间时，如果是多个测站，则显示多测站的公共时间。

绘图时，至少需要选择两个测站，起始时间和截止时间之间的时间间隔不能超过 12 个。

如果选择了日表，则根据选择的多个测站编码，从表 HY_STSC_A 中选取 STNM（测站名称）和 DSTRVM（至河口距离）、表 HY_DQ_C 中读取 AVQ（流量）和 DT 放入二维表里；如果选择了旬表，则从表 HY_STSC_A 中选取 STNM（测站名称）和 DSTRVM（至河口距离）、表 HY_DCQ_D 中读取 AVQ 且 PTBGDT 放入二维表里；如果选择了月表，则从表 HY_STSC_A 中选取 STNM（测站名称）和 DSTRVM（至河口距离）、表 HY_MTQ_E 中读取 AVQ 且 YR、MTH 放入二维表里；如果选择了年表，则从表 HY_STSC_A 中选取 STNM（测站名称）和 DSTRVM（至河口距离）、表 HY_YRQ_F 中读取 AVQ 且 YR 放入二维表里；图形 Y 轴表示流量（m^3/s）；X 轴表示测站位置，测站位置按照 DSTRVM（至河口距离）排序。

操作界面上还提供修改图表、保存图片和导出图表为 Excel 的功能。

绘制流程：选择多个测站，选择单个或多个时间，可以进行套绘。选择测站图则绘制根据测站绘图，选择里程图则根据里程绘图。绘制流程如图 6-39 所示。

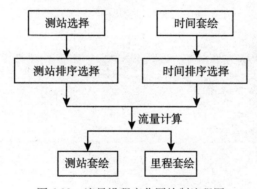

图 6-39 流量沿程变化图绘制流程图

操作界面：如图 6-40 所示。

绘制结果：如图 6-41 所示，是一个多站多日的按测站排序的流量沿程图示例。如图 6-42 所示，是一个多站多日的按距河口里程排序的流量沿程图示例。

3. 水沙年内年际变化图

水沙年内年际变化图包括：历年径流量、输沙量过程线图、年径流量变化对比图、年输沙量变化对比图、多年平均月均水位变化图、多年平均径流量年内分配图、多年平均输沙量年内分配图、多年平均悬沙级配曲线图、河床泥沙组成曲线图等图件的编绘。

（1）历年径流量、输沙量过程线图

历年径流量、输沙量过程线图根据年份与选择测站的径流量、输沙量绘制，反映历年径流量、输沙量的变化情况。

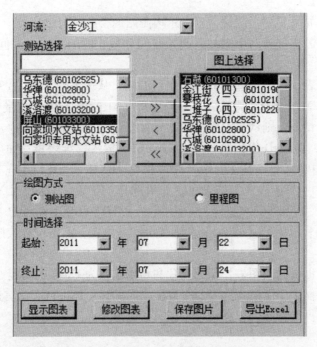

图 6-40　流量沿程变化图绘制操作界面

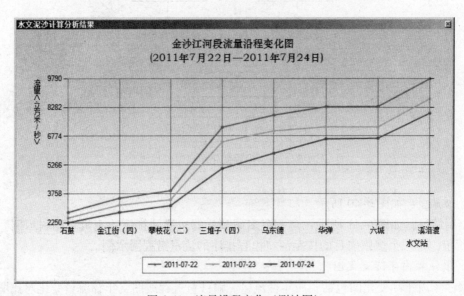

图 6-41　流量沿程变化（测站图）

界面设计和绘制方法：

对话框界面接收用户交互的参数，初始化数据库，列出所有的河流，再从河流对话框中选择的河流，提供测站选择（测站经过排序），年份选择（年份根据选择的测站的改变

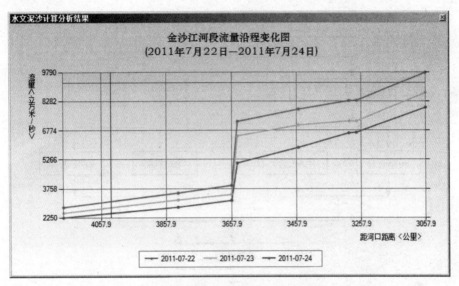

图 6-42　流量沿程变化（里程图）

而相应改变）。可以绘制单个测站，多个年份的径流量、输沙量过程线图。

对话框初始化时查询数据库，把数据库中表 HY_STSC_A 的河流名称用下拉框列出（用 RVNM 字段表示河流）。

当选择历年径流量过程线图时，根据河流名称自动更新列出 HY_YRQ_F 中该河段中的测站列表（STCD 字段表示站码），年份用下拉框列出。年份的选择结果分别显示在列表框中。绘图时根据选择的测站和年份从表 HY_YRQ_F 中 RW 字段提取相应的径流量值，并绘制成曲线。图形 Y 轴表示年径流量（10^8 m^3）；X 轴表示年份。

当选择历年输沙量过程线图时，根据河流名称自动更新列出 HY_YRQS_F 中该河段中的测站列表（STCD 字段表示站码），年份用下拉框列出。年份的选择结果分别显示在列表框中。绘图时根据选择的测站和年份从表 HY_YRQS_F 中 SW 字段提取相应的输沙量值，并绘制成曲线。图形 Y 轴表示年输沙量（万吨）；X 轴表示年份。

当历年径流量过程线图、历年输沙量过程线图都处于选择状态时，选择出测站应该为 HY_YRQ_F、HY_YRQS_F 两表的公共测站，图形 Y2 轴表示输沙量（万吨）。

绘制流程：选择单个测站，多个年份，进行套绘。绘制流程如图 6-43 所示。

操作界面：如图 6-44 所示。

绘制结果：绘制结果如图 6-45 所示。

（2）年径流量变化对比图

根据多年平均径流量和年径流量成果，制作成图形，反映多年径流量变化情况。其绘制参数包括测站编码、数据类型、数据时间（时段）。年径流量变化对比图用户交互界面，提供测站选择和年份选择，支持多测站多年数据套绘。

对话框初始化时查询数据库，把数据库中表 HY_STSC_A 的河流名称用下拉框列出（用 RVNM 字段表示河流），根据河流名称自动更新列出 HY_YRQ_F 中该河段中的测站列

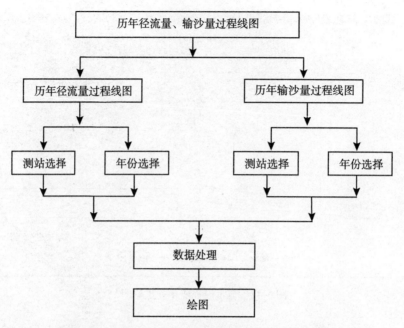

图 6-43　历年径流量、输沙量过程线图绘制流程框图

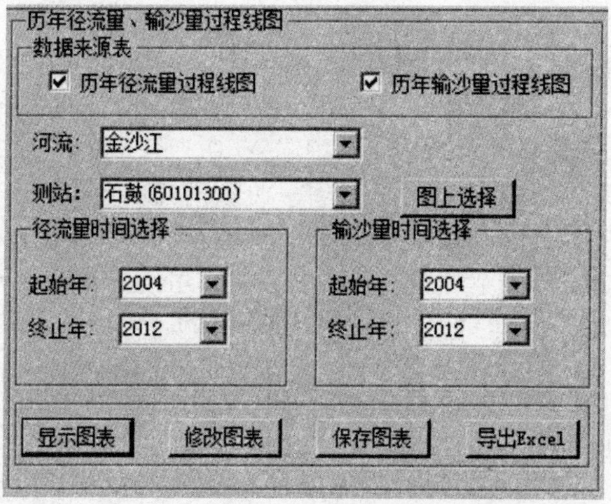

图 6-44　历年径流量、输沙量过程线图操作界面

表（STCD 字段表示站码），年份用下拉框列出。年份的选择结果分别显示在列表框中。绘图时根据选择的测站和年份从表 HY_YRQ_F 中 RW 字段提取相应的流量值，并绘制成曲线。Y 轴表示径流量（$10^8 \, \mathrm{m}^3$）；X 轴表示测站名称。

操作界面：如图 6-46 所示。

绘制结果：如图 6-47 所示。

（3）年输沙量变化对比图

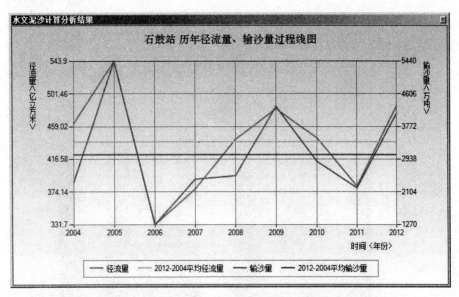

图 6-45　单个测站多个年份历年径流量、输沙量过程线图

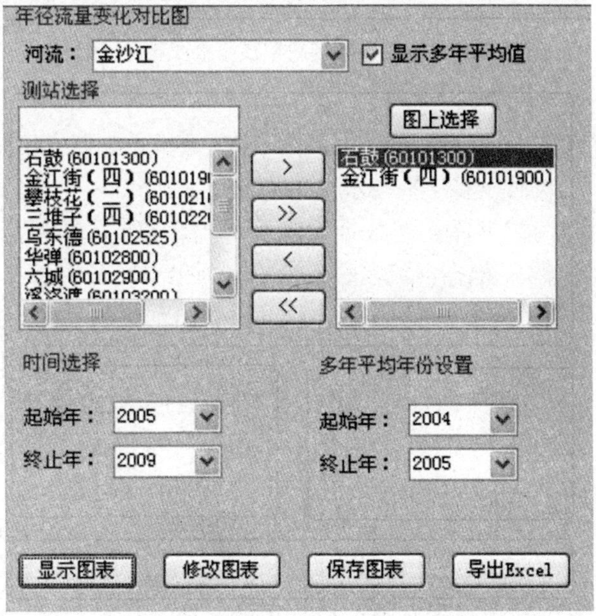

图 6-46　年径流量变化对比图操作界面

　　多年输沙量变化对比图：提供根据多年平均输沙量和年输沙量成果绘制图形反映多年平均输沙量变化情况。其绘制参数包括测站编码、数据类型、数据时间（时段）等。

　　其界面设计和绘制方法与年径流量变化对比图类似。

　　（4）逐月平均水位多年平均曲线图

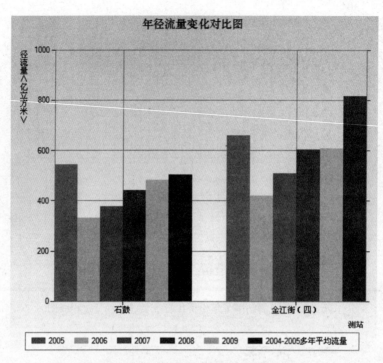

图 6-47　多站多年测站年径流量变化对比图

逐月平均水位多年平均曲线图：对多年平均水位数据进行算术平均，形成其多年平均水位并绘制成曲线，反映河段多年平均水位平均变化情况。

对话框初始化时查询数据库，把数据库中表 HY_STSC_A 的河流名称用下拉框列出（用 RVNM 字段表示河流），根据河流名称自动更新列出 HY_MTZ_E 中该河段中的测站列表（STCD 字段表示站码），测站用下拉列表框列出，自动更新年份，年份用下拉框列出。年份和测站的选择结果分别显示在列表框中。然后根据选择的目标测站和年份到表 HY_MTZ_E 的 AVZ 字段中提取逐年的月平均水位值连同年月日期值放到一个二维数组中，得到数组后，要把每个月的月平均水位，再把多年的每月水位按月求平均，图形 Y 轴表示月平均水位，若为单测站，Y 轴单位为水位（m/测站的高程基面）；若为多测站，Y 轴单位为水位（m）。X 轴表示 12 个月份。界面提供沿程测站选择，年份选择，月份选择，结果提供年份套绘，月份套绘。

针对绘图要素，界面提供沿程测站选择，年份选择，月份选择，结果提供年份套绘，月份套绘。

操作界面：如图 6-48 所示。

绘图成果：如图 6-49 所示。

（5）多年平均径流量年内分配曲线图

对逐月平均径流量数据进行算术平均，形成其多年平均的逐月平均径流量并绘制成曲线，反映河段逐月平均径流量变化情况。

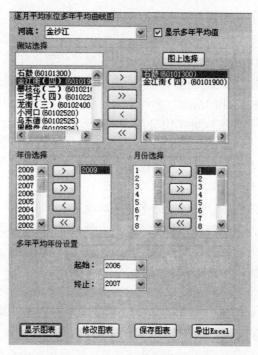

图 6-48　多测站逐月平均水位多年平均曲线图操作界面

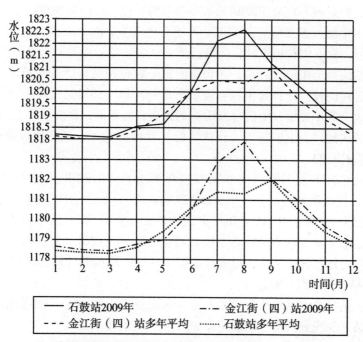

注：各测站高程基面可能不一致。

图 6-49　多测站逐月平均水位多年平均水位年内分配曲线图

其界面设计和绘制方法与逐月平均水位多年平均曲线图类似。

（6）多年平均输沙量年内分配曲线图

多年平均输沙量年内分配曲线图：根据沿程各测站位置多年平均或某一年份的逐月平均输沙量，对逐月平均输沙量数据进行算术平均，形成其多年平均的逐月平均输沙量，绘成图形，反映输沙量沿程变化的情况。多年平均输沙量年内分配曲线图提供屏幕查询逐月平均输沙量功能。多年平均输沙量年内分配曲线图绘制参数包括测站编码、年份、月份等。

其界面设计和绘制方法与逐月平均水位多年平均曲线图类似。

（7）多年平均悬沙级配曲线图

多年平均悬沙级配曲线图：将各测站多年平均或某一年份、单月或多个月的泥沙级配数据以曲线的形式绘制，反映测站的单年或多年、单月或多月的悬沙级配变化。图件提供屏幕查询某粒径百分比的功能。绘制参数包括河流、测站编码、年份、月份。采用对数坐标，X 轴表示粒径为对数，Y 轴表示百分比，为正常坐标。

界面设计和绘制方法：在对话框初始化时查询数据库，当选择的数据来自年表时，把数据库中表 HY_STSC_A 的河流（RVNM）用下拉列表框列出，根据选择的河流，从表 HY_YRPDDB_F 中选择测站编码（STCD），根据测站编码和河流从表 HY_STSC_A 中选择测站名称（STNM），组成新的字段（STNM+STCD）显示在列表框中，然后根据选择目标测站、时间和推沙类型到表 HY_YRPDDB_F 中的 LTPD 字段提取颗粒径级，当选择的数据来自于月表时，需要到 HY_MTPDDB_E 表中提取的年份、月份和颗粒径级。

对于选择多年份（多月份）的情况，可能会出现某个测站年份（月份）之间的颗粒径级都有所差异，提取颗粒径级的算法是：

对某个测站的每个年份（月份）所包含的每个颗粒径级与所有年份（月份）包含的每个颗粒径级进行比较，计算每个颗粒径级出现的次数，如果某个年份（月份）包含这个颗粒径级或大于等于被比较年份（月份）的最大颗粒径级，则次数加 1，最后统计每个颗粒径级出现的次数，当次数等于选择的年份（月份）数时，则提取该颗粒径级，最终将得到需要的颗粒径级。

然后，根据选择的测站、时间和颗粒径级到 HY_YRPDDB_F 表中（月份为 HY_MTPDDB_E 表）提取颗粒径百分比（AVSWPCT 字段），如果表中未包含某个颗粒径级，则颗粒径百分比为 100%，从 HY_YRQS_F 表中提取年流量 SW（对于月份，则是到 HY_MTQS_E 表中提取平均输沙率 AVQS 字段）根据公式进行计算。对逐年（月）平均泥沙颗粒级配数据进行加权算术平均，形成其多年（月）平均的泥沙颗粒级配并绘制成曲线。对于月份用（AVQS×天数）确定。

绘制流程：选择单测站单年份或多年份，可以进行年份套绘。如果选择月份套绘，则需要选择单测站、年份和月份。绘制流程如图 6-50 所示。

操作界面：如图 6-51 所示。

绘制结果：绘制结果如图 6-52 所示，这是一个单站多年份里程的平均悬沙级配曲线图示例。

（8）河床泥沙组成曲线图

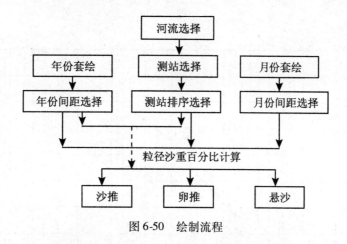

图 6-50　绘制流程

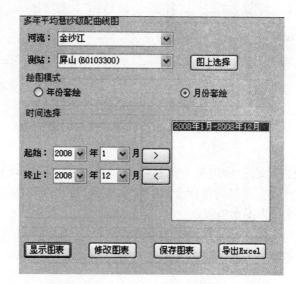

图 6-51　多年平均悬沙级配曲线图操作界面

河床泥沙组成曲线图：根据河床泥沙组成与所占权重比例绘制，反映河床泥沙组成的变化情况。表现形式与多年平均悬沙级配曲线图相同。

河床泥沙组成曲线图提供测次选择，断面选择（断面经过排序），坑孔选择和断面试坑选择这四种绘图方式。

①根据测站绘制河床泥沙组成曲线图

当选择测站时，在对话框初始化时查询数据库，当选择的数据来自年表时，把数据库中表 HY_STSC_A 的河流（RVNM）用下拉列表框列出，根据选择的河流，从表 HY_YRPDDB_F 中选择测站编码（STCD），根据测站编码和河流从表 HY_STSC_A 中选择测站名称（STNM），组成新的字段（STNM+STCD）显示在列表框中，然后根据选择目标测站、时间和推沙类型到表 HY_YRPDDB_F 中的 LTPD 字段提取颗粒径级，当选择的数据来自于月表时，需要到 HY_MTPDDB_E 表中提取的年份、月份和颗粒径级。对于选择多年

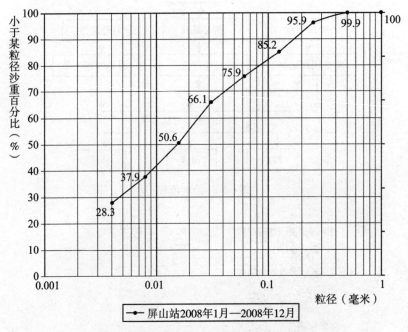

图 6-52　屏山站多年平均悬沙级配曲线图

份（多月份）的情况，可能会出现某个测站年份（月份）之间的颗粒径级都有所差异，我们提取颗粒径级算法与多年平均悬沙级配曲线图相同。采用对数坐标，X 轴表示粒径为对数，Y 轴表示百分比，为正常坐标。

　　绘制流程：选择单测站或多测站、单年份或多年份，可以进行年份套绘。如果选择月份套绘，则需要选择单测站或多测站、年份和月份。绘制流程如图 6-53 所示。

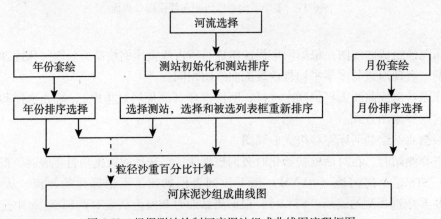

图 6-53　根据测站绘制河床泥沙组成曲线图流程框图

②根据固定断面绘制河床泥沙组成曲线图

当选择断面时，根据提供的水位站名称和泥沙类型，从表 XSGGPA、DOC_TPNAME 中提取工程名称显示在"项目"列表框中；然后根据水位站名称、泥沙类型和项目，从表 XSHD 中提取河段名称（RINM）并显示在列表框中；若断面选择方式为单断面，然后根据水位站名称、泥沙类型、至参考点累计距离（RIMODS）、项目和河段，到表 XSHD 中提取断面码（XSCD）和断面名称（XSNM），组成字段断面名称（断面码）添加到"断面"列表框中；最后根据水位站名称、泥沙类型、项目、河段和断面码，从表 XSGGPA 中选择数据测试时的时间（YR）和测次（MSNO），并填入"测次"列表框中。若断面选择方式为多断面，则根据水位站名称、泥沙类型、项目、河段从表 XSGGPA 中选择数据测试时的时间 YR 和测次 MSNO，并填入列表框中；最后根据水位站名称、泥沙类型、项目、河段、至参考点累计距离（RIMODS）和测次到表 XSHD 中提取断面码和断面名称，组成字段断面名称（断面码）添加到列表框中。在选择这些参数时，还用到了表 DSAN，DSAN 的 DSMK 和 XSGGPA 的 CLS 字段值应该相同。最后根据设置好的参数，从表 DSAN 中选择 P，PD 并绘制图表，同时 INPTDS＝5555。采用对数坐标，X 轴表示粒径为对数，Y 轴表示百分比，为正常坐标。

绘制流程：可以进行单断面多测次、多断面单侧次绘制，绘制流程如图 6-54 所示。

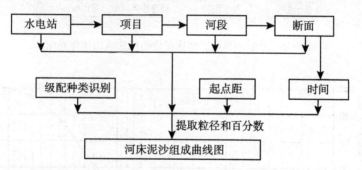

图 6-54　根据固定断面绘制河床泥沙组成曲线图流程框图

操作界面：如图 6-55 所示。

绘制结果：如图 6-56 所示。

③根据试坑绘制河床泥沙组成曲线图

当选择断面试坑时，根据提供的水位站名称和泥沙类型，从表 DSANNT_SK 和表 DOC_TPNAME 中提取项目显示在列表框中；然后根据水位站名称、泥沙类型和项目从表 DSANNT_SK 中提取年份和测次并显示在列表框中；根据水位站名称、泥沙类型、年份和测次从表 XSHD 和表 DSANNT_SK 中提取字段 XSCD、DTXS、SKNM 并在列表框中显示；最后根据设置的参数从表 DSAN_SK 中提取字段 P，PD 绘图，并且字段 KS＝5555。采用对数坐标，X 轴表示粒径为对数，Y 轴表示百分比，为正常坐标。

绘制流程：可以进行单测次多试坑、单试坑绘制，绘制流程如图 6-57 所示。

操作界面：如图 6-58 所示。

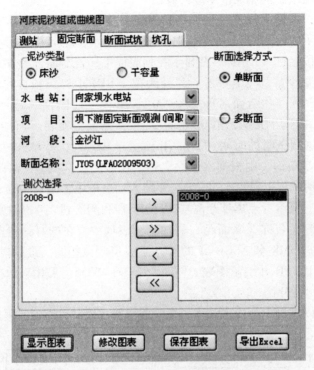

图 6-55　单断面单测次河床泥沙组成曲线图操作界面

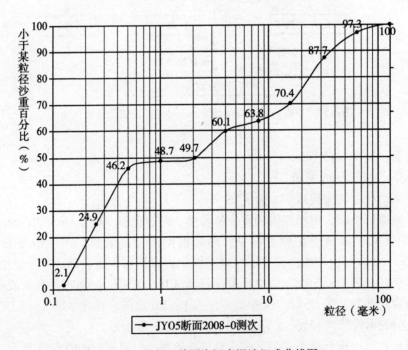

图 6-56　单断面单测次河床泥沙组成曲线图

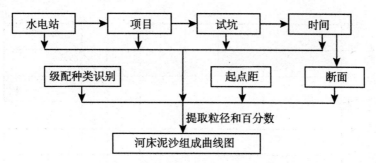

图 6-57　根据试坑绘制河床泥沙组成曲线图流程框图

图 6-58　单测次单试坑河床泥沙组成曲线图操作界面

绘制结果：如图 6-59 所示。

④根据坑孔绘制河床泥沙组成曲线图

当选择坑孔时，根据坑孔类型和沙粒大小类型从表 KSAN 和表 KKPS 中提取字段公共字段坑孔编码（KKCD）和 KKNM 添加到列表框中；然后提取两个表的公共年份（YR）和月日（MD）并添加到列表框中；根据坑孔类型、沙粒大小类型和时间从表 DSAN 中提取坑深（KS）添加到列表框；最后根据上面选择的参数从表 KSAN 中提取 P，PD 字段绘图。采用对数坐标，X 轴表示粒径为对数，Y 轴表示百分比，为正常坐标。

绘制流程：可以进行单时间多坑深绘制。绘制流程如图 6-60 所示。

操作界面：如图 6-61 所示。

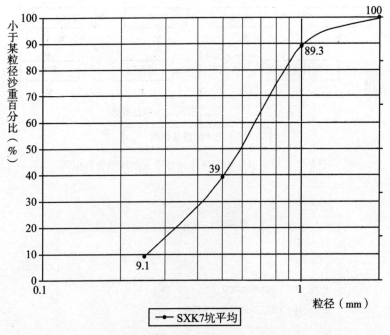

图 6-59　单测次单试坑河床泥沙组成曲线图

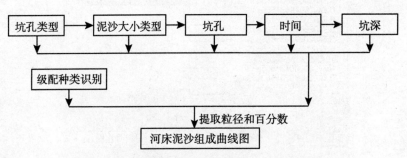

图 6-60　根据坑孔绘制河床泥沙组成曲线图流程框图

绘制结果：如图 6-62 所示。

4. 水沙综合关系图

水沙综合关系图包括：水位-流量关系曲线图、流量-含沙量（输沙率）关系曲线图、流量-推移质输沙率关系图。以水位-流量关系曲线图实现为例详细介绍功能实现流程与界面。

水位-流量关系曲线图包括水位-流量关系图和实测时序图。

水位-流量关系图根据水位、流量监测数据绘制，反映各水位级下流量变化的关系。水位-流量关系曲线图绘制参数包括测站编码、观测时段等。

界面设计和绘制方法：提供对话框界面接收用户交互的参数，初始化时查询数据库，把数据库中表 HY_STSC_A 的河流（RVNM）用下拉列表框列出，根据选择的河流，从表

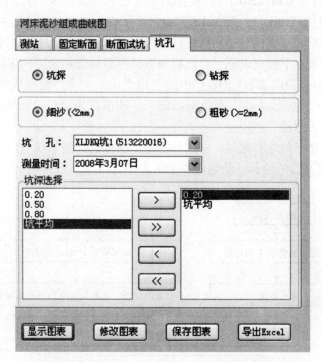

图 6-61 单时间多坑深河床泥沙组成曲线图操作界面

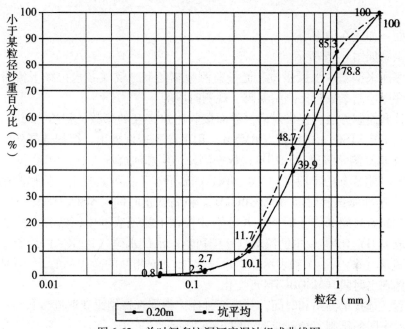

图 6-62 单时间多坑深河床泥沙组成曲线图

HY_DQ_C 中选择测站编码（STCD）；根据测站编码和河流从表 HY_STSC_A 中选择测站名称（STNM），组成新的字段（STNM+STCD）显示在下拉列表框中；根据测站编码从表 HY_DQ_C 和 HY_DZ_C 中选择公共时间（DT），并提取年份和月份，分为起始时间和终止时间，并分别放置在下拉列表框中；然后根据选择目标测站、时间提取表 HY_DQ_C 中的平均流量（AVQ），提取表 HY_DZ_C 中的平均水位（AVZ）绘制成图。图形中 X 轴表示流量（m³/s），Y 轴表示水位，当单测站时，Y 轴单位为水位（m/测站的高程基面）；多测站时 Y 轴单位为水位（m）。

　　绘制流程：选择单测站和时间，并进行排序。根据选择结果获取流量和水位数据，可以进行水位-流量关系图的绘制。绘制流程如图 6-63 所示。

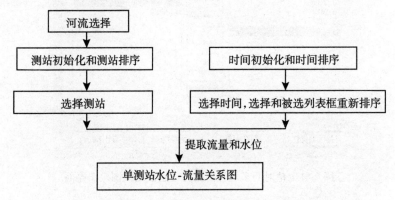

图 6-63　水位-流量关系曲线流程图

　　操作界面：如图 6-64 所示。

　　绘制结果：如图 6-65 所示。

　　实测时序图根据基本水尺水位、流量监测数据绘制，反映各水位级下流量变化的关系。实测时序图绘制参数包括测站编码、观测时段等。

　　界面设计和绘制方法：提供对话框界面接收用户交互的参数，初始化时查询数据库，把数据库中表 HY_STSC_A 的河流（RVNM）用下拉列表框列出，根据选择的河流，从表 HY_OBQ_G 中选择测站编码（STCD）；根据测站编码和河流从表 HY_STSC_A 中选择测站名称（STNM），组成新的字段（STNM+STCD）显示在下拉列表框中；根据测站编码从表 HY_OBQ_G 中选择测试起时间（MSQBGTM）和测试止时间（MSQEDTM），并提取年份和月份，分为起始时间和终止时间，并分别放置在下拉列表框中；然后根据选择目标测站、时间提取表 HY_OBQ_G 中的流量（Q）和基本水尺水位（BSGGZ）绘制成图。图形中 X 轴表示流量（m³/s），Y 轴表示基本水尺水位（m/测站的高程基面）。同时表中的流量和水位要体现出时间（MSQBGTM）变化。

　　绘制流程：选择单测站和时间，并进行排序。根据选择结果获取流量和水位数据，可以进行实测时序图的绘制。绘制流程如图 6-66 所示。

　　操作界面：如图 6-67 所示。

　　绘制结果：如图 6-68 所示。

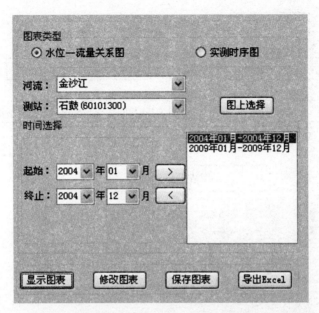

图 6-64　单测站多时间段水位—流量关系图操作界面

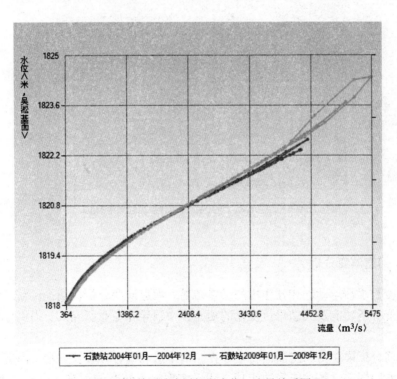

图 6-65　单测站多时间段水位—流量关系图

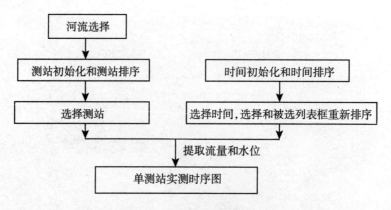

图 6-66　实测时序图流程框图

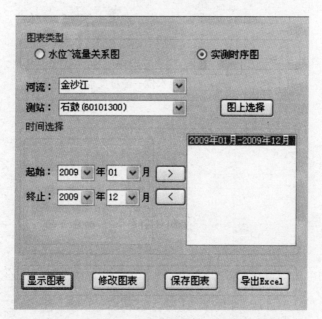

图 6-67　单测站单时间段实测时序图操作界面

6.4.4　河道演变分析

河道演变是水沙运动和相互作用的必然结果。河道演变分析模块提供河道演变参数计算、河道演变分析功能及其结果可视化的功能，为领导和专业研究人员提供分析决策的强有力工具。

河道演变分析模块由固定断面要素计算、槽蓄量和库容计算及显示、河道冲淤计算及显示、河演专题图编绘等功能模块组成，用于实现河道演变的可视化分析。如图 6-69 所示。

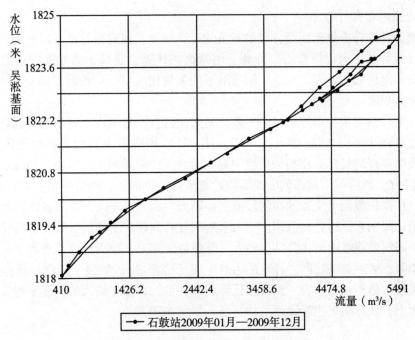

图6-68 单测站单时间段实测时序图

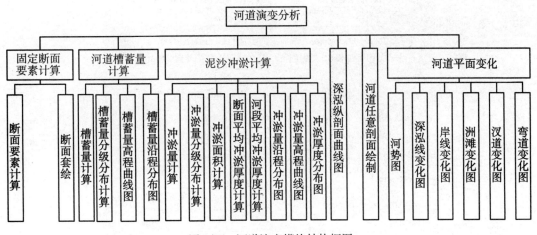

图6-69 河道演变模块结构框图

1. 河道固定断面要素计算

河道固定断面要素计算及固定断面绘制算法、流程及界面设计基本与水文大断面要素计算及水文大断面套绘相同。

2. 河道槽蓄量计算

河道槽蓄量计算与显示包括河道槽蓄量计算（含断面面积法和数字高程模型法）、河道槽蓄量分级分布计算、槽蓄量沿程分布图（含断面面积法和数字高程模型法）、槽蓄量高程曲线图。

（1）河道槽蓄量计算

河道槽蓄量计算提供断面间分级槽蓄量的计算功能。河道槽蓄量可以分别采用断面法和地形法（或称数字高程模型法）计算。用断面法计算，是基于数据库中河道各断面地形观测数据；用地形法计算，是基于河道地形的矢量化成果（河道地形图）。

①断面面积法

提供一个对话框接收用户交互的参数，初始化时查询数据库，列出所有的断面名称及其编码（至少两个断面）、断面测次（年，月，日）用一个下拉列表框列出供计算者选择，然后根据选择的目标断面到数据库中提取两断面的距始测点的间距，相减取绝对值得到断面间距 ΔL，然后调用前面的断面面积计算函数计算面积，然后使用上面的公式计算。计算时用户在操作界面上交互选择河段或起始断面名称（编码）、测次和计算水位。系统考虑了水面比降因素，通过提供用户输入上断面计算高程和下断面计算高程的接口，用户可以根据不同河段或断面的比降情况输入计算参数。如果上断面计算高程和下断面计算高程输入值相等，表示忽略比降，计算的为静库容（槽蓄量）；如果上断面计算高程和下断面计算高程输入值不相等，表示要考虑比降因素，系统自动把输入的高程平均分摊到计算的沿程断面上，计算结果为带比降的槽蓄量。如图 6-70 所示。

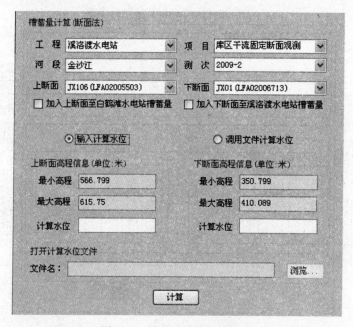

图 6-70　槽蓄量计算操作界面

计算结果：如图 6-71 所示。

②地形法（数字高程模型法）

提供一个对话框接收用户交互的参数。根据用户选定的项目、测次等信息提取 DEM，并根据范围和水位计算相应的槽蓄量。

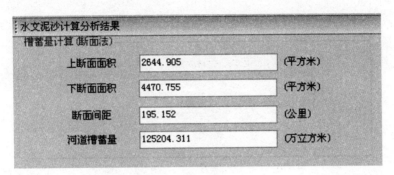

图 6-71 槽蓄量计算结果

计算流程：如图 6-72 所示。

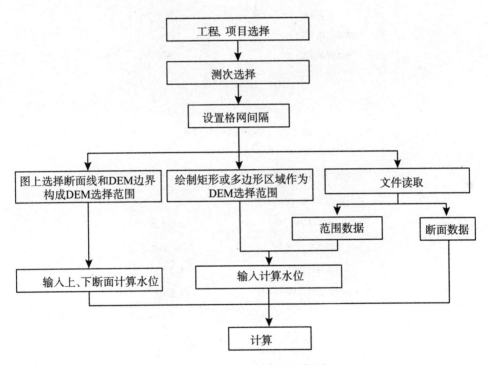

图 6-72 DEM 法计算流程框图

操作界面：如图 6-73 所示。

计算结果：如图 6-74 所示。

（2）河道槽蓄量分级分布计算

河道槽蓄量分级分布计算反映某测次槽蓄量沿程累积或河段区间随高程的变化分布情况。

提供一个对话框接收用户交互的参数，用户选择工程、项目、河段、测次和上下断面，在高程分级设置中设置起算高程、终止高程以及高程分级参数后，点击【计算】按

195

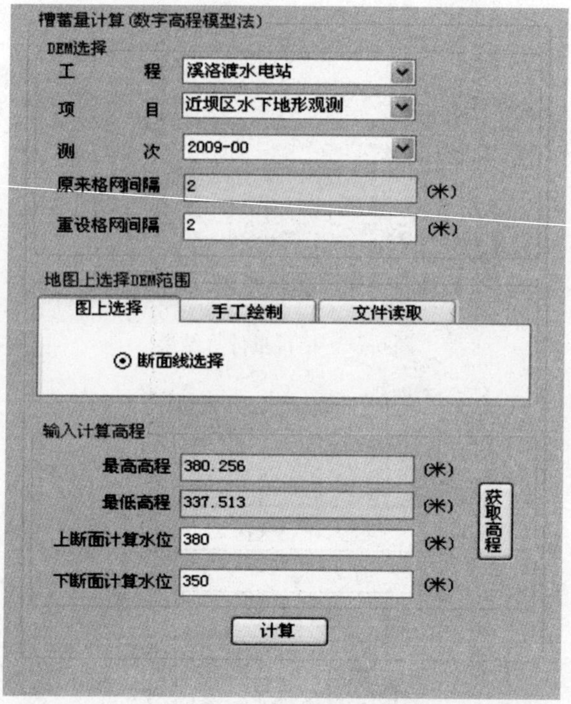

图 6-73　DEM 法操作界面

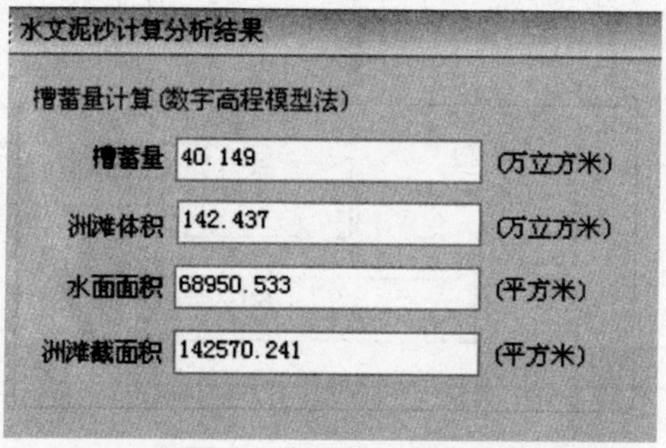

图 6-74　DEM 法计算结果

钮，得到高程累积—断面间槽蓄量计算分布表、高程分级—断面间槽蓄量分布表、高程累积—断面累积槽蓄量分布表、高程分级—断面累积槽蓄量分布表。

　　操作界面：如图 6-75 所示。

　　绘制结果：如图 6-76 所示。

（3）河道槽蓄量高程曲线图

　　该功能根据槽蓄量与高程的数据绘制，反映河段槽蓄量与高程的对应关系。可以分为两种计算方法，一种是断面法，另一种是数字高程模型法。

　　①断面法

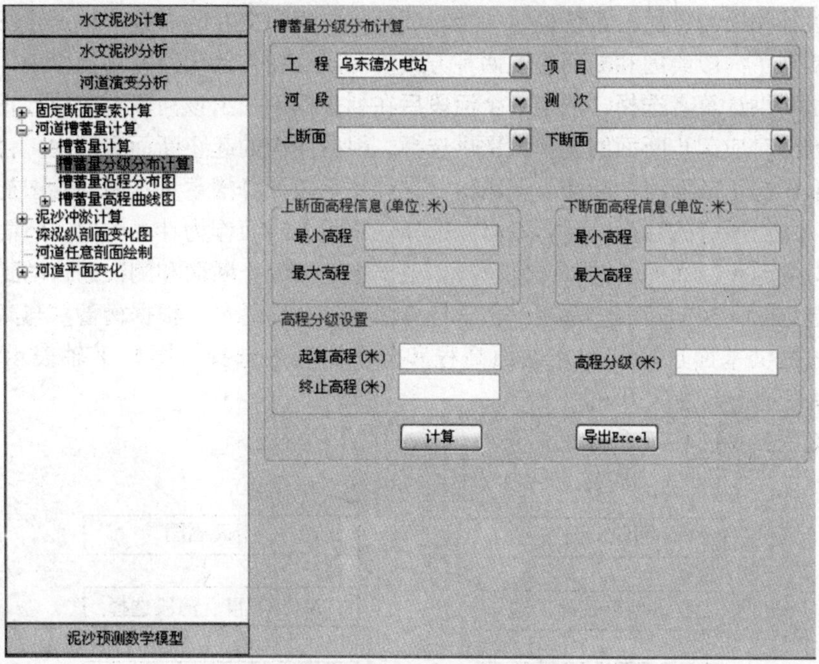

图 6-75　槽蓄量分级分布计算界面

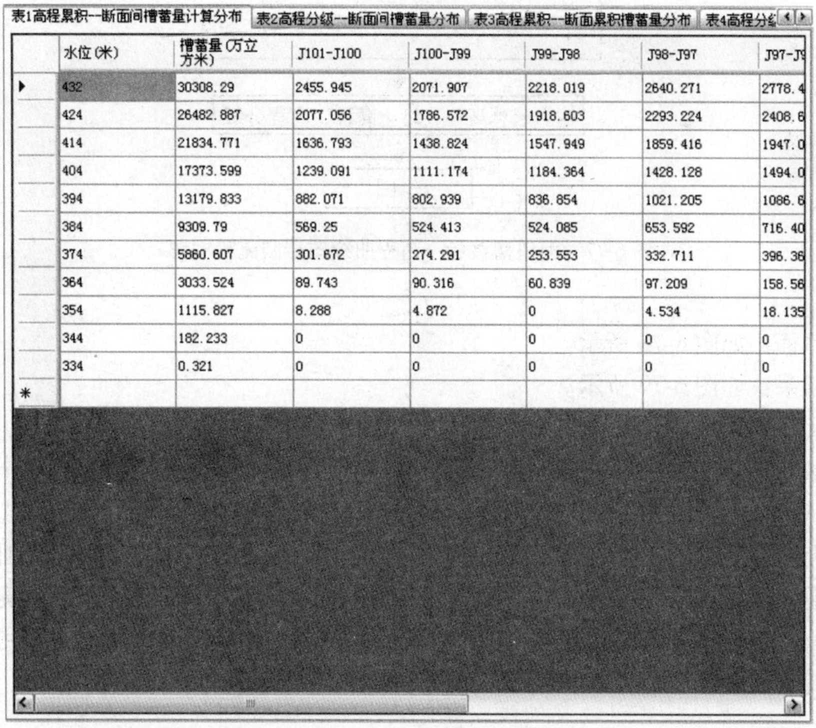

水位(米)	槽蓄量(万立方米)	J101-J100	J100-J99	J99-J98	J98-J97	J97-J9
432	30308.29	2455.945	2071.907	2218.019	2640.271	2778.4
424	26482.887	2077.056	1786.572	1918.603	2293.224	2408.6
414	21834.771	1636.793	1438.824	1547.949	1859.416	1947.0
404	17373.599	1239.091	1111.174	1184.364	1428.128	1494.0
394	13179.833	882.071	802.939	836.854	1021.205	1086.6
384	9309.79	589.25	524.413	524.085	653.592	716.40
374	5860.607	301.672	274.291	253.553	332.711	396.36
364	3033.524	89.743	90.316	60.839	97.209	158.56
354	1115.827	8.288	4.872	0	4.534	18.135
344	182.233	0	0	0	0	0
334	0.321	0	0	0	0	0

图 6-76　槽蓄量分级分布计算结果

　　界面设计和绘制方法：系统提供一个对话框接收用户交互的参数。根据绘图目标的不同，分别实现了河段绘图和断面绘图两种方式。河段绘图初始化时查询河段表，提取所有河段表列出，供计算者选择，选定一个河段后在列表框中列出该河段对应的起止断面，在列表框中列出对应起止断面的公共测次供选择，根据河段的起止断面和测次，自动到数据库中搜索介于起止断面间的断面，调用槽蓄量计算函数计算槽蓄量；断面绘图初始化时查询断面表，列出所有的断面，计算者可以选择任意两个断面作为计算的起止断面，在列表框中列出对应起止断面的公共测次供选择，根据选定的起止断面和测次，自动到数据库中搜索介于起止断面间的断面，调用槽蓄量计算函数计算槽蓄量；根据槽蓄量与高程数据绘图。系统还提供基面选择和起止断面高程和分级高程的选择。图形 Y 轴表示计算高程（m）；X 轴表示槽蓄量（万 m^3）。

　　绘制流程：如图 6-77 所示。

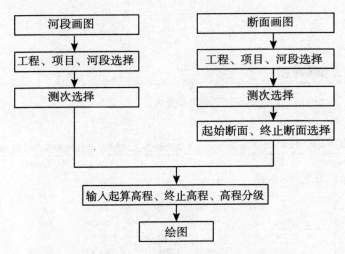

图 6-77　河道槽蓄量—高程曲线图绘制流程框图

　　操作界面：如图 6-78 所示。

　　绘制结果：如图 6-79 所示。

　　②数字高程模型法

　　河道槽蓄量-高程曲线图根据分级高程下槽蓄量计算成果绘制槽蓄量-分级高程曲线，直观显示槽蓄量与分级高程的关系。通过 DEM 网格间距信息的设置和年份的选择，在实际的底图上进行范围的选择。选定范围所使用的边界即为计算的边界，把该范围内含高程信息的河道数据（即实测点、首曲线和计算曲线）提取出来，用于生成 DEM 模型，作为计算的底面，然后将各分级高程对应的高程联成一个曲面作为顶面，两个曲面和边界所围限的空间就是该高程下河段的槽蓄量。根据各分级高程下计算出来的槽蓄量，绘制成曲线。

　　绘制流程：如图 6-80 所示。

　　操作界面：如图 6-81 所示。

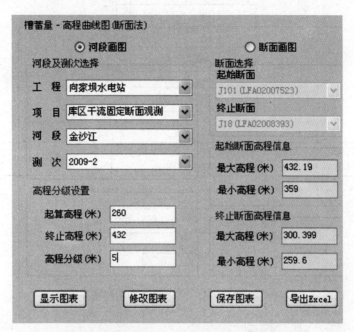

图 6-78 河道槽蓄量—高程曲线图绘制操作界面

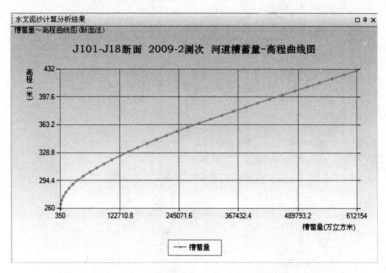

图 6-79 河道槽蓄量—高程曲线图绘制结果

绘制结果：如图 6-82 所示。

（4）槽蓄量（库容）沿程分布图

槽蓄量沿程分布图根据槽蓄量与河段位置绘制，反映某测次槽蓄量沿程变化的情况。

系统提供列表窗口选择河段名称（编码）、水面线（计算高程）、测次，以及屏幕查询沿程测站槽蓄量变化的功能，其中测次与选择河段实现了联动。

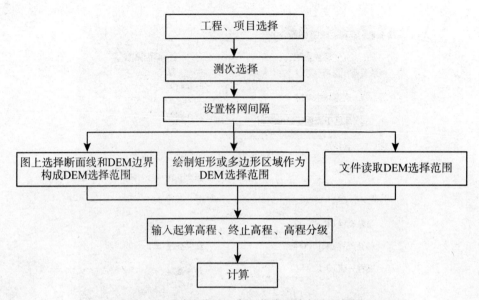

图 6-80　河道槽蓄量—高程曲线图绘制流程框图

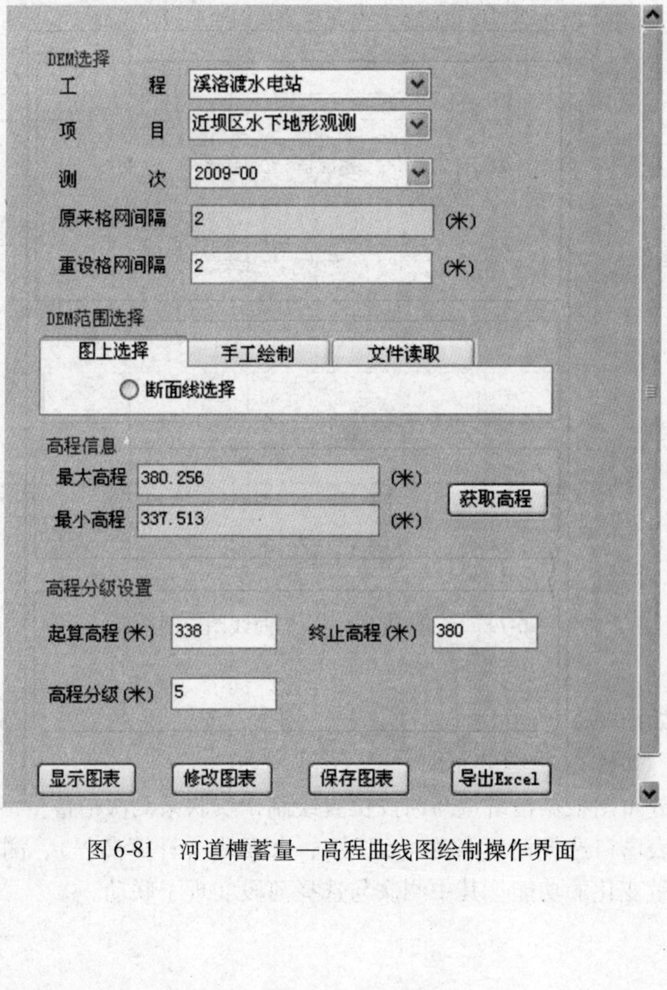

图 6-81　河道槽蓄量—高程曲线图绘制操作界面

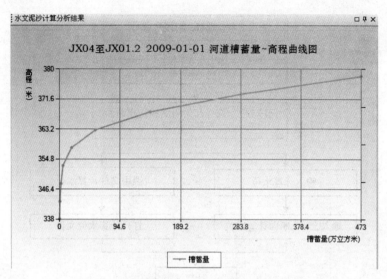

图 6-82 河道槽蓄量—高程曲线图绘制结果

界面设计和绘制方法：提供对话框界面接收用户交互的参数，对话框中提供河段选择（河段依照从上游到下游排序），测次选择（测次根据选择的河段的改变而相应改变），计算水面高程的输入。可以绘制单个河段或多个河段，单测次或多测次的沿程槽蓄量分布图。

对话框初始化时查询数据库，把数据库中表 KD_HDINDEX 的河段按 HDLEVER 字段排序提取出来，用一个列表框列出；然后根据选择的河段名称提出相应的起始断面名称，再由起始断面名称从 XSHD 表中的 XSCD 字段取出相应的断面码；再通过断面码从 XSGGPA 表中的 MSNO 字段来确定测次，并求起止断面的测次的交集，将这个测次的交集用列表框列出；最后通过起止断面码、测次、水面计算高程，调用水沙计算子系统中的槽蓄量计算功能函数依次求得槽蓄量，用于绘图。图形 Y 轴表示槽蓄量（万立方米）；X 轴表示河段。

绘制流程：如图 6-83 所示。

操作界面：如图 6-84 所示。

绘制结果：如图 6-85 所示。

3. 冲淤量计算

（1）河道冲淤量计算

①断面法

河道冲淤量计算提供调用数据库中的断面地形实测数据、水沙实测数据计算河段泥沙冲淤量的功能。

计算时，冲淤量计算提供窗口选择河段或起始断面名称（编码）、计算时段和计算水位。系统考虑了水面比降因素，通过提供用户输入上断面计算高程和下断面计算高程的接口，用户可以根据不同河段或断面的比降情况输入计算参数。如果上断面计算高程和下断

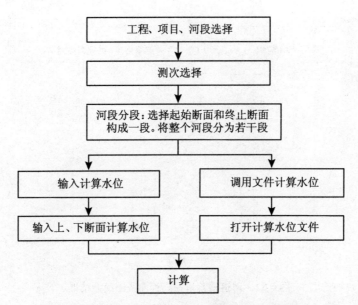

图 6-83 槽蓄量（库容）沿程分布图绘制流程框图

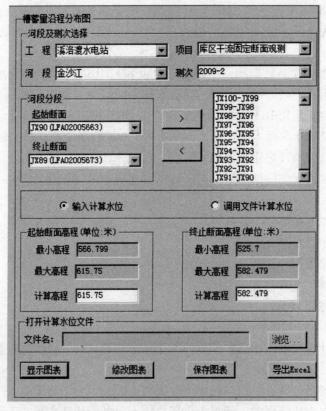

图 6-84 槽蓄量（库容）沿程分布图绘制操作界面

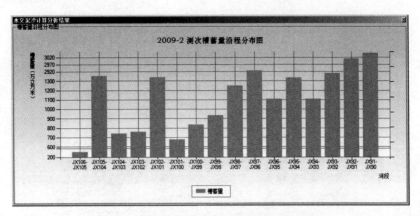

图 6-85 槽蓄量（库容）沿程分布图绘制结果

面计算高程输入值相等，表示忽略比降，计算值为不带比降的冲淤量；如果上断面计算高程和下断面计算高程输入值不相等，表示要考虑比降因素，系统自动把输入的高程平均分摊到计算的沿程断面上，计算结果为带比降的冲淤量。

计算流程：如图 6-86 所示。

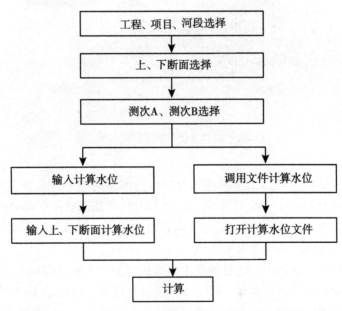

图 6-86 河道冲淤量计算流程框图

操作界面：如图 6-87 所示。

计算结果：如图 6-88 所示。

计算方法：在指定河段不同时段（至少有间隔的两个时间点）的河道的地形图上，

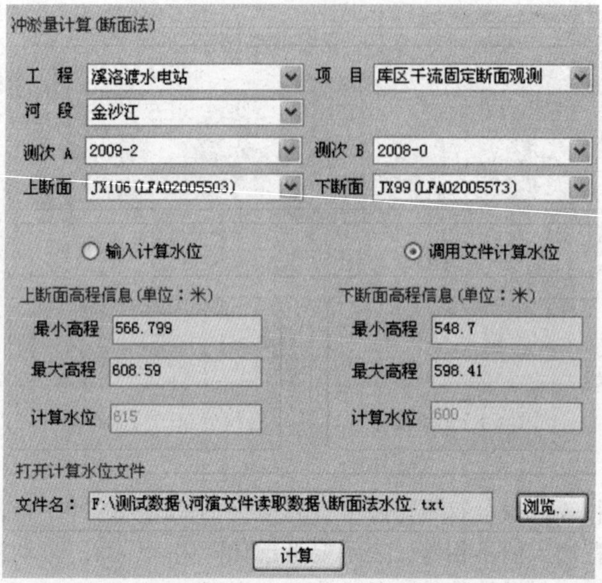

图 6-87　河道冲淤量计算操作界面

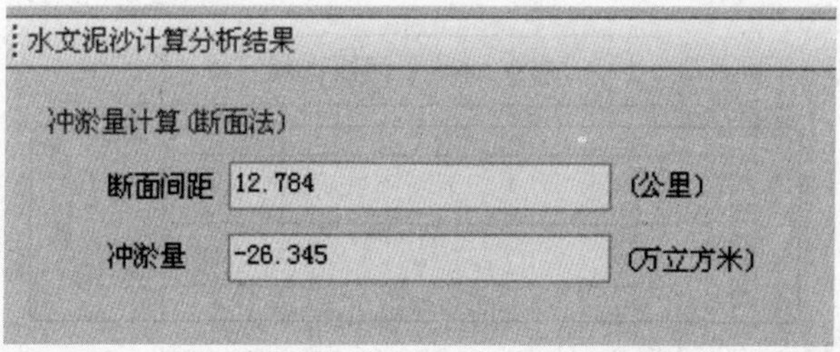

图 6-88　河道冲淤量计算结果

圈定计算冲淤量的范围，然后系统根据不同时段的河段的河道地形数据生成 DEM 模型，将所得到的两个模型相减，一般用当前河道对应的 DEM 减以前河道的 DEM，然后用对应格网数据计算，只计算 DEM 的高度低于所输入的高程值，得计算结果大于 0 为淤，计算结果小于 0 为冲。最终的结果为数值。

　　计算河段绝对冲淤量时，系统提供菜单窗口选择河段名称（编码）、计算时段，以及屏幕查询河段绝对冲淤量值，并且，同时计算了冲淤厚度，可以以 DEM 数据文件的形式保存绝对冲淤厚度数据文件，在三维可视化系统中可以打开显示三维的冲淤情况。

　　计算流程：如图 6-89 所示。

　　操作界面：如图 6-90 所示。

　　计算结果：如图 6-91 所示。

（2）冲淤量分级分布计算

冲淤量分级分布计算反映两个测次冲淤量沿程和随高程的变化分布情况。

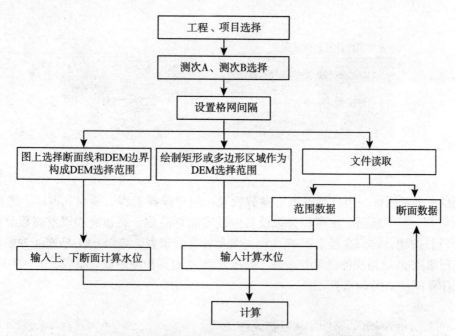

图 6-89 DEM 法计算流程框图

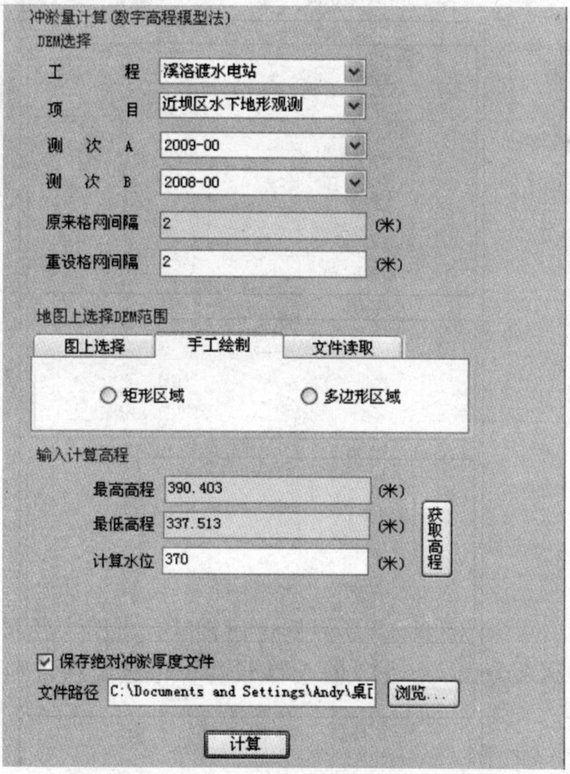

图 6-90 DEM 法计算操作界面

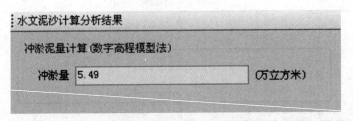

图 6-91　DEM 法计算结果

　　提供一个对话框，用户可以进行参数设置：用户选择工程、项目、河段、测次 A 和测次 B 以及上、下断面。在高程分级设置中设置起算高程、终止高程以及高程分级。点击【计算】按钮，得到高程累积-断面间冲淤量计算分布表、高程分级-断面间冲淤量分布表、高程累积-断面累积冲淤量分布表、高程分级-断面累积冲淤量分布表。

　　操作界面：如图 6-92 所示。

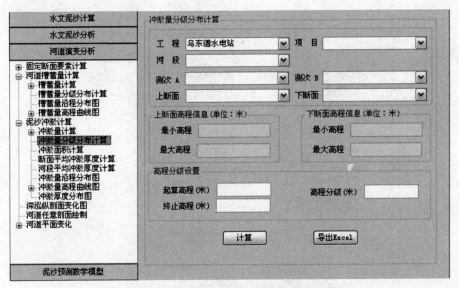

图 6-92　冲淤量分级分布计算操作界面

　　计算结果：如图 6-93 所示。

　　（3）冲淤面积计算

　　冲淤面积计算利用两个测次的 DEM 数据进行相减，求出冲淤面积，其中正值为淤积部分面积，负值为冲刷部分面积。用户在参数设置框中选定项目和两个测次后，设置好 DEM 边界，即可计算求出冲淤面积。

　　计算流程：如图 6-94 所示。

　　操作界面：如图 6-95 所示。

　　计算结果：如图 6-96 所示。

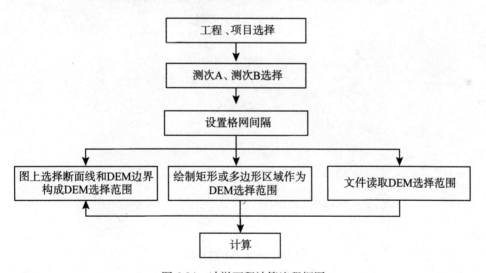

	水位(米)	冲淤量(万立方米)	J101-J100	J100-J99	J99-J98	J98-J97	J97-J96
▶	410	-268.841	18.739	15.311	-2.342	-2.846	-33.4
	405	-209.311	19.005	17.548	0.676	-4.793	-17.694
	395	-146.884	20.177	22.792	4.803	-10.186	-14.287
	385	-137.147	19.055	22.54	5.533	-11.143	-19.604
	375	-137.585	19.527	22.22	6.137	-10.217	-19.094
	365	-132.661	15.996	18.42	3.391	-0.628	-7.297
	355	-104.622	15.542	9.136	0	0.672	-3.098
	345	-57.524	0	0	0	0	0
✳							

图 6-93　冲淤量分级分布计算结果

```
            ┌─────────────────────┐
            │    工程、项目选择      │
            └──────────┬──────────┘
                       ↓
            ┌─────────────────────┐
            │   测次A、测次B选择     │
            └──────────┬──────────┘
                       ↓
            ┌─────────────────────┐
            │     设置格网间隔       │
            └──────────┬──────────┘
        ┌──────────────┼──────────────┐
        ↓              ↓              ↓
┌──────────────┐ ┌──────────────┐ ┌──────────────┐
│图上选择断面线和│ │绘制矩形或多边形│ │文件读取DEM选择│
│DEM边界构成DEM │ │区域作为DEM选择│ │    范围       │
│选择范围       │ │   范围        │ │              │
└──────┬───────┘ └──────┬───────┘ └──────┬───────┘
       └──────────────┐ │ ┌──────────────┘
                      ↓ ↓ ↓
                 ┌─────────┐
                 │   计算   │
                 └─────────┘
```

图 6-94　冲淤面积计算流程框图

（4）断面平均冲淤厚度计算

断面平均冲淤厚度计算可以计算任意断面不同时段（测次）间的平均冲淤厚度。

系统提供窗口选择断面名称或编码、计算时段和计算水位。用户输入计算水位，点击【计算】按钮，系统根据参数设置计算出测次 A 与测次 B 的断面面积，测次 A 与测次 B 的水面宽，断面平均冲淤厚度。

操作界面：如图 6-97 所示。

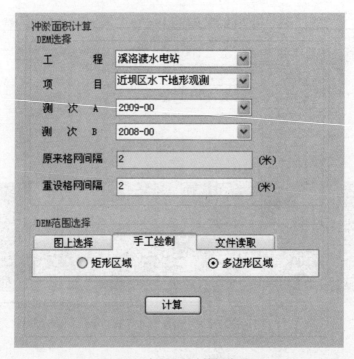

图 6-95　冲淤面积计算操作界面

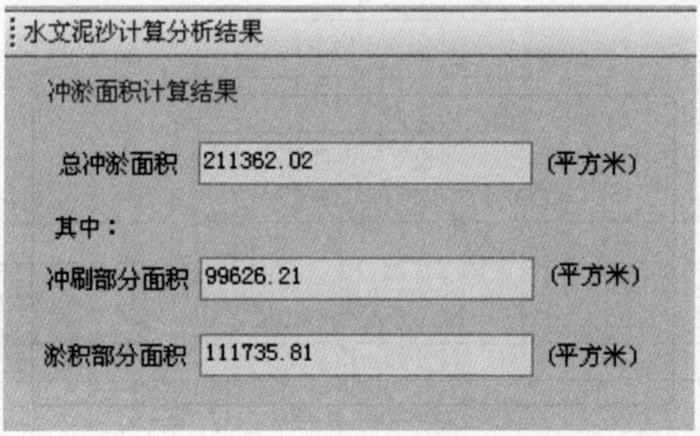

图 6-96　冲淤面积计算结果

计算结果：如图 6-98 所示。

（5）河段平均冲淤厚度计算

河段平均冲淤厚度计算提供计算任意河段不同时段（测次）的平均冲淤厚度的功能。

系统提供窗口选择河段名称（或起始断面名称、编码）、计算时段和计算水位。用户选择工程，项目，河段，测次，断面，选择完毕后，系统将直接计算出最小高程和最大高程供参考，用户输入计算水位，点击【计算】按钮，系统根据参数设置计算出测次 A 与测次 B 的断面面积，测次 A 与测次 B 的水面宽，河段平均冲淤厚度。

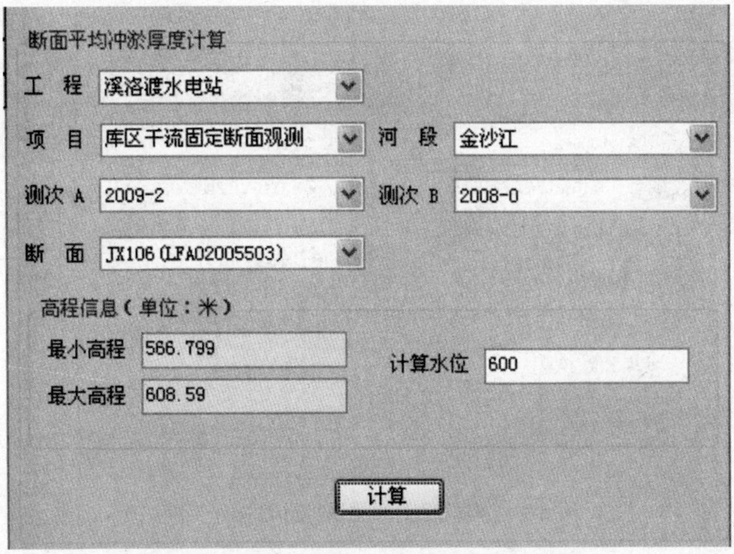

图 6-97　断面平均冲淤厚度计算操作界面

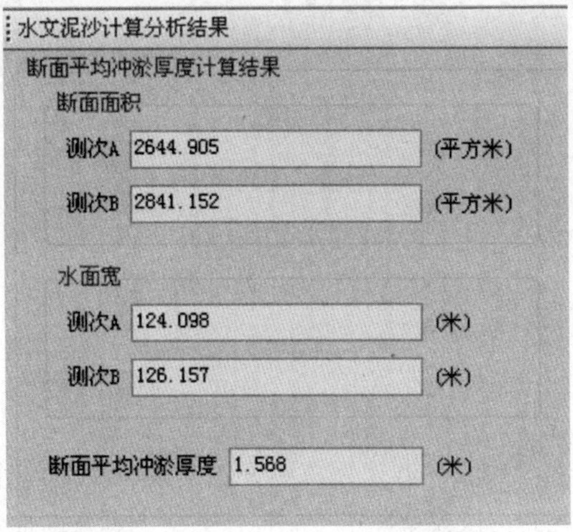

图 6-98　断面平均冲淤厚度计算结果

操作界面：如图 6-99 所示。

计算结果：如图 6-100 所示。

（6）冲淤量沿程分布图

冲淤量沿程分布图：根据断面间冲淤量计算成果和断面绘制冲淤量沿程分布直方图，反映冲淤沿程分布情况。直方图高度表示河段或断面间冲淤量（单位：$10^4 m^3$，冲刷为负值，淤积为正值）；X 轴为河段名称或起始断面名称；Y 轴表示冲淤量大小。河段冲淤量计算见水沙计算子系统。

冲淤量沿程分布图还可以用沿程分级分色图反映冲淤沿程分布情况。分级分色图颜色

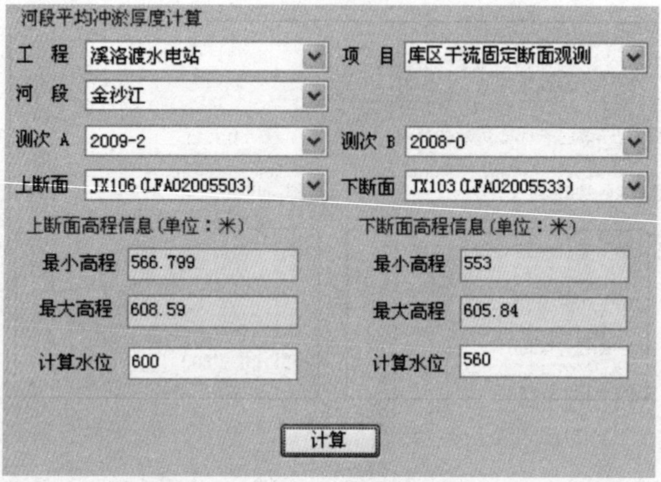

图 6-99　河段平均冲淤厚度计算操作界面

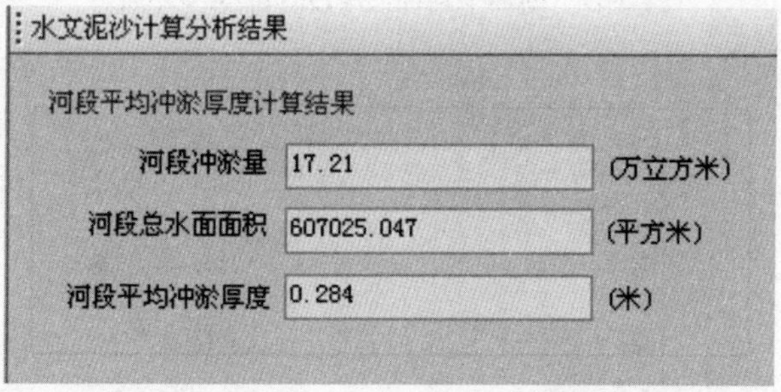

图 6-100　河段平均冲淤厚度计算结果

深浅表示河段或断面间冲淤量的大小（单位：$10^4\,\text{m}^3$，冲刷为蓝色，淤积为红色，颜色越深表示冲淤越大）。

　　界面设计及绘图方法：冲淤量沿程分布图分别实现了按河段计算和按断面计算的功能。按河段计算时，系统到河段模型库中搜索河段对应的起止断面及其公共测次。对起止断面的高程可以指定，如果指定为相等，没有考虑比降；如果指定为不等，考虑了河道沿程比降，比降分摊到沿程各个断面参加计算。按断面计算时，系统搜索所有断面排列在列表框中供选择，选定河段对起止断面及其公共测次后。对起止断面的高程可以指定，如果指定为相等，没有考虑比降；如果指定为不等，考虑了沿程比降，比降分摊到沿程各个断面参加计算。

　　绘图流程如图 6-101 所示。

　　冲淤量沿程分布图绘制操作界面及分级分色图绘制结果：如图 6-102 所示。

　　冲淤量沿程分布直方图绘制结果：如图 6-103 所示。

　　（7）冲淤量-高程曲线图

　　有两种计算方法，一种是断面法，另一种是数字高程模型法。

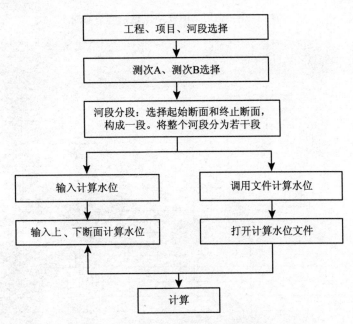

图 6-101 冲淤量沿程分布图绘制流程框图

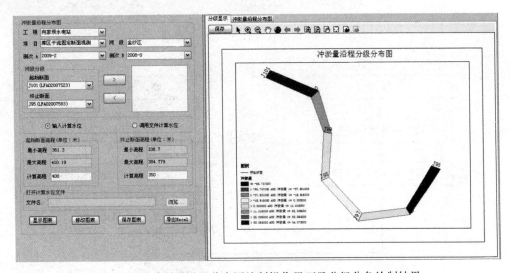

图 6-102 冲淤量沿程分布图绘制操作界面及分级分色绘制结果

①断面法

冲淤量-高程曲线图根据分级高程下冲淤量计算成果绘制冲淤量-分级高程曲线,直观显示冲淤量与分级高程的关系。Y 轴表示计算水位或分级高程(注明基准面);X 轴表示冲淤量(单位:万立方米,冲刷为负值,淤积为正值)。同时提供多测次冲淤量-高程曲线功能。

绘制流程:分为河段画图和断面画图方式两种情况。如图 6-104 所示。

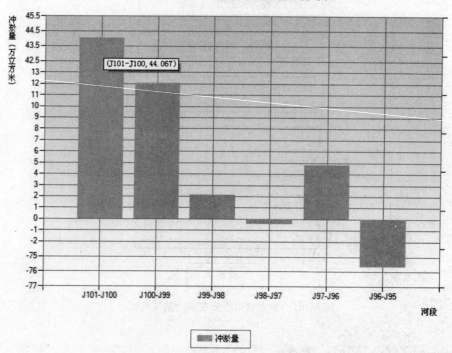

图 6-103　冲淤量沿程分布图绘制结果

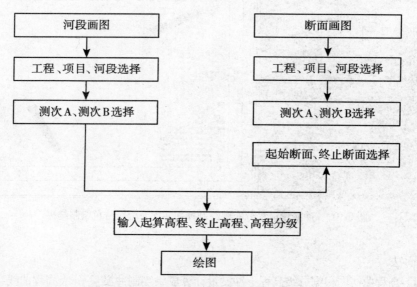

图 6-104　冲淤量—高程曲线图绘制流程框图

操作界面：如图 6-105 所示。

绘制结果：如图 6-106 所示。

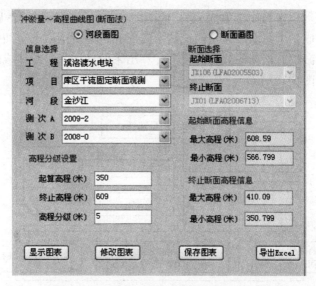

图 6-105 冲淤量—高程曲线图绘制操作界面

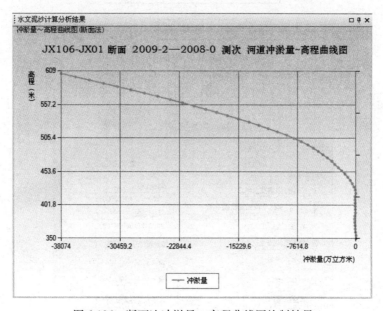

图 6-106 断面法冲淤量—高程曲线图绘制结果

②数字高程模型法（地形法）

界面设计和绘制方法：冲淤量-高程曲线图根据分级高程下冲淤量计算成果绘制冲淤量-分级高程曲线，直观显示冲淤量与分级高程的关系。采用数字高程模型法计算时需要在河道地形图上圈定一个河段范围。然后弹出一个对话框，选择计算参数，包括选择不同的基面，设置计算的起始和终止年份，DEM 网格间距和起始断面高程信息等。选定范围所使用的边界即为计算的边界，把该范围内含高程信息的河道数据（即实测点、首曲线和计曲线数据）提取出来，用于生成 DEM 模型，作为计算的底面，然后将指定的计算高程对应的高程点联成一个曲面作为顶面，两个曲面和边界所围限的空间中冲淤变化量就是该高程下河段的冲淤量。根据各分级高程下计算出来的冲淤量，绘制成曲线。

绘制流程：如图 6-107 所示。

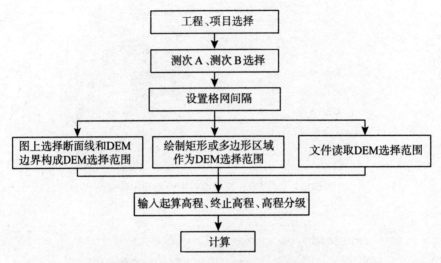

图 6-107　DEM 法绘制流程框图

操作界面：如图 6-108 所示。

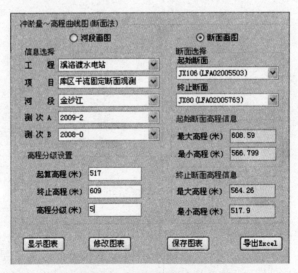

图 6-108　DEM 法操作结果

绘制结果：如图 6-109 所示。

（8）冲淤厚度分布图

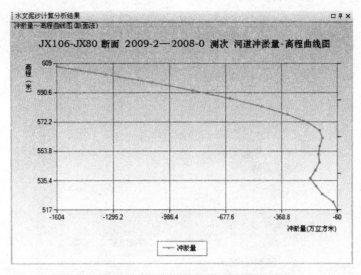

图 6-109 DEM 法冲淤量-高程曲线图绘制结果

采取直线内插等方法计算并绘制冲淤厚度平面分布图,反映冲淤厚度平面分布情况。冲淤厚度计算详细方法见水沙计算子系统冲淤厚度计算功能。冲淤厚度分布图可以分为两种表现形式:其一,等高线图,即通过河段各网格点冲淤厚度数值进行处理,设置等高线间距,生成等高线图,并对各等高线进行标记;其二,冲淤厚度分布彩色显示图,即以不同的颜色来定义不同的冲淤厚度,并提供相应的色标图例说明。

绘制流程如图 6-110 所示。

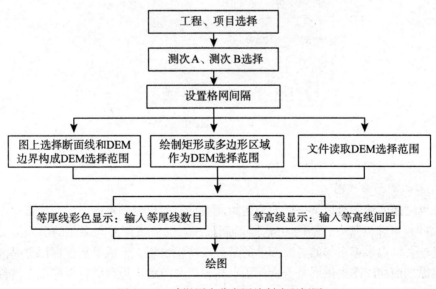

图 6-110 冲淤厚度分布图绘制流程框图

绘制操作界面：如图 6-111 所示。

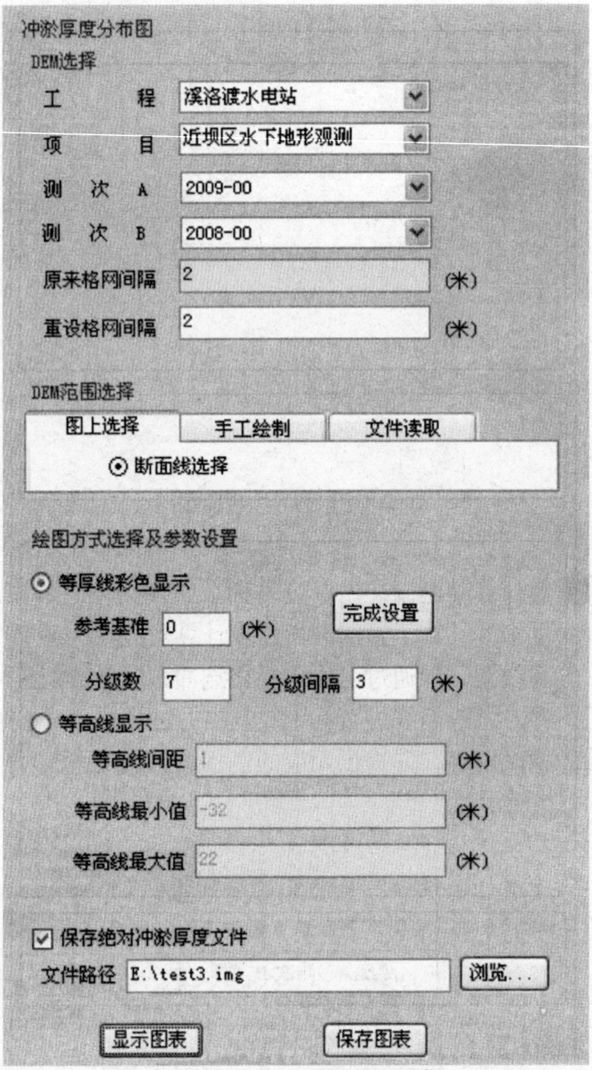

图 6-111　冲淤厚度分布图绘制操作界面

绘制结果：如图 6-112、图 6-113 所示。

4. 深泓纵剖面曲线图

深泓纵剖面曲线图是以某一断面为起始断面，对河道内顺水流方向断面最深点进行搜索（断面间距量算以其中心轴线为准），绘制最深点的分布图并与多年的沿程深泓点位置图进行套绘。可以根据多年的各断面上的最深点搜索绘制，形成沿程的深泓点纵剖面变化图。深泓纵剖面曲线图提供屏幕查询深泓点高程以及距大坝里程值位置深泓点高程的动态显示。

界面设计和绘制方法：对话框界面接收用户交互的参数，对话框中提供断面选择，以

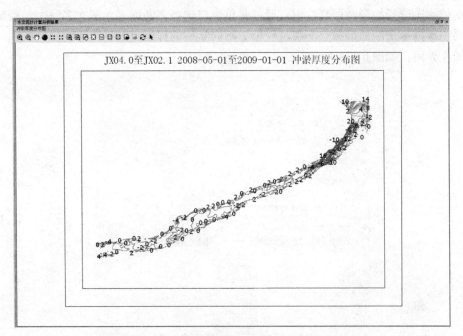

图 6-112 冲淤厚度分布图绘制结果 (1)

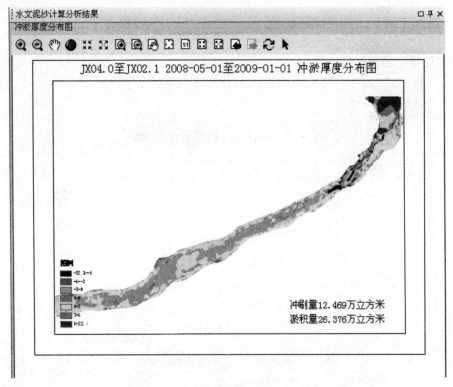

图 6-113 冲淤厚度分布图绘制结果 (2)

及联动的测次选择绘制断面套绘图。通过菜单窗口选择多断面、单测次多测次。绘制图形时，同一年内每个断面最深点不超过一个，不同年份的深泓点数据用不同颜色区别。

操作界面：如图6-114所示。

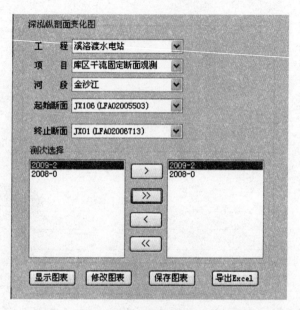

图6-114 深泓纵剖面曲线图绘制操作界面

绘制结果：如图6-115所示。

图6-115 深泓纵剖面曲线图绘制结果

5. 河道任意剖面绘制

河道任意剖面绘制提供了在河道地形图上任意实时绘制或选定已有的固定断面，查断面的纵剖面。

界面设计和绘制方法：通过读取数据库中相应文件名的 DEM 数据。断面线的获取方式有三种：

①在地图上选择一断面线；②在地图上手工绘制一断面线；③在地图上输入两对坐标，构成一断面线。然后输入段数，将断面线等分成若干段，得到断面线上的插值点。

通过断面线上的插值点坐标，获取 DEM 上相应点的高程。通过插值点的起点距与高程，绘制断面图。

绘制流程：如图 6-116 所示。

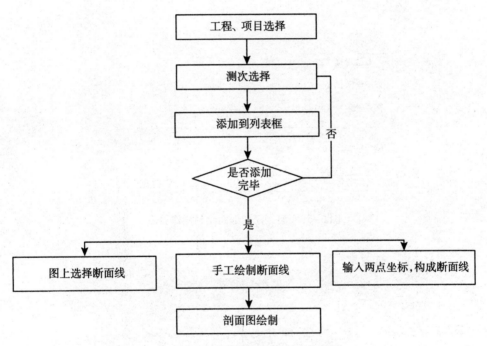

图 6-116　河道任意剖面绘制流程框图

操作界面：如图 6-117 所示。

绘制结果：如图 6-118 所示。

6. 河道演变专题图编绘

河道演变专题图是由原始河道地形图中提取相关的几个图层中的图形要素，组成一个新的忠于原始河道地形图的一个专门说明某种河道演变问题的图。专题图比原始河道地形图集中于一个或几个方面的问题，因此更能说明某方面的问题，更清楚地反映特定河段的平面形状及其变化，为进一步的深入研究提供方便。由于专题图是在原始河道地形图基础上生成的新的图形，所以对其的修改及整理，不会影响原始图的数据。达到了原始数据的统一管理、保存及校对的完整统一。

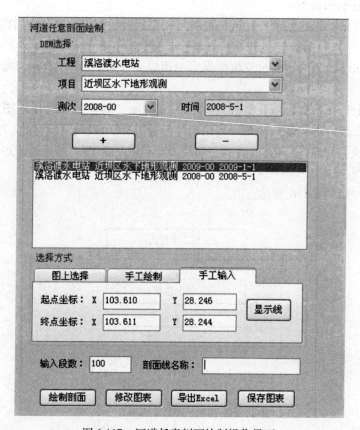

图 6-117　河道任意剖面绘制操作界面

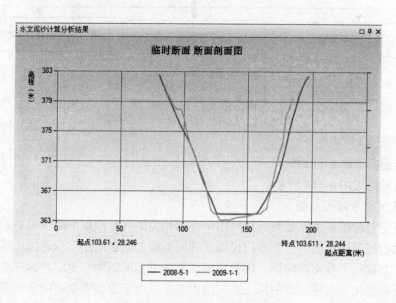

图 6-118　河道任意剖面绘制结果

河道演变专题图绘制流程如图 6-119 所示。

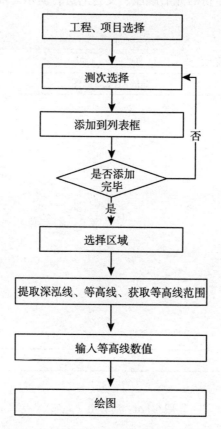

图 6-119　河道演变专题图绘制流程框图

下面以河势图绘制为例详细介绍功能的实现及结果。

河势图绘制功能完成在原始河道地形图上提取和绘制河势图的任务。河势图是河道演变分析中一类重要的图件，是根据最近测次河道地形资料成果编制的，反映河段特定时间平面形态。其中主要的图形要素包括一定河段、一定年份的岸线、洲（滩）、深泓线，断面线，水边线，堤线等，图形能够反映一定时间特定河段的平面形态。绘图的依据是相应年份的原始河道地形图，所以要编绘该类图件首先需要在系统地图上圈定绘图范围（或者使用特殊图幅调度功能，指定范围），并指定绘图时间，从图形库中提取相应河段的矢量图作为编绘底图的基础，由于该图只反映一个年份的河道形状，绘图时图形工作工程中应该有且只有一年的河道地形图。

功能的具体实现方法：把工程中河道地形图中水边线层、断面线层、深泓线层、岸线层、堤线层等 5 个图层中满足编绘河势图条件的图形对象搜索出来，写入到一个专题图图幅中。其中线型保持与原始地形图的完全一致，颜色采用按赤、橙、黄、绿、蓝、靛、紫的顺序来进行处理，并且根据河段和时间信息等在专题图图幅中生成相应的图名、图例。这种编绘方式，是完全基于原始图生成的专题中提供了对专题图的放大、缩小、移动、前

221

视图、后视图等操作，提供了保存专题图为图片的功能。在专题图界面上还提供了动画功能，用于对多年的岸线以年份的先后顺序、交替的进行演示。如图 6-120 所示。

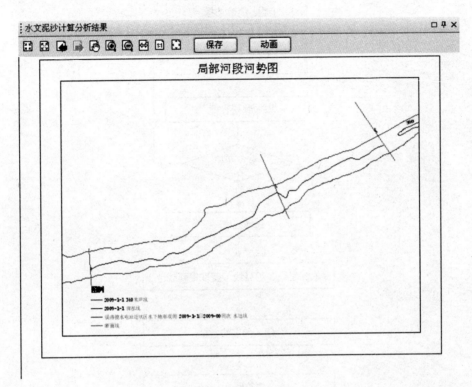

图 6-120　河势图（局部）

6.4.5　泥沙预测数学模型

泥沙预测数学模型模块是金沙江水文泥沙信息系统的核心子模块之一，其研究有三方面任务：

（1）模型管理功能的实现

模型管理功能主要包括对模型库内模型的分类、增加、删除、查询、修改和调用等操作，此部分功能的处理对象是"模型"，各功能通过"模型库管理模块"实现。

（2）模型应用功能的实现

模型应用功能即"模型管理功能"中的"模型调用"功能，此部分功能的处理对象是"数据"，不同模型的调用过程有不同操作，研究过程需在子系统功能划分中另分一类。

（3）泥沙预测数学模型模块与"金沙江水文泥沙信息系统"的集成

上述（1）和（2）两部分功能均需通过泥沙预测数学模型模块的模型库功能模块实现，在系统开发过程中要将本模块的模型库模块与金沙江水文泥沙信息系统集成。

泥沙预测数学模型模块提供模型库功能和一维泥沙计算相关功能，模型管理功能主要包括对模型库内模型的分类、增加、删除、查询、修改和调用等；一维泥沙计算相关功能包括 ZAB 关系拟合与显示、糙率拟合与显示、清水（定床）计算与显示、一维非均匀沙不平衡输沙计算与显示等。

泥沙预测数学模型模块的结构与功能如图 6-121 所示，其中：模型库管理功能将以模型分类树和模型管理用户接口界面实现；

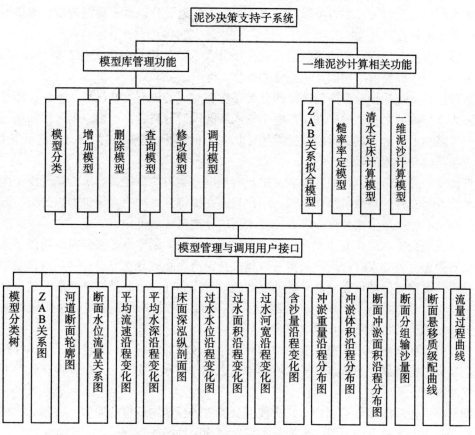

图 6-121　泥沙预测数学模型模块功能框图

ZAB 关系拟合功能绘制：

（1）断面 XY 概览图和单一大图；

（2）断面 ZAB 关系概览图和单一大图。

糙率率定模型绘制：参考断面水位流量关系图。

清水（定床）计算模型绘制：主要包括平均流速沿程变化图、平均水深沿程变化图、过水水位沿程变化图、过水面积沿程变化图、过水河宽沿程变化图、床面深泓剖面图、流量过程曲线图等。

一维泥沙计算泥沙模型绘制：主要包括平均流速沿程变化图、平均水深沿程变化图、过水水位沿程变化图、过水面积沿程变化图、过水河宽沿程变化图、含沙量沿程变化图、冲淤重量沿程变化图、冲淤体积沿程变化图、断面分组输沙沿程变化图、床面深泓剖面图、悬移质级配曲线图、流量过程曲线图等。

1. 模型库管理功能

（1）模型分类

模型分类提供的功能满足了用户自定义模型类别的需求，保证了模型管理的层次更加清晰，便于模型使用。

水利模型可以分为：水力学模型、水文模型、规划设计、洪水预报调度、水资源配置与调度和水库调度等几类。

功能与方法：模型分类功能包括新建模型分类、修改模型分类名称、删除模型分类，浏览分类，调整分类树结构以及还原分类操作。

新建模型分类是指根据当前选择的分类层次在对应的树节点处显示文本框，接受开发用户输入新分类的名称。用户在文本框中输入新的模型分类名称。用户确认添加新输入的模型分类名称后系统尝试更新模型分类树，加入新的模型分类，并为该分类进行初始化，最终更新模型分类树的显示。

修改模型分类名称，目的在于满足用户对模型分类树的自定义需求。基于模型库对分类树的修改与文件的重命名操作类似，用户只需在模型分类树中右键单击该分类对应的节点，然后从右键菜单中选择重命名，再输入新的分类名称即可。

删除模型分类就是在模型库管理系统的使用过程中，删除不必要分支的功能。基于模型库删除模型分类分支时，用户只需右键单击选定需删除的分支节点，再从右键菜单选择删除分类，确定之后即可完成对分类分支的删除工作。在一个分类被删除后，这个分类将会被移动至"已删除"节点中，如果删除有误，可以通过"还原分类"操作撤销删除操作，被还原的分类将恢复至其原有位置。

展开分类的功能应用于模型分类树的分支路径较深的情况，对此情况，可以在模型分类树上鼠标右击待展开的节点，再从右键菜单中选择"展开分类"，即可将此分类下的所有分支均展开。

调整分类树功能满足了用户对已有模型分类树进行结构调整的需求。调整分类树结构包括移动某个分类分支的位置、变换分类层次结构两种操作。

操作流程：如图 6-122 所示。

操作界面：如图 6-123 所示。

对模型分类的增、删、改等操作界面如图 6-124 所示。

（2）添加模型

添加模型功能为系统提供了可扩展性，此功能允许用户将模型文件交由模型库管理，添加模型过程需按系统提示输入模型的必要信息，诸如函数接口，功能描述等。

功能与方法：在添加新模型时，操作人员需提供新的水利模型的基本信息，包括水利模型名称、水利模型编写人员姓名、水利模型编写时间、水利模型简要说明等文字信息等，另外还需提供水利模型的相关文件信息，其中包括模型执行文件 .exe 或动态链接库文件 .dll 路径及文件名模型参数信息，sim 文件路径及文件名等，以及一些水利模型调用时的参数信息，其中包括类名，主函数名等。

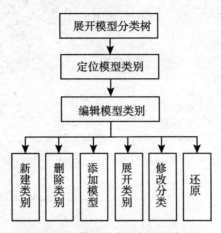

图 6-122　模型分类编辑流程框图

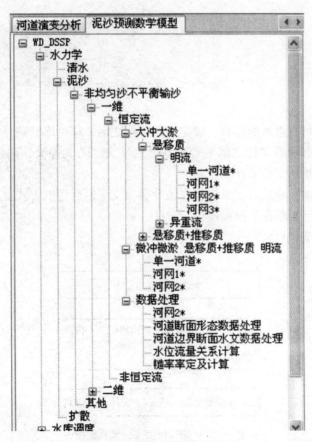

图 6-123　模型分类树操作界面

　　用户欲添加模型时，必须在系统界面的模型分类树上选择一个节点作为该模型的分类，此步工作完成后，才能够继续选择添加模型操作，此时系统给出清晰的交互界面，指

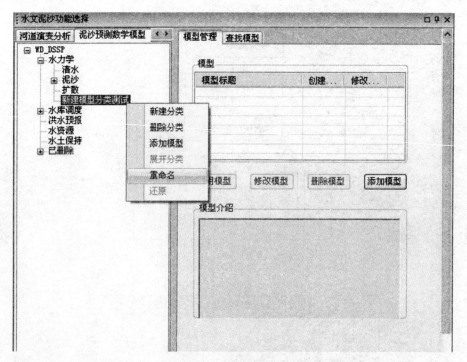

图 6-124　修改模型分类

引用户操作去选择将要添加的模型，确定所选模型之后，模型库管理系统将检查该模型的文件与模型库中现有模型文件之间是否存在命名冲突，若无冲突，则将该模型添加（拷贝）到模型库中对应的文件夹中。

当一个模型添加成功之后，系统将在该分类分支下以合适的方式显示出该模型的指示图标，表示该模型已经存在于模型库中。

操作流程：如图 6-125 所示。

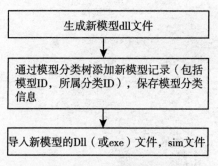

图 6-125　添加模型操作流程框图

操作界面：如图 6-126 所示。

操作结果：如图 6-127 所示，是通过模型库添加模型功能添加新模型后的效果图。

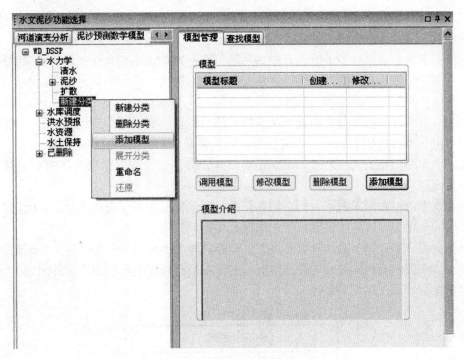

图 6-126　添加模型操作界面

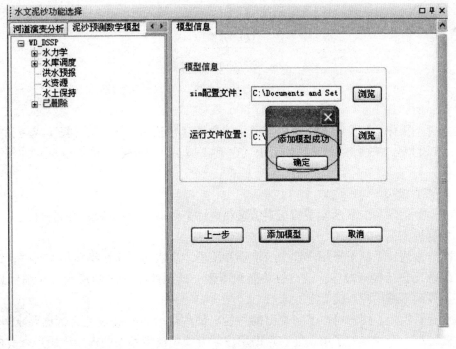

图 6-127　添加模型示意图

（3）删除模型

对于不符合要求或者存在 bug 的模型文件，可以通过"删除模型"功能从金沙江水文泥沙模型库管理系统中将其删除。

功能与方法：删除模型的操作，包括从模型库中删除该模型文件夹，从该模型所属分类的模型列表中删除该模型的图标，并从程序界面上删除该模型的其他相关显示信息等内容。

用户应首先通过模型分类树或查找模型功能定位该模型，选中待删模型后，从模型管理界面单击【删除模型】按钮，系统便会尝试从模型库中将该模型彻底删除。

除了删除模型相关文件之外，系统还要从模型分类记录文件中删除该模型记录信息，以保证系统的一致性。

删除模型的界面简单明了，便于用户操作，删除模型前系统弹出提示，询问用户是否真的要删除该模型，以防止误删模型的情况发生。

系统会保证删除模型操作具有原则性，即删除时要么将模型相关文件全部删除，要么全不删除，不能出现删除部分文件的情况，避免在运行过程中出现诸多意外问题。

操作流程：如图 6-128 所示。

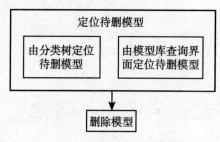

图 6-128　删除模型操作流程框图

操作界面：如图 6-129 所示。

删除模型操作，将全部删除水利模型相关文件（包括 sim 及可执行程序或动态链接库文件）。在模型分类文件中删除模型记录（包括模型 id，所属分类 id 等信息）并保存模型分类文件。

（4）查看模型

查看模型信息功能显示模型的基本信息和属性，帮助用户了解模型的特性，为选择适合的模型提供依据。

功能与方法：系统对于用户选中的待查看模型，会快速关联该模型相关文件，读取模型各类信息（包括模型内容、模型的功能和用途、模型使用算法和参数等详细信息）并显示在主界面上供用户查阅。

通过查看模型，用户可以了解模型的用途、使用场合、参数设置、数据要求等信息，从而对模型有一个初步的了解，能够帮助用户学习使用模型库中的模型。用户查看模型说明信息时，程序通过说明文档窗口向用户展示保存在模型文件夹中的模型说明文件，系统

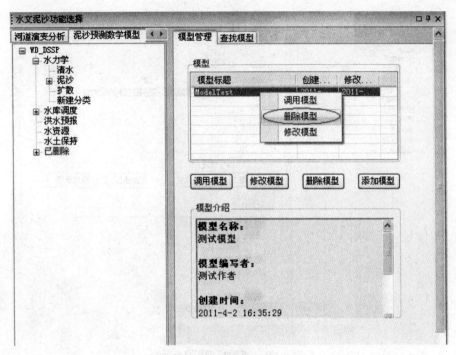

图 6-129　删除模型操作界面

从模型库读取说明文件数据，并在用户界面上展示给用户，如果模型库中该模型的模型文件夹中未存放说明信息文件或者文件受损，系统会给出无法显示说明的错误提示。另外需要注意的问题有两点，一是需要保证模型与模型信息说明文件的正确匹配，二是尽可能通过生动形象的方式向用户展示该说明信息。

查看模型功能仅向用户展示该模型的说明信息，不允许用户进行任何改动操作，对模型库不会产生影响。

操作流程：如图 6-130 所示。

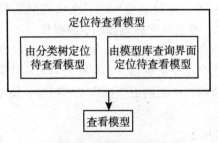

图 6-130　查看模型流程框图

操作界面：如图 6-131 所示。

（5）修改模型

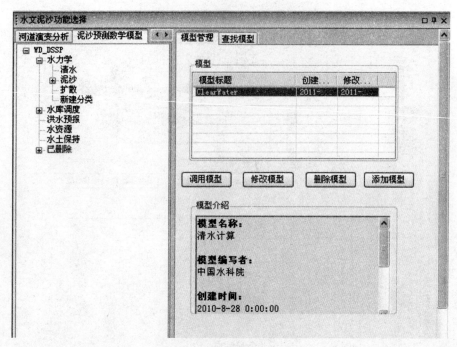

图 6-131　查看模型操作界面

模型的修改亦即模型的更新，此功能满足用户更新模型库中的模型及其描述信息的需求。在更新模型信息时，用户可以为模型添加或修改备注，为日后用户了解模型提供更全面的信息。

功能与方法：当模型添加到模型库中后，在使用过程中若发现其存在问题，或者有其他进行模型更新的原因，就会产生更新模型的需求。更新模型包括更改模型名称和更新该模型文件夹中包含的文件，更新文件又包括更新模型可执行程序（或动态链接库）和更新模型说明信息文件等。

更新模型的第一步是定位模型，可以在模型分类树的对应分支下定位模型，也可以通过"查找模型"功能定位模型。定位到模型后，在该模型上右键单击，而后从弹出的右键菜单中选择"更新模型"，然后再实施具体的更新操作。

更新模型操作要具有原则性和崩溃恢复机制，模型文件夹中某个需要更新或修改的文件要么整体得到更新，要么全部未被更新，不存在更新某一块的情况。同时，系统应保证在发生系统故障或系统崩溃时，中断的更新操作能够回滚，使模型库恢复到更新之前的状态。

操作流程：如图 6-132 所示。

操作界面：如图 6-133 所示。

更新模型信息操作成功完成包括以下几点：

更新模型相关文件，确保先删除水利模型原有相关文件（包括 sim 和可执行程序或动态链接库文件），并将新文件拷贝到系统指定文件夹中。更新文件操作具有原则性，保证

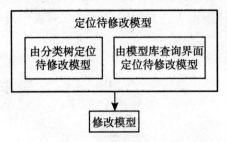

图 6-132 修改模型流程框图

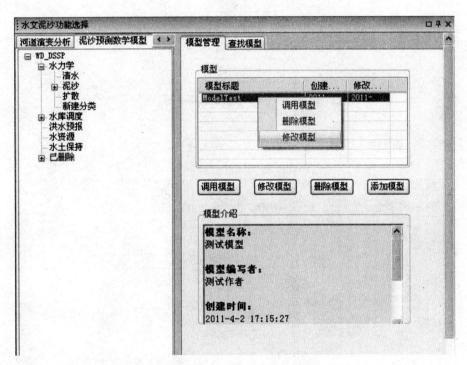

图 6-133 修改模型界面（1 选定待修改模型）

系统一致性。

更新模型相关信息，将更新内容保存到相关文件。

（6）查找模型

用户可以按照模型名称，创建时间，属性值等条件在模型库中查询到所需的模型。

功能与方法：当模型库中的模型分类较细、模型数量较多时，用户使用过程中可能不能清楚地确认某个模型所在的分类，或者不确知某模型的用途，此时需要系统提供查找模型的功能。在设计系统时，经权衡，制定出几种合理有效的查询条件类型，即模型的作者，模型的创建时间等。

在用户选择查询模型功能后，系统给出简洁易用的操作界面，由用户选择查询类型，在用户输入查询条件后，系统根据此条件在模型库中查找满足条件的模型，并返回查询结果列表，列表中的每一项都应以合适的方式包含该模型更精确的说明信息。同时每一个查询结果项都应能够链接到该模型上，方便用户直接在列表中选定某模型继续下一步的操作。

查找模型不会改动模型库，设计过程中着重考虑了用户界面的友好性，并考虑了查询处理的有效性。查询处理的设计是查询模型功能的核心。

操作流程：如图 6-134 所示。

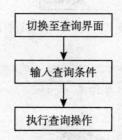

图 6-134　查询模型操作流程框图

操作界面：如图 6-135 所示。

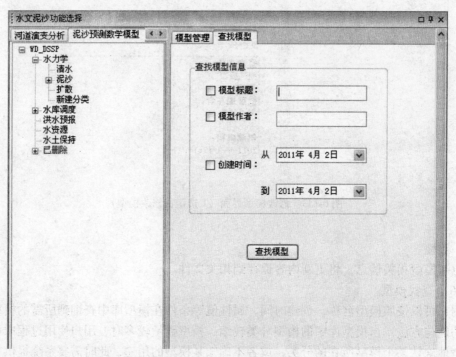

图 6-135　查找模型（输入查询条件）界面

（7）调用模型

模型调用是模型库管理系统的核心功能之一。此功能使用户能够选定模型库中的某个模型，按照模型本身的方式在管理系统中运行，是系统开发的主要目标。在模型库管理系统中，模型的计算方法和计算过程不需要也不能改变，但是需要系统能够自动展示该模型特定的运行操作界面，在该界面上包含该模型所需要的参数的设置、输入数据的选择、运行控制、输出结果的查看等功能。

功能与方法：不同模型有不同形式的参数设置界面，在泥沙预测数学模型模块的研发中，共实现了四类一维泥沙计算相关模型的参数设置界面，由于模型库本身有添加模型的可扩展性，在以插件形式添加新的模型后，系统内的参数设置界面对相应于不同模型而存在不同的形式。

模型运行过程是以金沙江水文泥沙信息系统数据库作为数据源。各类模型的输入数据，是依据用户在程序界面上设置的限定条件，生成 SQL 语句后直接由数据库查询获取的。随着金沙江水文泥沙信息系统数据库的日益充实，可以用于模型计算的数据也将日益完善，数据的完整性是各类计算模型分析结果合理性的基础。

输出结果查看：模型计算的原始结果通常是一些数据文件，缺乏直观性。输出结果查看功能将输出数据以表格、图形等形象的方式展示，使用户更好地获得计算结果所表达的信息。在模型成功运行后，系统将自动切换至计算结果展示界面，窗口分为两部分，左侧为成果图表设置区，右侧为成果图表绘制区。用户可以在此界面上更直观地查看计算结果，同时可以保存和打印图形显示结果。

系统保证模型运行的稳定性，若在运行过程中出现问题，系统将及时给予用户错误提示。运行模型是一个严格的过程，需要用户根据自己的专业知识选择合适的输入文件、检查输入数据的合理性和判断输出结果的正确性，系统能够提供的只是一些辅助和支持。总的来说，运行模型是典型的利用计算机辅助决策的过程。

单一模型的调用利用了 .Net 的反射机制。反射（Reflection）是 .Net 中的一种重要机制，通过反射，可以在运行时获得 .Net 中每一个类型（包括类、结构、委托、接口和枚举等）的成员，包括方法、属性、事件以及构造函数等。还可以获得每个成员的名称、限定符和参数等。有了反射，即可对每一个类型了如指掌。如果获得了构造函数的信息，即可直接创建对象，即使这个对象的类型在编译时还不知道。反射提供了封装程序集、模块和类型的对象。可以使用反射动态创建类型的实例，将类型绑定到现有对象，或从现有对象获取类型并调用其方法或访问其字段和属性。如果代码中使用了属性，可以利用反射对它们进行访问。

操作流程：如图 6-136 所示。

2. 泥沙预测预报功能

（1）ZAB 关系拟合模型

功能与方法："ZAB 关系拟合模型"中的 Z 为水位分级值，A 为过水面积分级值，B 为过水河宽分级值，此模型由河道断面线各高程点的左岸起点距 x 和高程值 y 数据拟合不同水位分级值 Z 与过水面积 A 及过水河宽 B 函数关系。在糙率率定模型、一维清水计算模型和一维泥沙计算模型中，均需使用本模型拟合的 ZAB 关系。

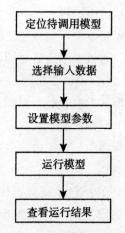

图 6-136　调用模型操作流程框图

$$\begin{cases} Z=Z\ (x,\ y) \\ A=A\ (Z) \\ B=B\ (Z) \end{cases} \qquad (6\text{-}1)$$

式（6-1）中，x 和 y 分别为断面高程点的左岸起点距和高程值。

ZAB 关系拟合模型的输入文件为选定河段各断面高程点的左岸起点距和高程值对，输出文件为各断面的 ZAB 值。

操作流程：如图 6-137 所示。

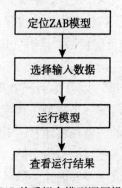

图 6-137　ZAB 关系拟合模型调用操作流程框图

操作界面：如图 6-138、图 6-139 所示。

结果查看：如图 6-140 所示。

（2）糙率率定模型

糙率率定模型根据数据库内的地形、水位、流量等实测数据，率定研究河段的糙率值。率定所得河段糙率用做一维清水模型、一维泥沙计算模型的初始河段糙率。

糙率值是河道粗糙程度的反映，此值对于不同床面条件有较大差异。糙率值是否合

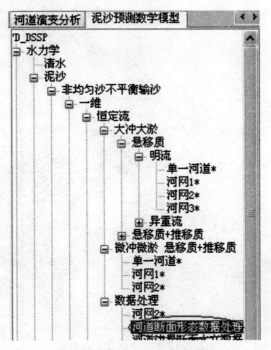

图 6-138 定位 *ZAB* 关系拟合模型

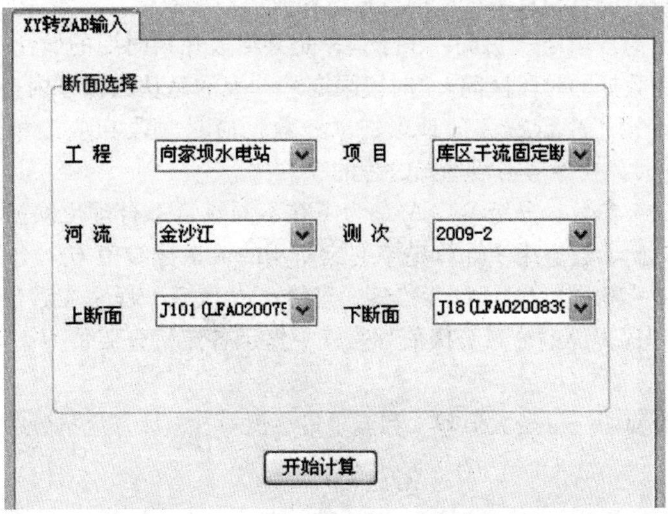

图 6-139 *ZAB* 关系拟合模型（输入数据选择）

理，关系到河段流速的计算是否合理，对糙率值的率定，要根据河段的典型流量条件试算，程序已实现根据用户选定的试糙河段自动率定糙率的功能。

功能与方法：首先要进行"河段选择"。"河段选择"过程需要用户设定河段的"工程"、"项目"、"河流"、"测次"、"入口测站"、"出口测站"等信息。河段选择完毕后，

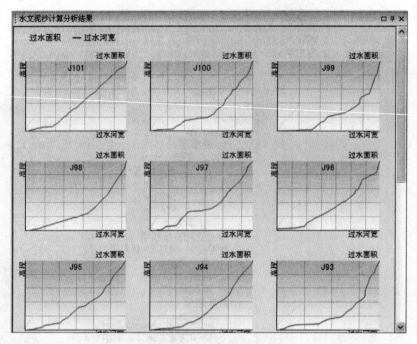

图 6-140　断面 ZAB 关系概览图

运行模型时，程序可以自动从数据库内查询试糙所用地形数据。

其次要确定"时段限定"区间，由于糙率是某河段在某时期的属性，在选定河段后，需要指定率定所用数据的时段区间。"时段限定"约束的是从数据库内查询的水位、流量数据的施测时间。用于率定糙率的地形、水沙数据应是时段相应或相近的，因此确定"时段限定"区间时，要参考河段选择过程的"测次"。

然后要确定分级参数。分级参数 N 是为了在不同流量下合理反映河段滩槽糙率而由用户给定的参数，此参数值用于计算糙率率定所用的流量分级值 Q_i。分级参数 N 为一整数值（一般可取 4～10，大小由用户确定）。当给出 N 值后，程序在后台计算率定用流量分级值 Q_i，并在程序界面的流量分级值列表框中显示各流量分级值 Q_i。程序自动计算 Q_i 的方法如下：

取入口种子断面的流量最大值 $Q_{\max}$ 和流量最小值 $Q_{\min}$，计算流量分级值的公差 ΔQ

$$\Delta Q = \frac{Q_{\max} - Q_{\min}}{N-1} \tag{6-2}$$

以 $Q_{\min}$ 为首项，以 ΔQ 为公差，计算流量分级值 Q_i，即

$$Q_i = Q_{\min} + (i-1)\Delta Q \tag{6-3}$$

然后要"过滤参考断面"，所谓"参考断面"，是数据库内有流量和水位数据的断面，这些断面是糙率率定所需的分级水位值的数据源。

"过滤参考断面"后，程序从后台逐断面检测潜在的"参考断面"，并根据过滤结果，将选定的河段分为若干"待率子河段"，并最终在用户界面的"待率河段"列表中给出各

子河段信息。这些子河段划分可以由用户自定义，但建议最好使用默认的划分，以保证各河段的糙率的合理性。

操作流程：如图 6-141 所示。

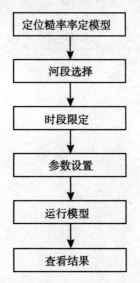

图 6-141 糙率率定模型调用操作流程框图

操作界面：如图 6-142 所示。

图 6-142 糙率率定模型输入数据选择与参数设置

结果查看：如图 6-143 所示。

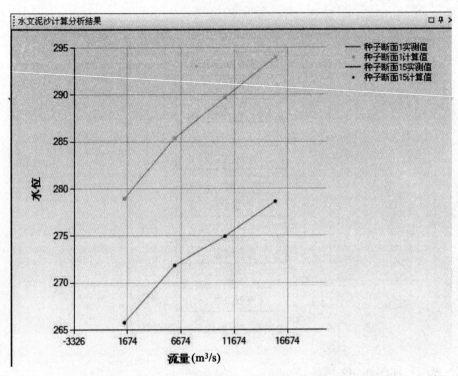

图 6-143 参考断面水位流量关系曲线

用户生成所需图形后，成果图片可以保存成文件或复制到其他文档。

（3）一维清水计算模型

一维清水计算模型可以用于计算指定河段定床条件下的水流运动情况，此类模型可以用于计算不同工程方案对指定河段的水流影响。

一维清水模型的计算结果有，特定时段各断面的平均流速、平均水深、深泓高程值、水位值、过水面积、过水河宽、流量等。

操作流程如图 6-144 所示。

操作界面：如图 6-145、图 6-146 所示。

结果查看：如图 6-147 所示。

（4）一维泥沙计算模型

功能与方法：一维泥沙计算模型可以用于计算指定河段动床条件下的水流泥沙运动情况。此类模型可以用于计算不同工程方案研究河段的水流泥沙运动状态及床面冲淤变化。

一维泥沙计算模型的计算结果有：特定时段河段的含沙量、淤积重量、淤积体积、冲淤面积、糙率、平均流速、平均水深、深泓、水位、过水面积、过水河宽、流量、悬移质级配、床沙级配、床沙冲淤厚度、断面调整尺寸等。

操作流程如图 6-148 所示。

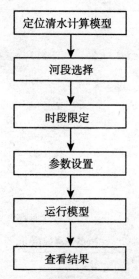

图 6-144　清水计算模型调用操作流程框图

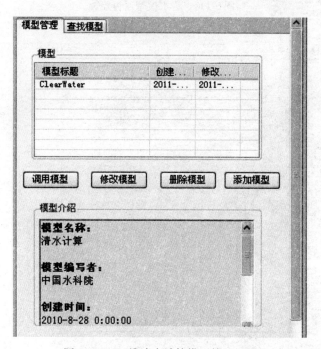

图 6-145　一维清水计算模型管理界面

操作界面：如图 6-149 ~ 图 6-151 所示。

在参数设置界面上，这三组参数均已被赋予了默认值，各组参数的意义如下：

1）计算相关参数

挟沙能力系数 k：即式（6-4）中的系数 k，此值一般可以取 0.03，此值越大，则水

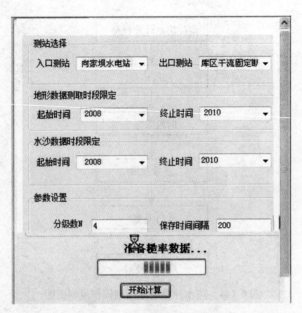

图 6-146　清水模型运行监控

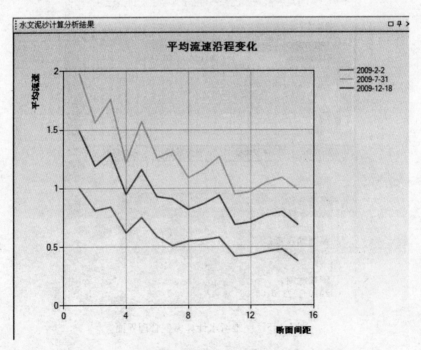

图 6-147　清水模型计算的平均流速沿程变化套绘图

流挟沙能力越大。

$$S^* = k\left(\frac{V^3}{h\omega}\right)^{0.92} \tag{6-4}$$

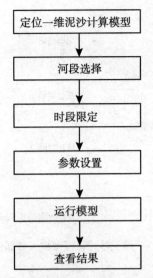

图 6-148　清水计算模型调用操作流程框图

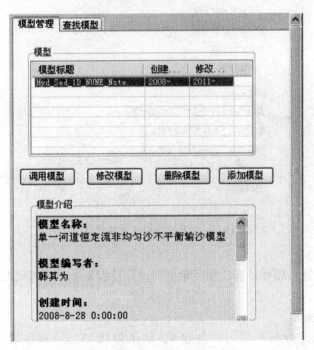

图 6-149　一维泥沙计算模型管理界面

保存时段间隔：整数值，默认为 20。若设置此值为 N，则计算过程中每 N 个时段便保存一次计算结果。

循环轮次数：整数值，默认为 1。一维泥沙模型可以典型年的水沙系列为周期，对研

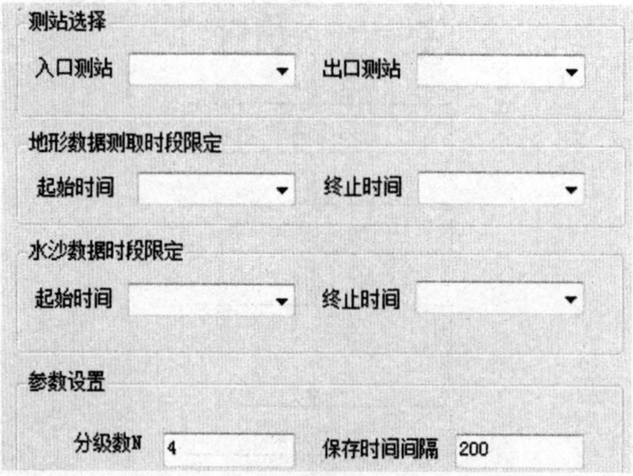

图 6-150　一维泥沙计算模型输入数据选择界面

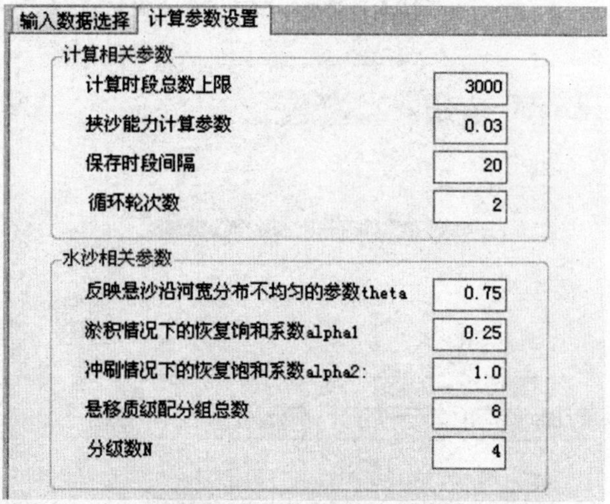

图 6-151　一维泥沙计算模型参数设置界面

究河段的水沙运动进行循环计算，循环轮次即计算过程需要循环的周期数。可以根据用户需要自定义。

2）水沙相关参数

反映悬沙沿河宽分布不均匀的参数 θ：默认为 0.75。经验参数，对于顺直河道取 0.75，对于水库及胃状河道取 0.25。

冲刷情况下的恢复饱和系数：默认值为 1.0。恢复饱和系数即式（6-5）中的 α 值

$$\frac{\mathrm{d}S_l}{\mathrm{d}x}=-\frac{\alpha_l\omega_l}{q}\left(P_{4.l}S-P_{4.l}^*S^*\right)\tag{6-5}$$

式（6-5）中下标 l 表示泥沙分组号，x 是水流纵向坐标，$P_{4.l}$ 是含沙量级配，$P_{4.l}^*$ 是挟沙能力级配，S 是含沙量，S^* 是挟沙能力。恢复饱和系数 α 越大，则 S_l 向 S^* 恢复的速度

越快。对于冲刷过程，此值一般取 1，对于淤积过程，此值一般取 0.25。

　　淤积情况下的恢复饱和系数：默认值为 0.25。其意义与冲刷时的恢复饱和系数相同。

　　悬移质级配分组总数：非均匀沙分组数，默认为 8。

　　分级参数：率定糙率的水位分级值，与前文中糙率率定模型的分级参数意义相同。

　　3）地形相关参数：

　　断面类型：默认值为 1，不可更改。

　　断面稳定河宽类型：默认值为 0，不可更改。

　　断面淤积分层类型：默认值为 0，不可更改。

　　地形相关参数目前不可设置，为日后升级用参数。

　　结果如图 6-152 所示。

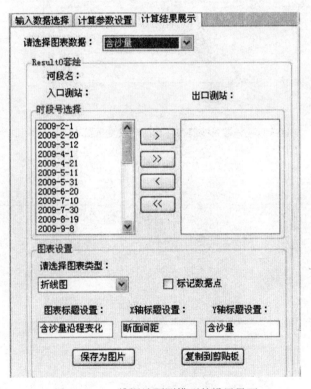

图 6-152　一维泥沙预测模型的设置界面

　　一维泥沙预测模型计算所得不同物理量的成果图如图 6-153 所示。

　　一维泥沙模型输出的断面分组输沙量折线图如图 6-154 所示。

　　用户可以通过如图 6-155 所示的绘图设置界面设置所绘图形的时段号、断面号、图表类型，并可以根据需要对图表标题、坐标轴标题等进行自定义。

　　如图 6-156、图 6-157 所示，是断面分组输沙量的不同类型成果图。

　　以上各图，用户均可在版面视图中对相关图进行放大，缩小，全图显示等简易操作，并可以将成果图以选定的格式保存为本地文件，也可以将成果图复制到剪贴板。

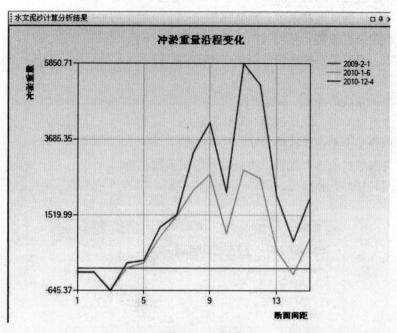

图 6-153　一维泥沙模型计算的冲淤重量沿程变化套绘图

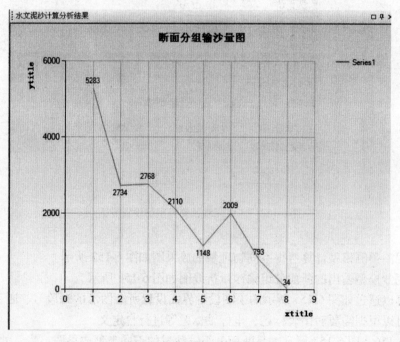

图 6-154　断面分组输沙折线图

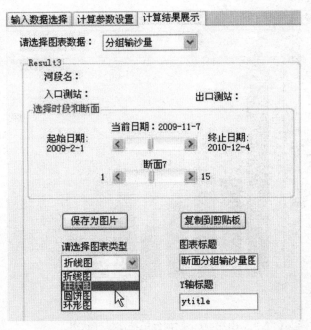

图 6-155　断面分组输沙成果图设置界面

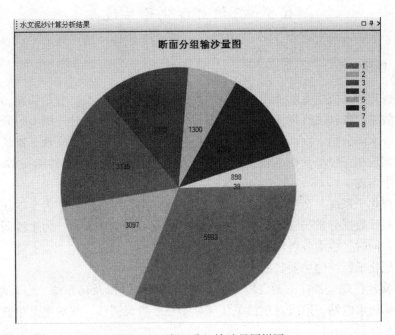

图 6-156　断面分组输沙量圆饼图

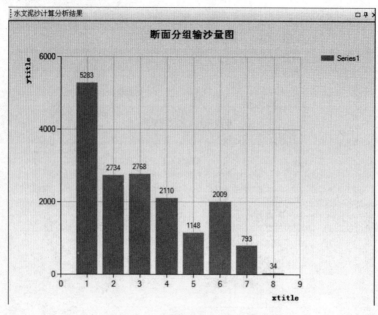

图 6-157　断面分组输沙量柱状图

6.5　三维可视化子系统

6.5.1　概述

三维可视化子系统主要功能是提供海量数据浏览以及三维 GIS 分析功能，包括：海量地形与影像数据的各种飞行浏览；部分三维特效要素的实现；各种三维 GIS 分析，例如地形因子分析、水淹分析、剖面分析、通视分析、开挖分析，等等；实现三维场景与多媒体信息结合；实现在三维场景中的快速定位和查询。该模块中的主要功能在 GeoGlobe 三维可视化组件中实现。

三维可视化子系统是金沙江水文泥沙信息系统的重要组成部分，为金沙江下游梯级水电站的水文泥沙数据分析与管理提供最直观的数据分析和结果展示，为水沙调度提供快捷直观的平台，同时，也为各级领导决策提供辅助工具。

三维可视化子系统的主要目的和设计思想是：

（1）真实地再现金沙江下游江段及沿岸的地形地貌，以及乌东德、白鹤滩、溪洛渡、向家坝四个梯级水电站，形成对项目关注区域的三维景观浏览，并对重点建筑进行三维建模。

（2）在三维场景下，提供基于三维数据的几何分析功能，包括量测、剖面分析、通视分析及开挖分析等，直观地计算泥沙几何形状数据，以便于泥沙淤积量的分析和泥沙整治措施的实施。

（3）三维场景的浏览、定位，叠加地理要素的信息查询显示及统计。

（4）提供友好的操作界面，将所有功能有机地结合到一起。

5）尽量实现与金沙江下游泥沙分析主系统的无缝结合。

三维可视化子系统的主要流程如图 6-158 所示。

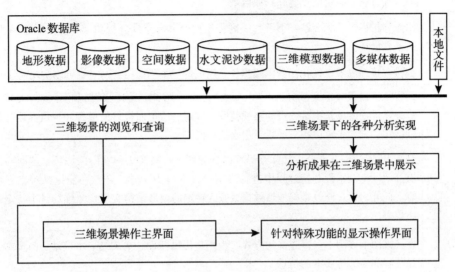

图 6-158　主要流程框图

三维可视化子系统从 Oracle 中读入数据（少量数据从本地文件中输入），一些基本的本地空间数据直接显示在三维场景中，并提供各种方式的查询；而三维分析功能在基础数据库的支持下进行各种计算分析，并将分析的结果以三维空间数据的形式展示在三维场景中。如表 6-3 所示。

表 6-3　　　　　　　　　　　　模块功能描述

模块名称	功能描述
大区域漫游	支持任意大图形、大图像的自动浏览显示，可以进行大场景三维快速漫游。可以对当前视图窗口中场景进行放大、缩小操作、实时缩放操作、平移操作。并可以将当前场景恢复到初始状态。旋转操作能实现自由旋转、绕 X 轴旋转、绕 Y 轴旋转、绕 Z 轴旋转等。方便快速地切换各种视角：俯视、仰视、左视、右视、前视、后视等。提供浏览鹰眼显示功能，用于标识当前视点在场景中的位置
快速定位与查询统计	系统可以进行三维场景的快速定位，定位方式有：名称定位、坐标定位、用户自定义热点定位等方式
多种地图要素叠加显示	多要素合成三维建模提供基于数字高程模型的多种地图要素合成三维建模功能。多要素合成三维建模支持的地图要素包括主要水系、等高线、主要交通网、城镇名称标注、水文测站标注、断面标注等

模块名称	功能描述
基本地形因子分析计算	基本地形因子计算提供基于数字高程模型的坡度/坡向计算、距离量算、面积与体积量算等功能。实现基于任意两断面间（两点）/任意多边形区域/键盘坐标输入/文件批量输入等方法所确定的量算路径或区域
水淹分析	水淹分析提供基于金沙江下游数字高程模型的洪水淹没分析功能和静库区容量计算/河道槽蓄量计算
剖面分析	提供直接在三维可视化场景中绘出任意断面的二维剖面图，同时也可以实现地形切块
通视分析	通视分析提供"可视域分析"和"两点通视"两种。通过"可视域分析"工具可以计算并显示三维场景中某一点的可视范围，并通过给定通视点的坐标和视点高度计算出可视区域，其结果可以在三维场景中表达
开挖分析	基于 DEM 的土方量开挖计算方法可以分为两种：断面法和垂向区域法；这两种方法具有高效性，是工程开挖过程中进行方案设计的有力工具，开挖功能提供对土方量的计算。此外，通过修改基础地形数据或嵌入特定的地形结构实现在三维场景中特定开挖的三维表达
图形信息查询	在三维图上以图上点击查询的方式，为用户提供断面、水文站、水位站、雨量站、水电站工程和河流等要素的信息

6.5.2　子系统功能

1. 大区域漫游

提供多种灵活的场景操纵方式与导航模式。大场景的无缝浏览，采用先进的图像、图形压缩和调度技术，实现场景调度时真正的无缝漫游。如图 6-159 所示。

2. 快速定位与查询统计

系统可以进行三维场景的快速定位，定位方式有：名称定位、坐标定位、用户自定义热点定位等方式。

（1）名称定位

支持名称搜索定位与模糊查找定位，在对话框中输入或选择目标名称，三维场景可以迅速切换到指定的位置。

该功能实质上是对系统属性数据库的全文检索。在属性数据库中建立索引，以用户输入的关键字为依据，对地图属性数据库中的地物信息表进行全字段查询，获取经纬度坐标后，在地图上实现定位聚焦。如图 6-160、图 6-161 所示。

（2）坐标定位

通过输入经纬度坐标的方式，直接切换当前三维场景到指定位置。如图 6-162 所示。

（3）用户自定义热点定位

用户可以将经常关注的区域保存为热点，存储在用户收藏夹内，在合适的比例尺下，这些热点会显示处理，通过点击显示在三维场景中的热点可以快速到达其关联的

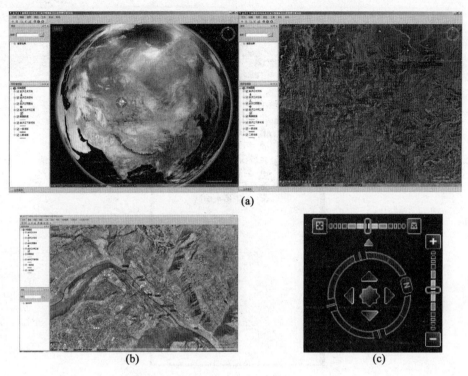

(a)

(b)   (c)

图 6-159   大区域漫游

图 6-160   地名定位

图 6-161　要素定位

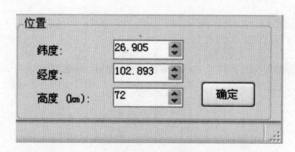

图 6-162　坐标定位

位置。同时，用户也可以直接打开区域收藏夹，直接定位到任意已收藏的热点区域。如图 6-163 所示。

　　地表三维景观系统的所有要素的属性信息采用数据库来管理，通过 SQL 语句来实现各种组合查询检索和统计，检索的结果可以与图形进行联动显示，同时结果可以保存、输出。

　　3. 多种地图要素叠加显示

　　多要素合成三维建模提供基于数字高程模型的多种地图要素合成三维建模功能。多要素合成三维建模支持的地图要素包括主要水系、等高线、主要交通网、城镇名称标注、水文测站标注、断面标注等。多要素合成三维模型提供放大、缩小、漫游、旋转、飞行、步

图 6-163 自定位热点

行、航行等基本操作。如图 6-164、图 6-165 所示。

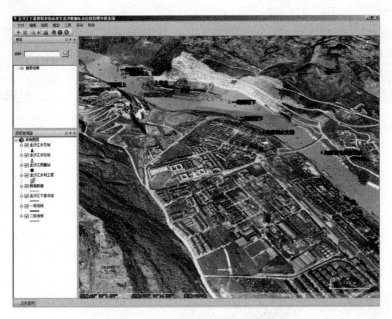

图 6-164 地理要素叠加示意图

4. 基本地形因子分析计算

基本地形因子分析计算提供基于数字高程模型的坡度/坡向计算、距离量算、面积与体积量算等功能。

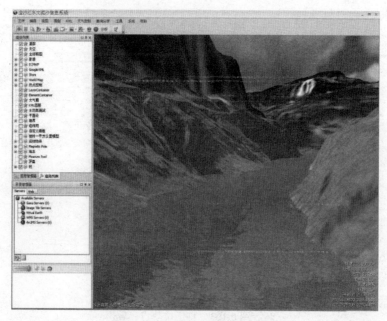

图 6-165　模拟要素叠加示意图

　　坡度/坡向计算利用数字高程模型两点的高程差和水平距离求取。距离由三维模型上任意两点的坐标，利用两点之间的斜距或平距计算公式求得。面积与体积可以利用 DEM格网，逐一求出该范围内单个 DEM 格网的面积，累加的面积就为河道表面面积。投影到xOy 平面上可以计算出投影面积。如图 6-166 所示。

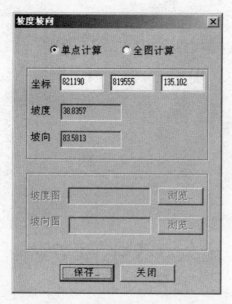

图 6-166　坡度坡向计算示意图

5. 水淹分析

水淹分析属于三维场景中的一种几何分析功能，提供基于金沙江下游数字高程模型的洪水淹没面积分析功能和静库区容量计算/河道槽蓄量计算功能。在三维场景中选择区域范围，通过界面输入两个水位高程面，并计算水位覆盖面面积，两个不同水位覆盖面面积差，水位覆盖体积，静库区容量/河道槽蓄量，并在三维场景中模拟表达。如图 6-167 所示。

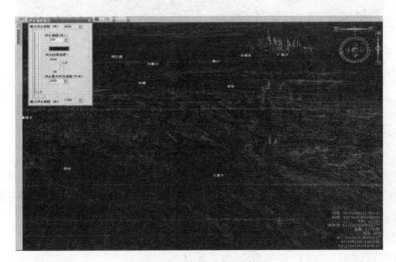

图 6-167 水淹分析示意图

6. 剖面分析

剖面分析属于三维场景中的一种几何分析功能，提供直接在三维可视化场景中绘制出任意断面的二维剖面图，直接在三维场景中获取地表剖面，同时在界面上显示鼠标操作两点间的地表剖面。

其实现思路为充分利用 DEM 格网，将每个网格分别与剖面线求交点，交点连成一条曲线的基本原理与地表距离测量原理类似，通过对 DEM 进行切割获取地表剖面。将 DEM 每个格网分别与剖面线求交点，交点连成一条曲线。实现方法为：首先判断剖面线段所在 DEM 格网的起始网格和终止网格。将剖面线段起始点放入交点列表，由于直线段与方格最多只有两个交点，且每个格网只需要计算右边界和上边界，将交点保留到交点列表中。交点列表中点的顺序即剖面线段所交 DEM 网格的顺序。

实际情况下数据库中有两种与地形相关的数据，一种是水文站数据，另一种是水下高精度 DEM。对于水文站数据，采用 IDW（反距离加权）进行空间差值，得到水面 DEM，然后用相同的方法获取水文站 DEM 剖面图。对于水下高精度 DEM 则要对采样点进行内插，获取更加密集的点，这样才能更细致地反映高精度 DEM 的实际情况。如图 6-168 所示。

7. 通视分析

通视分析提供"可视域分析"和"两点通视"两种。通过"可视域分析"工具可以

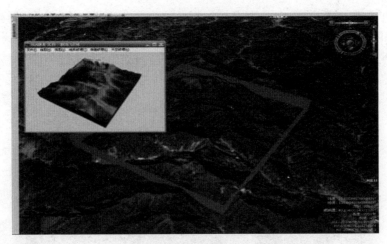

图 6-168 地形切块示意图

计算并显示三维场景中某一点的可视范围，并通过给定通视点的坐标和视点高度计算出可视面积和可视率，其结果可以三维可视表达。通过"两点通视"工具可以进行任意两点之间的通视性判定。

（1）通视分析

两点通视分析的算法可以采用剖面法，其基本步骤为：

①确定通过两点并与 XY 平面垂直的剖面 S；

②求出地形模型中与剖面 S 相交的所有 DEM 格网边；

③输入观察点与被观察点的高程偏移值；

④判断相交的格网边是否在两点连线之上，如果至少一条边在其上，则两点不可通视；否则，通视。

（2）可视域分析

基于规则格网可视域算法和基于 TIN 的可视域算法不完全一样。在规则格网中，可视域通常是以每个格网点的可视与不可视的离散形式表示的，称为可视矩阵。

基于规则格网的可视域算法的基本思路是：DEM 中的任一格网，将其与视点相连，判断其连线是否与 DEM 其他网格相交。若不相交，在该网格通视；否则，不可通视。显然，这一算法存在大量的冗余计算，改进的方法是首先判断连线与 DEM 的其他格网是否相交，若是，则离视点最近的焦点网格为可视，沿连线方向该格网之后的其他格网均不可视，这样就可以减少不必要的计算次数。如图 6-169 所示。

8. 开挖分析

开挖分析属于三维场景的几何分析功能，通过用鼠标在三维场景中的 DEM 上划定一个多边形范围，用给定的倾角和网格的间距来计算垂直高度，将设计的高度分为若干个相等高度的多棱柱来计算。如图 6-170 所示。

9. 图形信息查询

在三维图上以图上点击查询的方式，为用户提供断面、水文站、水位站、雨量站、水

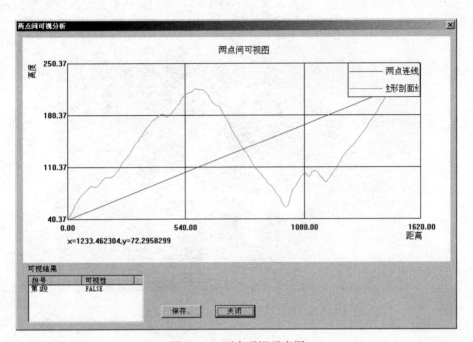

图 6-169 两点通视示意图

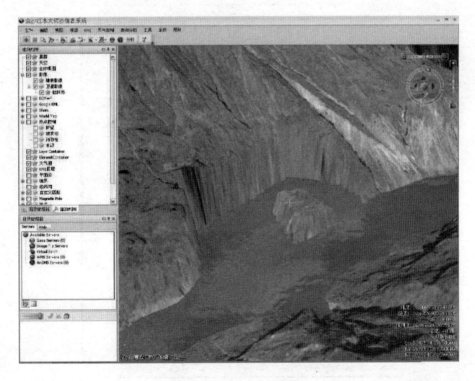

图 6-170 开挖分析示意图

电站工程和河流等要素的信息，包括该要素的基本信息和相关的水文泥沙计算分析的结果（主要包含各要素过程线、套绘线、关系曲线等）。如图 6-171 ～ 图 6-173 所示。

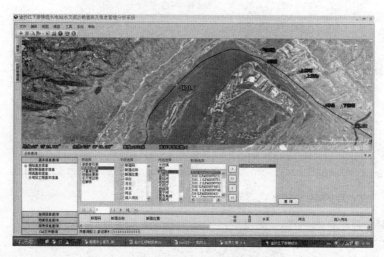

图 6-171　图形信息查询

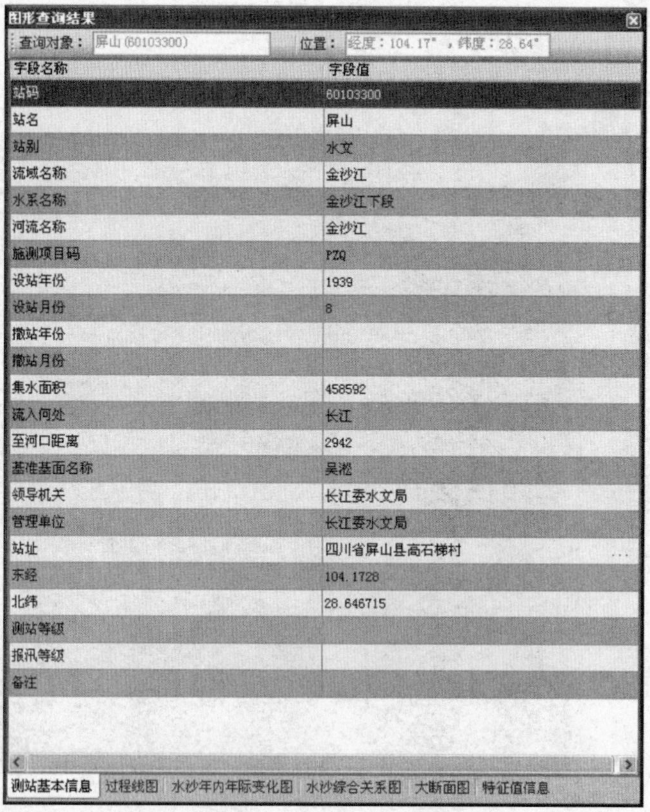

字段名称	字段值
站码	60103300
站名	屏山
站别	水文
流域名称	金沙江
水系名称	金沙江下段
河流名称	金沙江
施测项目码	PZQ
设站年份	1939
设站月份	8
撤站年份	
撤站月份	
集水面积	458592
流入何处	长江
至河口距离	2942
基准基面名称	吴淞
领导机关	长江委水文局
管理单位	长江委水文局
站址	四川省屏山县高石梯村
东经	104.1728
北纬	28.646715
测站等级	
报讯等级	
备注	

查询对象：屏山 (60103300)　位置：经度：104.17"，纬度：28.64"

测站基本信息　过程线图　水沙年内年际变化图　水沙综合关系图　大断面图　特征值信息

图 6-172　水文站信息查询

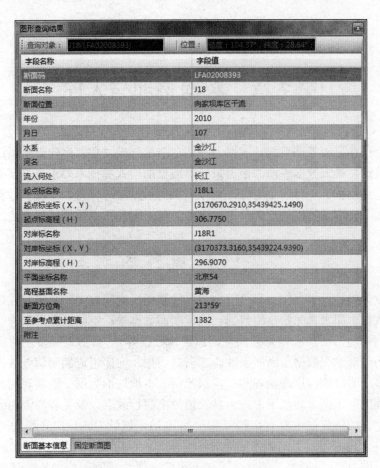

图 6-173　固定断面信息查询

第7章　数据整理与入库

作为一个信息分析管理系统，数据是一切功能的基础，数据库建设是系统建设的重要环节。原始数据在录入数据库前需根据系统对数据的格式和技术要求进行预处理，质量优良的数据源是系统正常运行的重要保证。该系统的数据处理分为业务属性数据处理与空间数据处理，本章介绍了数据处理、数据入库的一般步骤和重点数据处理方法。

7.1　数　据　现　状

系统的数据按计算机存储方式可以分为属性数据、空间数据。其中属性数据主要为水文泥沙业务数据，如水文泥沙整编数据，固定断面数据等；空间数据可以进一步划分为矢量数据（如河道地形图）和栅格数据（河道影像数据等）。目前系统涉及的属性数据主要有水文站点的基础水文数据、断面泥沙监测资料数据、河床组成勘测调查数据等；矢量数据则主要有多个测次的河道冲淤观测、控制测量和本地地形数据、固断观测数据。金沙江下游基础地理信息包括金沙江下游市、县、镇等主要行政点以及主要河流与流域边界、行政边界等数据；栅格数据主要有金沙江四个水电站区域的 Quick Bird 影像、金沙江下游 ETM 卫星图片、向家坝、溪洛渡库区高分辨率航片，向家坝、溪洛渡库区高精度 DEM 数据、金沙江下游 DEM 数据等。随着金沙江下游水文泥沙观测工作的不断开展，各类水文泥沙和河道地形数据将不断产生。这些数据统计涉及的数据量大，种类多，数据来源不一，资料的格式也不完全规范和统一，许多资料是以报表、文档或图表的形式提交，必须进行数据整理然后入库。

7.2　数据整理入库流程

系统数据整理和入库流程如图 7-1 所示。系统数据按照空间数据和业务属性数据两种类型分别进行整理和入库。

7.2.1　空间数据整理入库流程

1. 栅格数据

（1）数据处理（几何校正，匀光，拼接，投影等处理）；

（2）分块组织（影像金字塔生成、DEM 分块组织等）；

（3）数据入库。

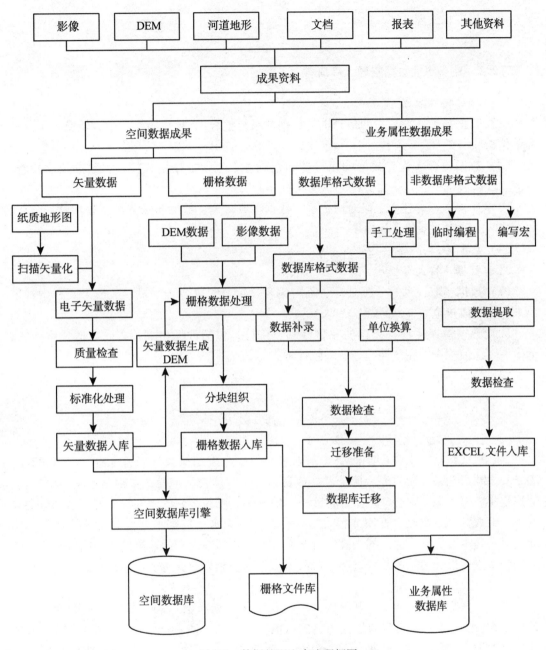

图 7-1　数据整理入库流程框图

2. 矢量数据

（1）扫描矢量化（图纸扫描，图像校正配准，参数设定，数字化等）；

（2）质量检查（图元录入质量，图元拓扑关系，图形分层正确性，数据完整性，水系录入方向，属性格式正确性，属性代码正确性，图元编号正确性，属性与图元是否对应、高程属性等）；

（3）标准化处理；

（4）数据入库。

7.2.2 业务属性数据整理入库流程

1. 数据库格式数据

（1）数据补录（对缺失的信息进行数据补录与整合）、单位换算（统一转换到国际标准单位）；

（2）数据检查（检查数据的完整性和正确性，包括数据格式检查、数据长度检查、空值、默认值检查、完整性检查、一致性检查等）；

（3）迁移准备（建立字段对应关系、数据字典整理、数据质量分析、数据差异分析、数据之间的映射关系建立等）；

（4）数据库迁移。

2. 非数据库格式数据

（1）数据提取（通过手工处理、临时编程、编写宏等各种手段，从成果资料中提取出来，整理成规范的 Excel 文件）；

（2）数据检查（检查数据的完整性和正确性，包括数据格式检查、数据长度检查、空值、默认值检查、完整性检查、一致性检查等）；

（3）Excel 文件入库。

7.3 业务属性数据整理

基础水文数据按水利行业标准《基础水文数据库表结构及标识符标准》（SL 324—2005）主要分为基本信息表、摘录表、日表、旬表，月表，年表、实测调查表、率定表、数据说明表等，涵盖水位、流量、含沙量、输沙率、颗粒级配、水温等内容。这部分的数据为整编数据，主要以数据库或报表形式存在。扩充水文数据根据业务需求结合生产实际，对基础水文数据未涵盖的内容进行扩充，主要包括断面上的监测信息等内容。河床组成勘测调查一般分为钻探法和坑测法。河床组成勘测调查数据主要包括控制成果、泥沙级配成果等。

对于数据库格式的数据，开展数据库检查工作（检查数据的完整性和正确性，包括数据格式检查、数据长度检查、空值、默认值检查、完整性检查、一致性检查等），数据补录（对缺失的信息进行数据补录与整合）等工作，对泥沙资料单位不一致的数据统一转换到国际标准单位并进行数据转换。做好数据库迁移前的准备（建立字段对应关系、数据字典整理、数据质量分析、数据差异分析、数据之间的映射关系建立等）。

对于非数据库格式的数据，如报表、报告图表等，由于数据提供单位涉及多家单位，资料的格式也不完全规范和统一，需通过手工处理、临时编程、编写宏等各种手段，从成果文档中提取出来，最后整理成规范的 Excel 文件，Excel 文件利用相应数据库表名作为取名依据，并提供相关说明信息，如日期、测次、项目、成果名称等，所有 Excel 文件内第一行为各列数据对应的数据库表字段名称，每个 Excel 文件只存放一个数据表的数据，即只有一个工作表，工作表名称为相应数据表名称或成果名称。

7.4　空间数据处理

空间数据分为栅格数据和矢量数据，系统的栅格数据主要有影像数据和 DEM 数据，矢量数据则主要为河道地形。栅格数据中影像数据通过几何校正、匀光与拼接处理、配准、投影等处理后，建立影像金字塔，DEM 数据经过处理后分块组织；河道地形图通过扫描矢量化等手段首先处理为电子矢量图，其后对电子矢量图进行质量检查，最后对电子矢量图进行标准化处理，转换为统一的数据格式。

7.4.1　航拍影像处理

原始影像受现场拍摄条件限制，需要做进一步几何校正、匀光与拼接处理，以图 7-2 中（a）、（b）两幅原始影像为例，其处理过程如下：

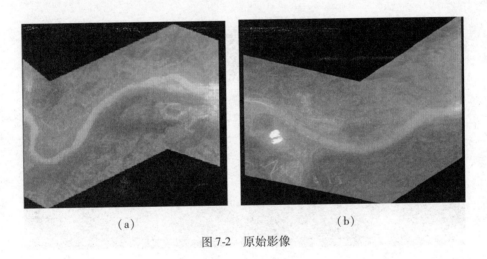

（a）　　　　　　　　　　　　　　（b）

图 7-2　原始影像

（1）对于不能完好拼接的影像，首先进行影像裁剪和几何纠正，由于影像同名点的坐标不一致，采用一阶几何变换。通过目视的方法选择适当的控制点和检查点，在检查点工具中查看纠正的精度，当精度值超限时，必须将该点删除，重新选择。

（2）在 Erdas 中利用 Data Preparation→Mosaic Image→Mosaic Tool 功能模块对影像进行拼接，得到的拼接图像如图 7-3 所示。

（3）将 16 位的影像转换为 8 位后进行影像辐射增强，不同的影像必须采用不同的影像增强方法。针对图 7-2 影像，采用直方图均衡化的方法，再利用 GeoDoging 软件进行匀光处理，处理模式采用整体自适应，处理方法采用滤波法，传感器采用通用类型，若存在区域拼接过渡不理想情况，需进行特殊区域匀光处理。最后在 Photoshop 中对图像进行色调调整，得到匀光影像，如图 7-4 所示。

（4）利用 ArcGIS 软件设置影像的投影坐标，并结合水边线的位置对影像进行匹配。

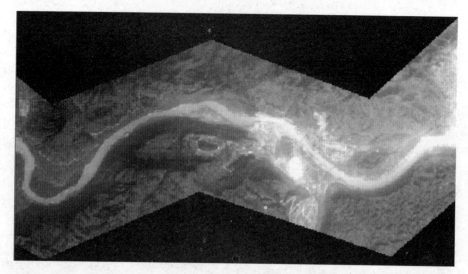

图 7-3　拼接后影像

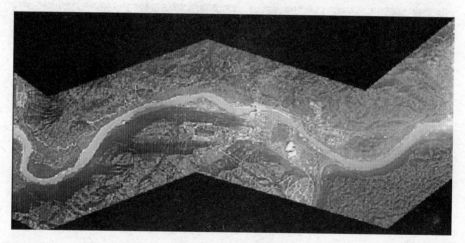

图 7-4　匀光后影像

（5）最后利用影像瓦片切割工具对影像进行切割，生成影像金字塔。

7.4.2　影像、地形分块组织

1. 瓦片金字塔及其对应公式

采取笛卡儿坐标，原点（$X=0$，$Y=0$）在屏幕坐标左下方，原点表示地球上南极点位置，如图 7-5 所示。

如图 7-6 所示，平台使用"Level Zero Tile Size"来决定每一个瓦片宽和高的大小（所有瓦片取正方形。标准的 level zero tile size 必须满足能被 180 整除。The level zero tile size （以后称为 lzts）是层与层之间转换的最简单的距离。在 NLTLandsat 7 中，lzts 被默认设置

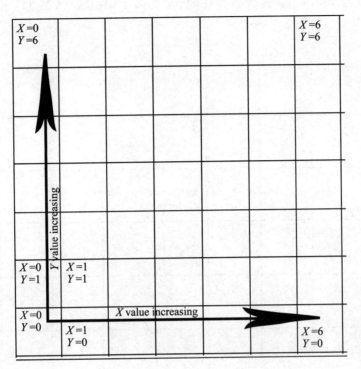

图 7-5

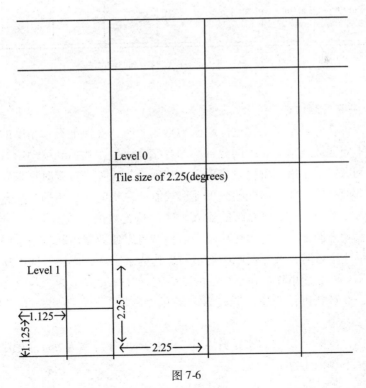

图 7-6

为 2.25 度。可以用以下公式计算第 N 层的 tile size：size＝lzts/2N 次方，也就是说下一层将上一层一分为四。如图 7-7 所示。

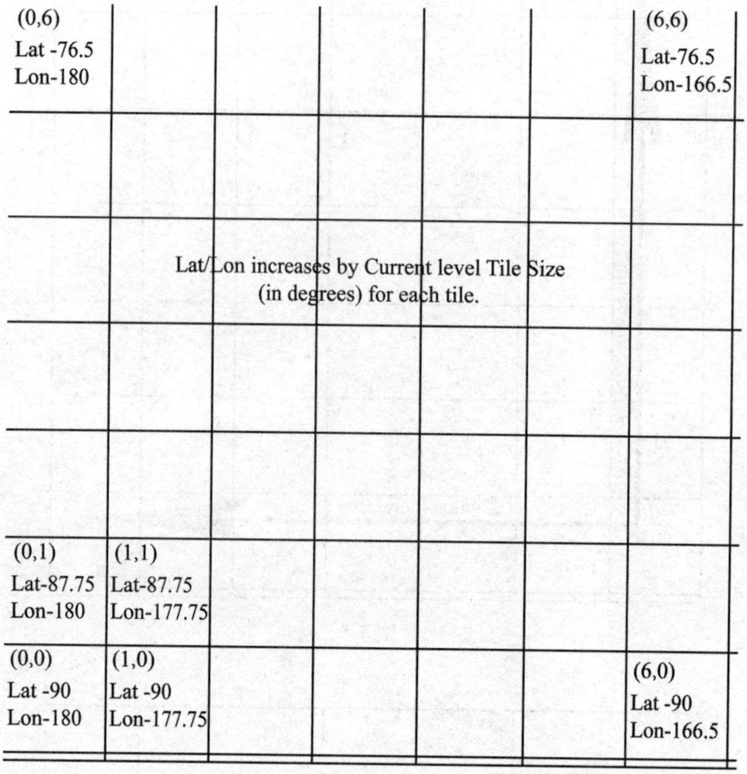

图 7-7　显示坐标轴在 X、Y 方向值的增量

2. 瓦片金字塔模型构建

金字塔是一种多分辨率层次模型。绘制地形场景时，在保证显示精度的前提下，为提高显示速度，不同区域通常需要不同分辨率的数字高程模型数据和纹理影像数据。数字高程模型金字塔和影像金字塔则可以直接提供这些数据，无需进行实时重采样。尽管金字塔模型增加了数据的存储空间，但能够减少地形绘制的总机时。分块的瓦片金字塔模型还能够进一步减少数据访问量，提高系统的输入、输出执行效率，从而提升系统的整体性能。当地形显示窗口大小固定时，采用瓦片金字塔模型可以使数据访问量基本保持不变。

在构建地形金字塔时，首先把原始地形数据作为金字塔的底层，即第 0 层，并对其进行分块，形成第 0 层瓦片矩阵。在第 0 层的基础上，按每 2×2 个像素合成为一个像素的方法生成第 1 层，并对其进行分块，形成第 1 层瓦片矩阵。如此下去，构成整个瓦片金字塔。

以影像为例，设第 1 层的像素矩阵大小为 irl×icl，分辨率为 resl，瓦片大小为 is×is，则瓦片矩阵的大小 trl×tcl 为

$$trl = \lfloor irl/is \rfloor$$

$$tcl = \lfloor irl/is \rfloor$$

其中"$\lfloor \rfloor$"为向下取整符，下同。

按每 2×2 个像素合成 1 个像素后，生成的第 $l+1$ 层像素矩阵大小 irl+1×icl+1 为

$$irl+1 = \lfloor irl/2 \rfloor$$
$$icl+1 = \lfloor icl/2 \rfloor$$

其分辨率 resl+1 为

$$resl+1 = resl\times2$$

不失一般性，规定像素合成从像素矩阵的左下角开始，从左至右、从下到上依次进行。同时规定瓦片分块也从左下角开始，从左至右、从下到上依次进行。经上述规定，影像与其瓦片金字塔模型是互逆的。同时，影像的瓦片金字塔模型也便于转换成具有更明确拓扑关系的四叉树结构。

3. 线性四叉树瓦片索引

四叉树是一种每个非叶子节点最多只有四个分支的树型结构，也是一种层次数据结构，其特性是能够实现空间递归分解，拟采用四叉树构建瓦片索引和管理瓦片数据。在瓦片金字塔基础上构建线性四叉树瓦片索引分为三步：即逻辑分块、节点编码和物理分块。

（1）逻辑分块

与构建瓦片金字塔对应，规定块划分从地形数据左下角开始，从左至右，从下到上依次进行。同时规定四叉树的层编码与金字塔的层编码保持一致，即四叉树的底层对应金字塔的底层。

设（ix，iy）为像素坐标，is 为瓦片大小，io 为相邻瓦片重叠度，以像素为单位；（tx，ty）为瓦片坐标，以块为单位；l 为层号。若瓦片坐标（tx，ty）已知，则瓦片左下角的像素坐标（ixlb，iylb）为

$$ixlb = tx\times is$$
$$iylb = ty\times is$$

瓦片右上角的像素坐标（ixrt，iyrt）为

$$ixrt = (tx+1)\times is+io - 1$$
$$iyrt = (ty+1)\times is+io - 1$$

如果像素坐标（ix，iy）已知，则像素所属瓦片的坐标为

$$tx = \lfloor ix/is \rfloor$$
$$ty = \lfloor iy/is \rfloor$$

由像素矩阵行数和列数以及瓦片大小，可以计算出瓦片矩阵的行数和列数，然后按从左至右，从下到上的顺序依次生成逻辑瓦片，逻辑瓦片由（（ixlb，iylb），（ixrt，iyrt），（tx，ty），l）唯一标识。

（2）节点编码

若用一维数组存储瓦片索引，瓦片排序从底层开始，从左至右，从下到上依次进行，瓦片在数组中的偏移量即为节点编码。为了提取瓦片（tx，ty，l），必须计算出其偏移量。采用一维数组来存储每层瓦片的起始偏移量，设为 osl。若第 1 层瓦片矩阵的列数为 tcl，

则瓦片（tx，ty，l）的偏移量 offset 为

$$offset = ty×tcl+tx+osl。$$

（3）物理分块

在逻辑分块的基础上对地形数据进行物理分块，生成地形数据子块。对上边界和右边界瓦片中的多余部分用无效像素值填充。

4．瓦片拓扑关系

瓦片拓扑关系包括同一层内邻接关系和上下层之间的双亲与孩子关系，邻接关系分别为东（E）、西（W）、南（S）、北（N）四个邻接瓦片，如图 7-8（a）所示；与下层四个孩子的关系分别为西南（SW）、东南（SE）、西北（NW）、东北（NE）四个孩子瓦片，如图 7-8（b）所示；与上层双亲的关系是一个双亲瓦片，如图 7-8（c）所示。若已知瓦片坐标为（tx，ty，l），则该瓦片相关的拓扑关系可以表示为：

（1）东、西、南、北四个邻接瓦片的坐标分别为：（tx+1，ty，1）、（tx−1，ty，1）、（tx，ty−1，1）、（tx，ty+1，1）；

（2）西南、东南、西北、东北四个孩子瓦片的坐标分别为（2tx，2ty，l−1）、（2tx+1，2ty，l−1）、（2tx，2ty+1，l−1）、（2tx+1，2ty+1，l−1）；

（3）双亲瓦片的坐标为（tx/2，ty/2，l+1）。

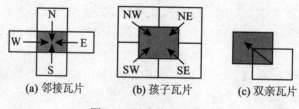

(a) 邻接瓦片　　　(b) 孩子瓦片　　　(c) 双亲瓦片

图 7-8　瓦片关系示意图

瓦片金字塔模型和线性四叉树索引相结合的数据管理模式，能够满足海量地形数据实时可视化的需求，并且在实现海量地形几何数据实时绘制时完成海量纹理数据的实时映射。通过对视景体可见区域外地形数据的裁剪和基于分辨率测试的目标瓦片快速搜索算法，大大减少了地形绘制的数据量，提高了系统的执行效率。采用基于高、中、低优先级的地形瓦片请求预测方法，进一步提高了三维地形交互漫游的速度。

7.4.3　矢量数据处理

对于纸质的河道地形图，必须开展矢量化工作。一般矢量化的方法主要有两种：数字化仪法和扫描矢量化法。通称的数字化仪实质是图形数字化仪，是一种将图示坐标转换为数字信息的设备。矢量化的过程，即用数字化仪对原图的地形特征点逐点进行采集，将数据自动传输到计算机，处理成数字地图的过程。扫描矢量化的基本原理是对各种类型的数字工作底图如纸质地图、黑图或聚酯薄膜图，使用扫描仪及相关扫描图像处理软件，把底图转化为光栅图像，对光栅图像进行诸如点处理、区处理、帧处理、几何处理等，在此基础上对光栅图像进行矢量化处理和编辑，包括图像二值化、

黑白反转、线细化、噪声消除、节点断开、断线连接等。这些处理由专业扫描图像处理软件进行，其中区处理是二值图像处理（如线细化）的基础，而几何处理则是进行图像坐标纠正处理的基础，通过处理达到提高影像质量的目的。然后利用软件矢量化的功能，采用交互矢量化或自动矢量化的方式，对地图的各类要素进行矢量化，并对矢量化结果进行编辑整理，存储在计算机中，最终获得矢量化数据，即数字化地图，完成扫描矢量化的过程。随着计算机软件、硬件技术的进步，扫描矢量化有着速度快、成本低、直观性好等优点；同时，经过这项技术手段采集的数字化数据能够很方便地转入 GIS 系统，以达到入库的目的。这种采集方法已成为地理信息系统数据采集的主要手段，成为现阶段数字化领域的主流作业方法。

在数据入库前，对纸质的地形图，开展矢量化工作，对图纸进行扫描，开展图像校正配准，设置矢量化参数，开展扫描矢量化，将其处理为电子矢量图。

而后对电子矢量图进行质量检查，具体检查内容包括图元录入质量、图元拓扑关系（节点关系、图层套合关系）、图形分层正确性、数据完整性、水系录入方向、属性格式正确性、属性代码正确性、图元编号正确性、属性与图元是否对应等。重点检查是水边线、堤线、计曲线、首曲线、实测点和测量控制点等图层。对于实测点和等高线等具有高程属性的对象，特别注意检查其高程是否合理，是否有奇异点，通过对比周边的等高线、实测点高程及地形地貌、河流走向，判读高程属性合理性并更正错误高程属性。最后对电子矢量图进行标准化处理，转换为统一的数据格式。

7.4.4　DEM 数据生成

系统 DEM 数据由实测地形图 DWG 数据提取高程信息生成，具体流程如下：

1. 设置地形图投影，根据地形图信息，设置合适的地理投影。DWG 地形数据没有空间参考信息，先将地形图数据设置为所属代号的高斯克里格投影坐标系统，再将投影转换为 WGS_1984 地理坐标系统。如图 7-9 所示。

2. 生成高程点矢量数据：提取地形图点图层中的高程点要素（字段 Layer = '实测点层'）生成点矢量数据。如图 7-10 所示。

3. 生成等高线矢量数据：提取地形图线图层中的等高线要素（字段 Layer = '首曲线层' 或 Layer = '计曲线层'）生成等高线矢量数据。如图 7-11 所示。

4. 由高程点、等高线矢量数据生成 TIN。如图 7-12 所示。

高程点矢量数据：高程数据由字段 elevation 获得，以 mass point 构建三角网。

等高线矢量数据：高程数据由字段 elevation 获得，以 hard line 构建三角网，以此生成 TIN 数据。

5. 由水边线生成河流的边界区域面矢量数据。如图 7-13 所示。

6. 根据边界区域面矢量数据裁切 TIN 数据，得到河流 TIN 数据边界区域面矢量数据，以 hard clip 构建三角网。如图 7-14 所示。

7. 将河流 TIN 数据转成栅格图像，生成 DEM。如图 7-15 所示。

将属性设置为 Elevation，并设定 Z 值因子和像素大小（本示例 Z 值因子：1，像素大小：3），最终生成 DEM 数据。

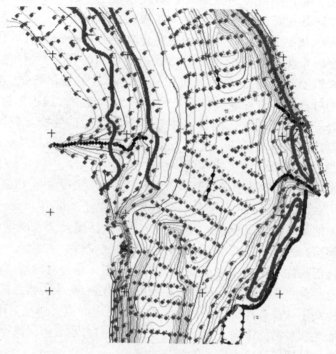

图 7-9 原地形图

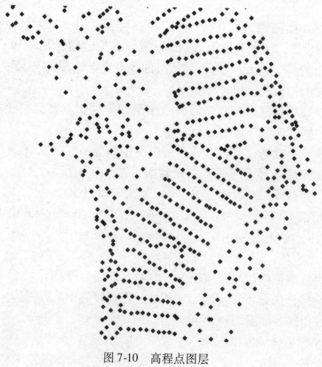

图 7-10 高程点图层

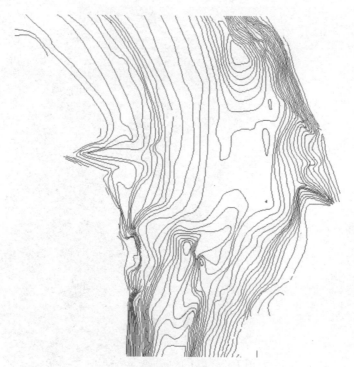

图 7-11 等高线层

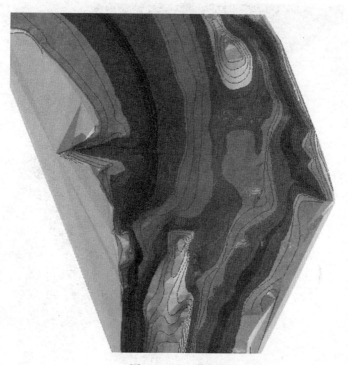

图 7-12 Tin 数据

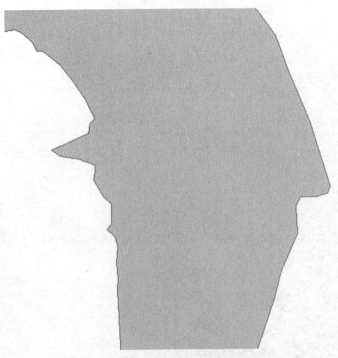

图 7-13　边界区域面矢量数据

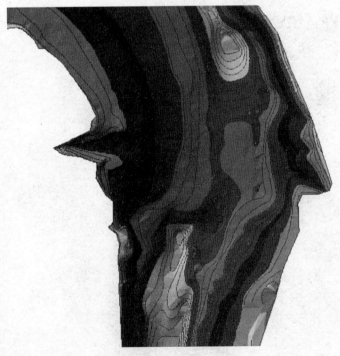

图 7-14　河流 TIN 数据

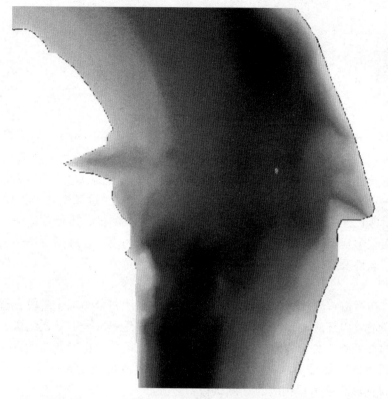

图 7-15 河流 DEM 数据

7.5 数 据 入 库

业务属性数据经过数据整理后，对数据库格式的数据通过商业数据库的导入工具，将其迁移到系统的后台数据库。对于整理好的 Excel 文件，则通过系统的用户提供 Excel 表格入库功能实现，在入库过程中，首先根据 Excel 文件名是否与数据库表名一致来验证是否入库、然后验证字段信息是否匹配，最后验证记录是否在阈值范围之内，以此来保证入库数据质量。所有条件均符合要求方可入库，若数据有一项不符立即撤销入库操作。

空间数据利用系统提供的接口，通过空间数据引擎，以 Geodatabase 为数据模型入库存储。矢量数据根据测量批次，一方面利用数据中的实测点以及等高线（首曲线、计曲线）的高程数据和边界线，生成 DEM 并存入 SDE 中，且记录 DEM 的元数据信息；另一方面，将 DWG 数据转换为点、线、注记存入 SDE 相应要素类中，且记录这些要素的元数据信息。栅格数据处理完后，作为系统底图的栅格数据以文件库的形式存放在服务器上，而作为分析计算的栅格数据则通过空间数据引擎入库存储。

第8章 系统测试

系统测试是将已经确认的软件、计算机硬件、外围设备、网络等其他元素结合在一起，进行信息系统的各种组装测试和确认测试，系统测试是针对整个产品系统进行的测试，其目的是验证系统是否满足需求规格的定义，找出与需求规格不符或与之矛盾的地方，从而提出更加完善的方案。系统测试发现问题之后要经过调试找出错误的原因和位置，然后进行改正。是基于系统整体需求说明书的黑盒类测试，应覆盖系统所有联合的部件。对象不仅仅包括需测试的软件，还包含软件所依赖的硬件、外围设备甚至包括某些数据、某些支持软件及其接口等。系统测试是软件生产的重要流程，是检验软件质量和性能的必要手段。

按照软件生产流程及软件工程规范，系统的测试过程将分为三个阶段，首先在系统设计与开发阶段成立内部测试小组，根据详细设计和软件编码，开展单元测试，尽早发现并修改各模块内部可能存在的各种错误，然后在系统集成阶段，由专业的测试人员组成测试小组对整个系统进行集成测试，所有测试过程开始之前都制定相应的《测试计划》和《测试说明》，测试完后编写相应的《测试报告》。

本章节所涉及的测试项目涵盖了所有功能和非功能性项目，真实记录了软件在测试过程中出现的功能性问题并对这些问题进行了修改后的再测试。测试采用常规的黑盒测试方法，测试结果反映了系统在开发过程中易错、易忽略的位置，然后对测试过程中的缺陷进行了分析，对今后相关系统的开发工作有很好的借鉴作用。

8.1 测试概要

软件测试的主要内容包括：

（1）功能测试。即测试软件系统的功能是否正确，其依据是需求文档，如《产品需求规格说明书》。由于其正确性是软件最重要的质量因素，所以功能测试必不可少。

（2）健壮性测试。即测试软件系统在异常情况下能否正常运行的能力。健壮性有两层含义：一是容错能力，二是恢复能力。

软件测试的步骤分为四步：首先制定系统测试计划，主要包括：测试范围（内容），测试方法，测试环境与辅助工具，测试完成准则，人员与任务表。然后根据系统测试计划和指定的模板设计系统测试用例。接着依据系统测试计划和系统测试用例执行系统测试，将测试结果记录在系统测试报告中，用缺陷管理工具来管理所发现的缺陷，并及时通报给开发人员。最后进行缺陷管理与改错，开发人员在发现并消除缺陷之后应当马上进行回归测试，以确保不会引入新的缺陷。

8.1.1 测试用例设计

测试用例设计应根据系统在设计前提出的一些性能指标，针对每个指标编写测试用例来验证是否达到要求，并根据测试结果来改进系统的性能。在编写用例时，进行综合分析，选出系统中的各个核心模块，分别设计每个模块的测试用例：把模块划分成小的"事务"进行测试，这样在测试分析中便于定位问题究竟出现在哪里。例如空间查询系统可以划分成：点击查询，多边形查询，穿越查询等小的事务进行测试用例的编写，每个操作作为一个用例来执行。

在测试用例设计中已为系统中的每个功能设计了测试用例，各子系统测试用例分布如表 8-1 所示。

表 8-1 测试用例分布表

子系统名称	水道地形自动成图与图形编辑子系统	水文泥沙数据库管理子系统	水文信息查询与输出子系统	泥沙分析与预测子系统	三维可视化子系统
测试用例数	215	161	173	334	123

8.1.2 测试基本信息

测试基本信息包括测试物品、测试依据、测试方法、测试服务器端、客户端的软件、硬件环境等，具体信息如表 8-2 所示。

表 8-2 测试基本信息表

项目	说　明
测试物品	《金沙江下游梯级水电站水文泥沙数据库及信息管理分析系统 V1.0 需求分析说明书》 《金沙江下游梯级水电站水文泥沙数据库及信息管理分析系统 V1.0 概要设计说明书》 《金沙江下游梯级水电站水文泥沙数据库及信息管理分析系统 V1.0 详细设计说明书》 《金沙江下游梯级水电站水文泥沙数据库及信息管理分析系统 V1.0 数据库设计说明书》 《金沙江下游梯级水电站水文泥沙数据库及信息管理分析系统 V1.0 用户手册》 《金沙江下游梯级水电站水文泥沙数据库及信息管理分析系统 V1.0》 软件光盘
测试依据	《软件工程　产品质量 第 1 部分：质量模型》（GB/T 16260.1—2006） 《软件工程　产品质量 第 2 部分：外部度量》（GB/T 16260.2—2006） 《软件工程 软件产品质量要求与评价（SQuaRE）》（GB/T 25000.51—2010） 《商业现货（COTS）软件产品的质量要求和测试细则》 《金沙江下游梯级水电站水文泥沙数据库及信息管理分析系统 V1.0 需求分析说明书》 《金沙江下游梯级水电站水文泥沙数据库及信息管理分析系统 V1.0 概要设计说明书》 《金沙江下游梯级水电站水文泥沙数据库及信息管理分析系统 V1.0 详细设计说明书》 《金沙江下游梯级水电站水文泥沙数据库及信息管理分析系统 V1.0 数据库设计说明书》 《金沙江下游梯级水电站水文泥沙数据库及信息管理分析系统 V1.0 用户手册》

续表

项目		说　　明
测试方法		黑盒测试
测试环境	**数据库服务器** 硬件	机型：IBM P550　9204-E8A CPU：2 * POWER6　4.2GHz 内存：32.0GB 硬盘：1.2TB
	数据库服务器 软件	操作系统：IBM AIX6.1 数据库：Oracle 10g
	应用服务器 硬件	机型：IBM X3850X5 CPU：4 * Intel XEON E7540　2.0GHz 内存：32.0GB 硬盘：1.2TB
	应用服务器 软件	操作系统：Microsoft Windows Server 2008 GIS 软件：ArcGIS 10
	客户端 硬件	机型：Lenovo ThinkPad X200 CPU：Intel（R）Core（TM）2 Duo CPU P8700　2.53GHz 内存：4.0GB 硬盘：320GB
	客户端 软件	Microsoft Windows XP Professional SP3 Microsoft Office 2007　套件
	客户端 网络	1000M 普通局域网配置

8.1.3　测试方法

本系统采用等价类划分的测试方法。等价类划分测试方法是把所有可能的输入数据，即程序的输入域划分成若干部分（子集），然后从每一个子集中选取少量具有代表性的数据作为测试用例。

等价类是指某个输入域的子集合。在该子集合中，各个输入数据对于揭露程序中的错误都是等效的。并合理地假定：测试某等价类的代表值就等于对这一类其他值的测试。等价类划分有两种不同的情况：有效等价类和无效等价类。设计时要同时考虑这两种等价类。

有以下 6 条确定等价类的原则：

（1）在输入条件规定了取值范围或值的个数的情况下，则可以确立一个有效等价类和两个无效等价类。

（2）在输入条件规定了输入值的集合或者规定了"必须如何"的条件的情况下，则可以确立一个有效等价类和一个无效等价类。

（3）在输入条件是一个布尔量的情况下，可以确立一个有效等价类和一个无效等价类。

（4）在规定了输入数据的一组值（假定 n 个），并且程序要对每一个输入值分别处理的情况下，可以确立 n 个有效等价类和一个无效等价类。

（5）在规定了输入数据必须遵守的规则的情况下，可以确立一个有效等价类（符合规则）和若干个无效等价类（从不同角度违反规则）。

（6）在确知已划分的等价类中各元素在程序处理中的方式不同的情况下，则应再将该等价类进一步地划分为更小的等价类。

确定了等价类后，在测试过程中，使其尽可能多地覆盖尚未被覆盖的有效（无效）等价类，重复这一步，直到所有的有效（无效）等价类都被覆盖为止。

8.2　系统测试内容

系统测试内容包括功能测试和特性测试。

功能测试即按系统子系统划分的内容，对功能进行完成性测试，该测试只检验该功能是否能够按照设计用例正确完成。不考虑其他特性。

特性测试则包含用户对系统的非功能性需求和系统本身所具有的素质的测试，其测试过程基本上贯穿于整个功能性测试，主要的测试项目如表 8-3 所示。

表 8-3　　　　　　　　　　　　特性测试项目表

质量特性		测 试 说 明
功能性	适合性	为指定的任务和用户目标提供一组合适的功能的能力
	互操作性	与一个或更多的规定系统进行交互的能力
	安全性	软件产品保护信息和数据的能力
可靠性	成熟性	为避免由软件中故障而导致失效的能力
	容错性	在软件出现故障的情况下，维持失效防护的能力
易用性	易理解性	使用户能理解软件是否合适，以及如何能将软件用于特定的任务和使用条件的能力
	易学性	使用户能学习其应用的能力
	易操作性	使用户能操作和控制它的能力
可维护性	易分析性	诊断软件中的缺陷或失效原因的能力
	稳定性	避免由于软件修改而造成意外结果的能力
	易测试性	使已修改软件能被确认的能力

质量特性		测 试 说 明
可移植性	易安装性	软件产品在指定环境中被安装的能力
用户文档	完备性	详见软件产品测试送测物品
	正确性	检查用户文档中信息是否正确，是否有歧义的信息
	一致性	检查用户文档和产品之间是否描述一致
	易理解性	检查用户文档对于用户是否容易理解

8.3　功能性缺陷的统计与分析

8.3.1　缺陷引入的原因

系统在测试过程中产生的缺陷主要有以下几个原因：

（1）需求定义不明确。需求文档中，存在功能定义错误，输入、输出字段描述错误，输入、输出字段限制定义错误等几种类型的缺陷。开发人员根据需求进行设计时，没有考虑相关功能的关联性，以及需求错误的地方，导致在测试过程中，需求相关的问题表现出来。需求做改正后，设计必须跟着做改动，这样会浪费时间和影响开发人员积极性，降低开发人员对需求的信任，导致开发人员不按需求进行设计而根据自己的经验来进行设计。

（2）功能性错误。功能没有实现，导致无法进行需求规定的功能的测试。功能实现错误，实现了需求为定义的功能，执行需求定义的功能是系统出现错误。

（3）界面和互交性设计缺陷，包括提示信息错误，用户无法理解如何输入或确定输入内容。界面布置不合理，或显示内容相互覆盖或缺失等。

（4）因开发人员疏忽引起的缺陷。

8.3.2　缺陷汇总与分布

水道地形自动成图与图形编辑子系统测出 BUG 共计 12 个，水文泥沙数据库管理子系统测出 BUG 共计 23 个，信息查询与输出子系统测出 BUG 共计 13 个，水文泥沙分析与预测子系统测出 BUG 共计 65 个，三维可视化子系统进行测试测出 BUG 共计 15 个，全系统总计 BUG 共 134 处。

8.3.3　缺陷分析

针对各个子系统进行测试后，对缺陷相对测试用例的占比、致命缺陷数，缺陷发生的情况进行分析，掌握缺陷易出现的位置，为后期加强系统维护提供指导方向，具体情况如表 8-4 所示。

表 8-4　　　　　　　　　　　　　　　缺陷分析表

子系统名称	水道地形自动成图与图形编辑子系统	水文泥沙数据库管理子系统	信息查询与输出子系统	水文泥沙分析与预测子系统	三维可视化子系统
测试用例数	215	161	173	334	123
总缺陷数	12	23	13	65	21
致命缺陷	0	2	1	5	3
缺陷占比	5.6%	14.4%	7.5%	19.5	17.1%

水道地形自动成图与图形编辑子系统缺陷占比最低，仅 5.6%，因其功能主要是图形数据基本操作，各项功能在程序编制时大多直接使用了 ARCGIS 开发工具提供已封装的完整功能，故出现缺陷较少。缺陷出现主要是互交性、提示性方面，没有致命缺陷。

水文泥沙数据库子系统缺陷占比较高，达 14.4%，缺陷主要集中在用户管理与数据管理模块中，其中致命缺陷 2 处，分别是因其他用户管理操作导致角色权限部分失效；当查询的数据表记录较多时用户需长时间等待，或因表控件容量限制导致程序崩溃。

信息查询与输出子系统缺陷占比较低，仅 7.5%，因查询功能逻辑、操作步骤简单，且有成熟的 GAEA EXPLORER 平台支持。缺陷主要出现在一些特殊情况的查询结果显示时，出现显示不完整或无法正常显示查询结果。一处致命缺陷出现在查询并返回大量带有地形图的数据时造成系统长时间等待并可能导致崩溃。

水文泥沙分析与预测子系统缺陷占比最高，达 19.5%，因该子系统集中了大部分分析计算功能，功能逻辑复杂，含较多互交操作，各类缺陷均有出现。致命缺陷有 5 处，出现在特殊取值或边值取值时造成运算错误或系统崩溃的情况；当计算范围过大时，载入内存数据量过大导致内存溢出；在人机交互中未按操作顺序执行导致系统崩溃。

三维可视化子系统缺陷占比较高，达 17.1%，因该子系统含有大量用户鼠标键盘操作、大数据量的 DEM 或影像参与计算与显示，因此缺陷主要集中在用户交互与内存管理方面，三处致命缺陷两处出现在内存管理方面，一处出现在特殊地形的算法中。

8.3.4　缺陷完善

系统缺陷通过测试后统计主要集中在人机交互、内存管理和特殊值处理问题上。人机交互的缺陷需限定用户的操作顺序，对误操作和不按顺序操作有明显的提示或提供安全的返回操作。内存管理的缺陷需要结合不同类型大数据量文件的各自特点，如 DEM 文件、栅格影像文件、矢量数据文件、EXCEL 文件等，重新优化文件的读取、调度、存放、运算的算法与机制，合理分配内存空间，适当考虑配置较低的计算机。特殊值处理时要考虑三种取值类型，对于错误取值需要对用户提供警示与安全返回路径，或直接不允许输入；对于可取值但无实际意义的取值，需考虑其计算成果作为其他运算的输入时是否会导致不可预知错误，对于边值、零值与特殊意义的取值必要时需单独处理。

第9章 系统在工程管理中的应用

金沙江下游泥沙问题突出，而水库泥沙问题又是水电站的关键技术难题之一，贯穿于从工程规划、设计、施工到建成后运行的全过程，直接关系到工程综合效益发挥和水库使用寿命。开展金沙江下游梯级水电站水文泥沙监测与研究，实时掌握水沙变化和泥沙冲淤的动态过程，全面研究梯级水电站的优化调度运用与水库泥沙合理配置，建立高效数据库管理分析系统，是工程建设和运行的需要。

由于地理环境等因素的制约，金沙江仍然缺乏系统性的水文泥沙监测资料，且金沙江下游梯级水电站科研报告有关工程泥沙观测规划主要是基于单个水库进行的，仅安排了部分施工期水文泥沙监测项目。为了系统掌握金沙江梯级水库的泥沙淤积规律，建立统一的金沙江下游梯级水电站水文泥沙监测与研究系统，2006 年中国长江三峡集团公司组织编制了《金沙江下游梯级水电站水文泥沙监测与研究实施规划》，翔实地规划了金沙江下游的水文泥沙监测、水文泥沙研究、水文泥沙信息管理分析系统等三个方面内容。

金沙江水文泥沙信息管理分析系统是水文泥沙实施规划的一个重要组成部分，该系统的建立主要是希望能系统有效地管理和使用金沙江下游河段水文泥沙资料、地形资料和梯级水电站设计信息资料等，为工程管理和水库群的优化调度提供基础信息，并可以进行实时分析与预测，为金沙江下游梯级水电站的设计、施工和运行提供决策支持作用。

9.1 在水文泥沙监测过程中的应用

水文泥沙监测是水沙研究及调度运用的重要基础，为使梯级水电站水文泥沙监测上下衔接和资料一致，金沙江下游梯级水电站水文泥沙监测范围是从攀枝花至向家坝坝下游岷江汇口的干、支流范围，观测总长度 1089.4km（干流 822km，支流 267.4km）。水文泥沙监测贯穿于整个工程规划、设计、建设和运行的全过程，保证监测成果的完整齐全，以满足设计、施工及水库运行等不同时期泥沙问题研究、管理和验证等需要，做到定量监测与定性调查相结合，地形因子监测与水力、泥沙因子监测相结合。梯级水电站水文泥沙监测，按工程进度分期实施。规划水平年为水电站建成运行后第 10 年，分为前期、施工期、运行初期三个不同阶段。各阶段水文泥沙监测的主要工作如表 9-1 所示。

表 9-1 各阶段水文泥沙监测主要工作

阶　段	主要工作内容
前　期	进出库水沙监测
	水库及坝下游水位观测
	基本控制网建设
	本底地形与固定断面观测（间取床沙）
	河床组成勘测调查
	观测成果整编及分析
施工期	进出库水沙监测
	水库及坝下游水位观测
	库区地形观测与固定断面观测（间取床沙）
	坝区河道冲淤观测
	向家坝水库下游河道演变观测
	白鹤滩水库初期蓄水淤积物干容重观测
	观测成果整编及分析
运行初期	进出库水沙监测
	水库及坝下游水位观测
	地形观测
	固定断面观测与淤积物干容重观测
	坝区河道演变观测
	库区变动回水区水流泥沙观测
	向家坝水库下游河道演变观测
	水库异重流监测
	建筑物过水过沙测验
	观测成果整编及分析

依据水文泥沙实施规划，2008—2013 年，金沙江主要开展的金沙江下游梯级水电站水文泥沙监测工作有：

1. 梯级水电站的出入库水沙观测

主要包含金沙江流域的干流水文（位）站水沙观测及主要支流的水沙观测。如图 9-1 所示。

2. 基本控制网的设测

向家坝、溪洛渡库区及向家坝下游河道的基本控制网设测工作于 2008 年 1 月完成，两电站蓄水发电后适当加密。乌东德、白鹤滩库区控制网的设测工作于 2013 年 11 月完成。

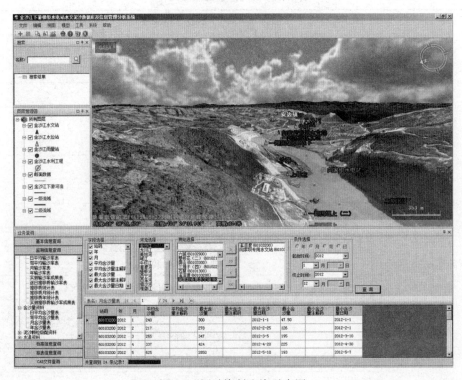

图 9-1　泥沙资料查询示意图

3. 向家坝、溪洛渡本底资料测量

2008 年 1 月，完成了向家坝及溪洛渡电站截流前后的本底资料收集工作，主要包括溪洛渡库区、向家坝库区及坝下游固定断面测量、河床床沙取样工作，新市镇至向家坝下游岷江汇口河段的本底地形测量工作。2012 年 9 月，向家坝蓄水前期，完成了向家坝至岷江汇口河段的地形测量工作。2012 年 12 月，向家坝蓄水后，完成了向家坝库区本底地形测量。2013 年 12 月，完成溪洛渡库区本底地形测量。

4. 近坝区地形观测工作

为保障施工期向家坝、溪洛渡渡汛安全，2008—2013 年，每年汛前、汛后均要安排两坝区坝址上下游 5km 河段水下地形观测工作，围堰附近安排围堰冲淤变化观测工作。如图 9-2 所示。

5. 向家坝附近水面流速流向观测

为保障施工期向家坝附近航运安全，2008—2012 年开展了向家坝近坝区附近的水面流速流向观测，2012 年向家坝蓄水后开展向家坝至岷江汇口河段水面流速向观测。

6. 水电站变动回水区河床组成调查

2008 年完成了向家坝、溪洛渡库区变动回水区河床组成调查工作。2013 年完成了乌东德、白鹤滩两电站变动回水区河床组成调查工作。

7. 乌东德、白鹤滩库区截流前本底资料收集

2013 年 11 月底前，基本完成了乌东德、白鹤滩两库区固定断面的设测工作，完成了

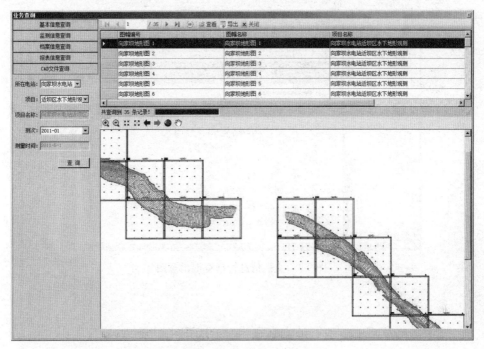

图 9-2　近坝区地形管理

截流前本底资料的收集。

8. 推移质测验工作

金沙江下游推移质量比较大，且没有详细测验资料，2006 年在三堆子水文站开展了卵石推移质和沙质推移质测验工作，测量金沙江梯级水电站入库推移质沙量；针对溪洛渡 6 号导流洞严重冲蚀问题，2009 年 7 月—2010 年底，在溪洛渡 6 号导流洞出口开展了推移质测验工作；为研究梯级水电站出口推移质沙量，2009 年 9 月—2011 年底，向家坝下游开展推移质测验工作。

9. 资料收集、整理及归档工作

中国长江三峡集团公司先后多次组织各相关科研、监测单位，完成了对金沙江下游梯级水电站的干支流河势、河型、水文泥沙、站网分布、支流入汇等实地查勘。收集了大量干支流水文泥沙、河道形态、河势等资料。

2004 年开始，项目组每年均将金沙江流域水文资料整编汇集成册，年整编资料 180 站年左右。从 2008 年至 2012 年，每年将金沙江流域水文泥沙资料整编归档 50～60 盒。金沙江水文泥沙信息系统不仅将金沙江流域水位、流量、水温、泥沙、控制测量成果、地形及航空影像、GIS 数据等资料入库，而且还收集整理了金沙江流域干支流历史水情资料，泥沙资料，梯级水电站部分设计资料等，这些资料均已入库，通过系统可以很方便地进行查询和分析计算。如图 9-3 所示。

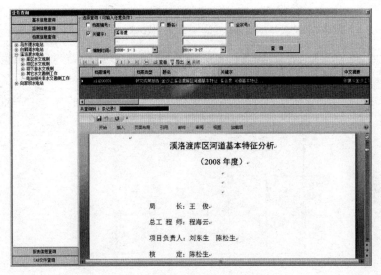

图 9-3　文档信息管理查询示意图

9.2　在金沙江下游项目研究中的应用

金沙江水文泥沙研究工作为梯级水电站的优化调度运用和综合效益的发挥提供有效的技术支撑。与单个水库相比较，水电梯级开发中的水库泥沙冲淤更加复杂。不仅要考虑上游的来水来沙条件和水库本身运用方式对本库泥沙冲淤和发展趋势的影响，还应考虑到梯级开发的顺序、上库的运用方式和下库回水对上库的影响。因此水文泥沙的研究工作应在已有研究工作基础上，加强系统性和独特性问题的研究。只有这样，才能正确认识和把握金沙江下游四座梯级水电站的调度运用与泥沙淤积关系，为水电站的规划设计和工程布置、水库的联合调度运用、优化泥沙配置、延长水库使用寿命以及更好地发挥梯级水电站的综合效益提供可靠的基础。

迄今为止，金沙江水文泥沙信息系统一直为金沙江下游相关科研单位或部门提供有关水质、生态、水沙、水温、地质灾害等基础资料，基本满足了金沙江下游科研工作中对水文、气象、泥沙、环境等项目资料的要求。

9.2.1　在金沙江下游入库推移质研究中的应用

金沙江下游的梯级水电站泥沙问题直接关系到水利工程综合效益的发挥和水库的使用寿命。与悬移质不同的是，推移质在水库里总是要淤积的，而且持续时间很长，只要上游有推移质泥沙供应，即使悬移质淤积平衡后，推移质仍然会淤积。且淤积部位是从库尾逐渐向坝前发展。由于推移质颗粒通常较粗，淤积后不易被冲刷，因此，尽管与悬移质泥沙相比较，推移质总量通常不大，但推移质对于水库变动回水区河床的冲淤有直接影响，与水库特别是库尾水位抬升、有效库容损失和泄流建筑物安全等都有密切关系。由于推移质常常淤积在回水末端，对水位抬高和翘尾巴比同等数量的悬移质淤积要严重得多。此外，金沙江下游支流众多，支流进入金沙江的推移质量较大，在支流口门淤积会直接减少有效库容。因此，金沙江下游梯级水电站的推移质泥沙问题不容忽视。

入库推移质研究的主要内容包括：入库推移质沙量现场调查、实体模型试验、水槽试验和理论研究与计算分析。根据现场收集到的资料，结合理论研究、资料分析、经验关系、模型试验、水槽试验和岩性分析等手段推求入库推移质沙量，解决由于缺少实测资料，金沙江下游四个梯级水电站入库推移质沙量不清的问题。

金沙江水文泥沙信息系统为本项目提供的主要基础资料为：

（1）金沙江干流石鼓、攀枝花、三堆子、华弹、屏山、向家坝等水文站长系列水文资料，支流雅砻江、龙川江、小江、黑水河等重要支流水文资料；

（2）三堆子河段河道地形资料；

（3）金沙江下游梯级水电站设计资料；

（4）金沙江下游干支流水沙调查资料；

（5）金沙江下游干支流河床质采样资料及岩性分析资料；

（6）金沙江下游干支流河床采样调查资料；

（7）三堆子水文站推移质测验资料。

通过利用水文泥沙系统水沙分析模块，对金沙江干支流水沙资料进行年度分析及组成分析、三堆子河段冲淤变化分析资料，满足了金沙江下游四个梯级水电站入库推移质研究工作的需要。如图 9-4 所示。

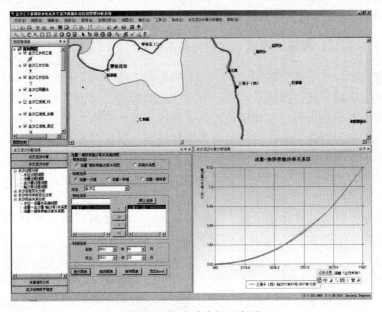

图 9-4 推移质分析示意图

9.2.2 在金沙江下段出口推移质研究中的应用

入库推移质沙量研究工作结束后，针对金沙江下游梯级水电站出口河段卵石推移质输沙量模糊不清的问题，通过实测资料分析、经典公式估算和物理模型试验等方法，提出金沙江下游梯级水电站出口河段年均卵石推移质输沙量，为研究梯级水电站推移质泥沙淤积提供基础资料。

这项研究工作采用现场查勘、河床取样、资料分析、理论研究和实体模型试验相结合的技术路线。推移质问题非常复杂，本研究在采用物理模型试验研究的同时，辅以资料分析和理论研究。资料分析主要是分析下游的向家坝下游实测推移质输沙资料，再结合数学模型计算结果，推求推移质输沙率。理论研究主要是采用一些公认的经典推移质输沙率公式计算河段的推移质输沙率与输沙级配。

在研究过程中，金沙江水文泥沙信息系统为本项目提供的主要基础资料为：

（1）金沙江干流屏山、向家坝水文站长系列水文资料、支流西宁河、中都河、横江等水文资料；

（2）屏山水文站河段河道地形资料和向家坝下游河道地形资料；

（3）向家坝下游推移质测验资料；

（4）金沙江下游梯级水电站设计资料；

（5）向家坝库区河道断面资料及床沙取样资料；

（6）金沙江下游干支流河床采样调查资料；

（7）金沙江入库推移质研究资料。

通过金沙江水文泥沙信息系统水沙分析与预测模块，完成了水量平衡计算、沙量平衡计算、水沙过程分析及沿程变化、水沙年际变化、河演分析等，为科研项目提供了大量的资料和分析资料，保障了科研项目的有效进行。

9.2.3　在向家坝、溪洛渡围堰水库研究中的应用

溪洛渡和向家坝水电站分别于 2007 年 11 月初和 2008 年 12 月完成了截流，进入了围堰施工阶段。围堰施工期，抬高了水位，且水位相对稳定，实际上相当于在围堰坝址上游形成一个水库。围堰施工期是将河道的天然条件改变为水库条件的过渡期，为了确保施工顺利进行，大坝和围堰的安全，需要及时掌握坝区上、下游的水流条件、水位变化、过流能力、泥沙冲淤等。为解决溪洛渡、向家坝水电站围堰施工期所遇到的诸如推移质运动与泄流建筑物安全、围堰水库淤积与应急移民防洪安全等问题，开展了溪洛渡、向家坝水电站围堰泥沙淤积原型试验研究工作。

此项目主要是研究金沙江溪洛渡、向家坝水电站围堰期间河道泥沙淤积特性和坝前围堰水库泥沙淤积预测分析，为梯级水电站泥沙问题解决和调度规程编制提供原型试验成果，为围堰施工期安全渡汛提供技术支撑，为掌握水库推移质运动和淤积规律奠定基础。研究内容主要包括原型资料分析、干流库区及其支流的整体一维水沙数学模型以及围堰水库局部二维水流泥沙数学模型，模拟计算围堰水库范围的水流特性、泥沙淤积特性、淤积物冲淤分布，验证实测与分析结果，为应用模型来分析研究不同来水来沙条件对围堰施工安全的影响、预测围堰水库淤积发展趋势奠定基础。

金沙江水文泥沙信息系统为本项目提供的主要基础资料为：

（1）金沙江干流华弹、屏山、向家坝等水文站长系列水文、泥沙资料，支流黑水河、美姑河、细沙河、西宁河、中都河、横江等水文、泥沙资料；

（2）溪洛渡、向家坝库区多年河道断面资料；

（3）溪洛渡、向家坝坝区河道地形资料；

（4）溪洛渡、向家坝水电站设计、围堰施工资料；

（5）溪洛渡、向家坝库区床沙取样资料；

（5）溪洛渡 6 号导流洞推移质测验资料；

（6）溪洛渡、向家坝库区河床采样调查资料。

通过金沙江水文泥沙信息系统水沙分析与预测模块，完成了两围堰水库水量平衡计算、沙量平衡计算、水沙过程分析及沿程变化、水沙年际变化、泥沙冲淤分析、深泓纵剖面变化、围堰及导流洞局部二维冲淤分析等，并预测分析了两围堰水库淤积变化趋势，为科研项目提供了大量的分析资料，保障了科研项目的有效进行。

9.2.4　在向家坝、溪洛渡异重流研究中的应用

向家坝、溪洛渡异重流研究项目主要在广泛收集并整理金沙江下游溪洛渡及向家坝河段干支流水文、泥沙时空分布特性、气象及地形资料、溪洛渡及向家坝水电站设计参数、水库调度运行方式的基础上，以数学模型计算为主，结合物理模型试验对数学模型进行验证，开展类比水库原型观测，从而分析水库成库后浑水异重流运动规律，并提供相关建议。

本项目通过现场查勘、原型观测、对比类水库、水槽试验和数学模型计算等方法，重点研究异重流形成及运动的机理，为后续相关研究提供依据。其主要研究工作是在广泛收集溪洛渡、向家坝库区气象、水文、泥沙监测和地形观测资料的基础上，建立适用于溪洛渡和向家坝水库的水沙两相流计算数学模型，根据泥沙扩散方程与泥沙运动力学相关理论建立水沙异重流运动数学模型，与两相流计算模型进行对比分析，对溪洛渡和向家坝水库异重流发生条件和运动规律进行模拟和预测。

金沙江水文泥沙信息系统为本项目提供的主要基础资料为：

（1）金沙江干流石鼓、攀枝花、三堆子、华弹、屏山、向家坝等水文站长系列水文、泥沙资料，雅砻江、龙川江、小江、黑水河、横江等重要 20 余条支流水文、泥沙资料；

（2）溪洛渡、向家坝库区多年河道断面资料；

（3）溪洛渡、向家坝坝区河道地形资料；

（4）溪洛渡、向家坝水电站设计资料；

（5）溪洛渡、向家坝库区床沙取样资料；

（6）金沙江下游干支流河床采样调查资料；

（7）二滩、瀑布沟等大型水库异重流资料；

（8）金沙江下游水电站已有水文泥沙科研成果。

通过金沙江水文泥沙信息系统水沙分析与预测模块，完成了溪洛渡和向家坝两水库水量平衡计算、沙量平衡计算、水沙过程分析及沿程变化、水沙年际变化、水沙综合关系分析、泥沙冲淤分析、深泓纵剖面变化等，不仅为科研项目提供了大量的分析资料，并且利用泥沙预测模块，预测分析了两水库一维淤积变化趋势，与科研单位提交的模型资料及试验资料互相验证，有效地保障了科研项目的准确性。

9.2.5　在向家坝下游河道冲淤演变研究中的应用

向家坝、溪洛渡水电站相继蓄水后，进入下游河道的水沙条件发生较大变化，由于蓄

水后大量悬移质泥沙在库区淤积，导致进入下游河道的悬移质含沙量将长期且大幅度低于建库前的天然水平，推移质几乎全部淤积在库区，进入下游河道的推移质沙量几乎为零。水流挟沙能力有很大富余，不仅可以强烈冲刷河床中较细的床沙，较粗床沙也可能被起动并以推移质的形式向下游运动，将使下游河道长期处于冲刷状态，局部河床冲淤变化较大，可能会给水电站吸出高度和船闸底坎、消力池护坦末端、下游引航道及重要涉水工程的安全运行带来不利影响。

该项目主要采用现场查勘测量、采样分析、数学模型计算和实体模型试验等多种技术手段，开展向家坝水电站下游河道冲淤演变研究，分析下游河道未来冲淤变化趋势，重点研究向家坝坝址至横江口河道的冲淤分布规律，分析冲淤成因，探求冲淤变化规律，提出应对措施，为向家坝水电站和下游重要涉水工程的安全运行提供技术支持。

金沙江水文泥沙信息系统为本项目提供的主要基础资料为：

（1）金沙江干流石鼓、攀枝花、华弹、屏山等近 10 个水文站长系列水文、泥沙资料，雅砻江、龙川江、小江、黑水河、横江等 10 余条支流水文、泥沙资料；

（2）乌东德、白鹤滩、溪洛渡、向家坝库区多年河道断面资料；

（3）乌东德、白鹤滩、溪洛渡、向家坝坝区河道地形资料；

（4）乌东德、白鹤滩、溪洛渡、向家坝水电站设计资料；

（5）乌东德、白鹤滩、溪洛渡、向家坝库区床沙取样资料；

（6）金沙江下游干支流河床采样调查资料；

（7）溪洛渡、向家坝水库调度资料；

（8）金沙江下游水电站已有水文泥沙科研成果。

通过金沙江水文泥沙信息系统水沙分析与预测模块，完成了梯级水电站水量平衡计算、沙量平衡计算、水沙过程分析及沿程变化、水沙年际变化、水沙综合关系分析等，完成向家坝下游泥沙冲淤分析、深泓纵沿程变化（见图 9-5）、向家坝水文站断面要素分析（见图 9-6）、为向家坝下游河道演变研究工作提供了大量的分析资料，并且利用泥沙预测模块，预测分析了向家坝下游河道冲淤变化趋势，与科研单位提交的模型资料及试验资料互相验证，有效地保障了科研项目的一致性和准确性。如图 9-7 所示。

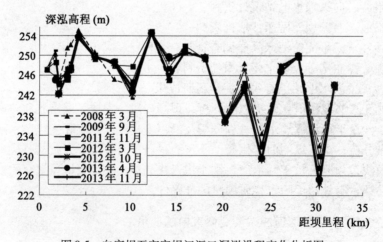

图 9-5　向家坝至宜宾岷江汇口深泓沿程变化分析图

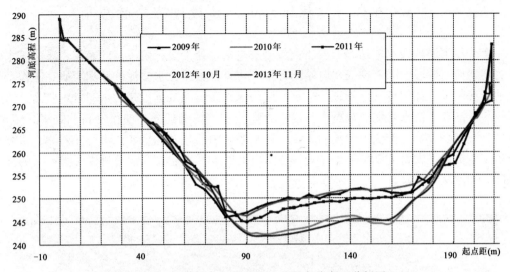

图 9-6 向家坝水文站 2009—2013 年大断面分析图

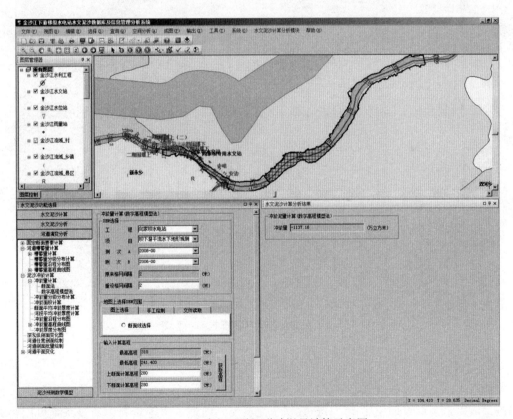

图 9-7 向家坝下游河道冲淤量计算示意图

9.3　在金沙江梯级水电站建设过程中的应用

金沙江下游梯级水电站乌东德、白鹤滩水电站正处于设计阶段、向家坝、溪洛渡水电站为初期运行阶段，随着梯级水电站的开发和建设，金沙江水文泥沙监测与研究工作系统性地开展起来，如何有效地管理、分析和应用这些海量的数据，是一项非常重要而急迫的工作。金沙江下游水文泥沙数据库及信息管理分析系统的建立，使得资料的收集、传输、管理、查询、分析工作变得简洁而高效。这些系统的资料，为金沙江下游的监测、研究和分析工作提供了大量的基础数据，为梯级水电站的设计、建设和运行提供了强有力的技术保障。如图 9-8 所示。

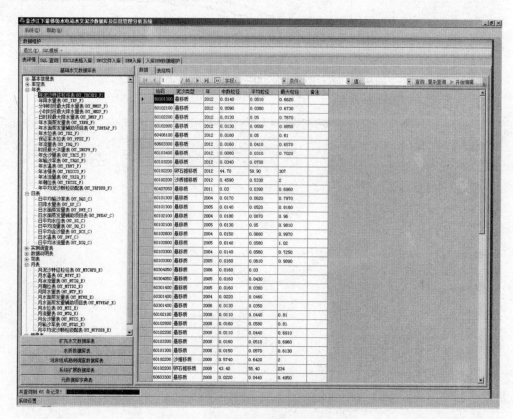

图 9-8　水文泥沙信息管理查询示意图

1. 设计阶段

梯级水电站规划设计期间，系统性地收集了金沙江流域水位、流量、水温、泥沙、控制测量成果、地形及航空影像、GIS 数据、泥石流、山地灾害等资料，通过系统可以很方便地进行查询和分析计算，有效地进行水文泥沙海量数据的科学管理，为开展水文泥沙监测与研究，掌握系统完整的水文泥沙、库区本底资料和水沙运动规律，梯级水电站规划设计提供科学依据。

2. 施工阶段

在梯级水电站施工期间，本系统将及时全面管理可靠的入库水沙信息，入库流量变化和库区沿程水位变化信息，根据工程进展情况，坝区、围堰等水下地形观测，及时分析坝区、围堰等冲刷变化情况，以便采取措施，为工程安全提供有利保证。2008 年，在向家坝、溪洛渡水电站截流前期，2012 年蓄水前期，两水电站本底地形的收集，为两水电站施工阶段的防汛安全分析提供了基础资料，为向家坝、溪洛渡水电站的蓄水提供了技术支持。三维可视化系统的应用，可以形象、快捷地为施工防汛决策工作提供技术支持。

3. 运行阶段

在梯级水电站投入运行后，入库泥沙将在库内落淤，逐渐侵占水库库容，影响水库的调节能力，对水库运行产生影响。图 9-9 为系统提供的向家坝、溪洛渡水库蓄水前后向家坝出口径流量对比图，通过该图可以很清晰地对比两水电站蓄水前后径流量变化，图 9-10 为 2013 年 4 月至 2013 年 11 月断面间冲淤量变化图，清楚地反映了向家坝蓄水后，其库区淤积量沿程变化，为两水电站的运行及水沙调度的研究提供技术支持。运行阶段本系统可以通过综合有效的管理和运用水文泥沙监测数据，使梯级水电站可以通过合理的水沙调度，达到降低水库淤积、延长水库运行寿命的目的。

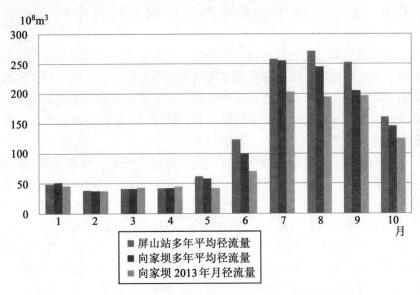

图 9-9　向家坝、溪洛渡蓄水前后向家坝出口径流量对比图

以金沙江水文泥沙信息管理系统为基础，建立流域性信息平台，系统地开展金沙江水文泥沙监测与研究工作，为金沙江梯级水电站和三峡水电站的水沙调度及工程综合效益发挥提供有力的技术保障。

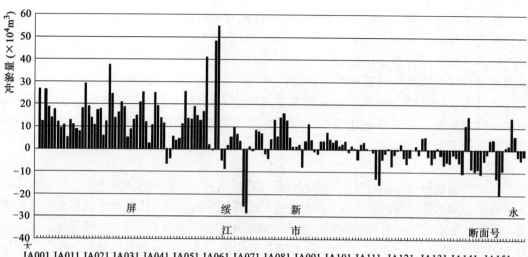

图 9-10　2013 年 4 月至 2013 年 11 月断面间冲淤量

9.4　在金沙江下游水库群联合调度研究中的应用

金沙江下游梯级水电站的投入运行，使得统筹考虑流域水资源综合利用与保护，协调水库群在防洪、发电、航运、供水和生态与环境保护等方面的关系，充分发挥水库群综合利用效益，有效避免各梯级单库调度可能产生的上、下游水库蓄泄矛盾，保障流域防洪安全、供水安全和生态安全，实现水资源优化配置，进行以金沙江下游各级水电站控制性水库群联合调度与管理成为一项必要的、紧迫的工作。

水库群联合调度是一个复杂的系统工程，需要防汛、测量、管理等部门的紧密合作。需要各种实时分析、信息管理、信息分析、预测分析等系统工具的高度参与。金沙江下游梯级水电站水文泥沙信息管理分析系统全面地收集了金沙江流域水位、流量、水温、泥沙、控制测量成果、地形及航空影像、GIS 数据，并通过地理信息系统以及网络等手段进行水文泥沙数据的管理分析，提供基于相关数学模型的预测预报，基于库区、坝区、围堰等水下地形观测资料，及时计算和分析库区、坝区、围堰等水位、流量、库容、冲淤变化情况，为金沙江下游水库群的联合调度研究、实施预测预报提供了有力的保证。

目前，向家坝水位抬升至 380m，溪洛渡水库蓄水至 560m，金沙江下游梯级水电站的联合运用逐步具备了一定的条件。联合调度运用的首要目标是确保工程安全渡汛。各工程项目要立足于提高自身渡汛能力，高度关注河床水位变化，更加审慎地复核各涉水建筑物的防汛标准，做好防汛应急预案演练和现场处置，确保安全渡汛。做好水文预报与滚动分析，加强与防汛主管部门的沟通和协作，争取利用上游水库群提高工程渡汛能力。

为统筹考虑流域水资源综合利用与保护，协调水库群在防洪、发电、航运、供水和生态与环境保护等方面的关系，充分发挥水库群综合利用效益，有效避免各梯级单库调度可能产生的上、下游水库蓄泄矛盾，保障流域防洪安全、供水安全和生态安全，实现水资源优化配置，进行以金沙江下游各级水电站控制性水库群联合调度与管理是十分必要和迫切的。

　　随着三峡、葛洲坝梯级、金沙江梯级以及岷江梯级、嘉陵江梯级、雅砻江梯级等长江中上游干支流水库群逐步形成，流域管理工作正面临一些新形势和新挑战，必须把流域水库群联合优化调度放在更加重要的位置。从保障流域可持续发展和维护河流健康出发，需要建立兴利、减灾与生态协调统一的水库综合调度运用方式。水库群的形成，改变了原来单库或少库的水力条件，各水库之间存在相互影响，需要站在流域的高度，采取联合调度的方式，开展水库群优化调度，让它们在保证安全的基础上发挥最大的"群体"效益。梯级水电站水位泥沙信息管理分析系统的建立，为实现梯级水电站的信息共享及管理提供了最大的技术支持与可能。

附录1 项目编码要求

1.1 河流编码

编码依据:《水利工程基础信息代码编制规定》(SL213—98)。

代码定义

A：取值 A，为《水利工程基础信息代码编制规定》（SL213—98）确定的河流分类码。

B：1 位字母表示一级流域，F 表示长江流域。

T：1 位字母表示二级流域（水系），A 表示长江干流水系；B 表示雅砻江水系；C 表示岷江水系；D 表示嘉陵江水系；E 表示乌江水系；F 表示洞庭湖水系；G 表示汉江水系；H 表示鄱阳湖水系；J 表示太湖水系。

FF：2 位数字或字母表示一级支流的编号，取值 0~9、A~Y，其中 00~09 作为干流或干流不同河段的代码。

SS：2 位数字或字母表示二级支流、二级以下支流的编号，取值 0~9、A~Y；当为二级支流时，第二个 S 为 0。

Y：1 位数字表示河流类别。0 表示独流入海；1 表示国际河流；2 表示内陆河流；3 表示主要运河；4 表示一般运河或主干渠道；5 表示一般渠道；6 表示汇入上一级河流；9 表示其他。

附表 1.1 　　　　　　　　　　　　金沙江下游主要河流编码表

河流代码	名称	所属流域
AFA00006	沱沱河	长江干流
AFA01006	通天河	长江干流
AFA02006	金沙江	长江干流
AFB00006	雅砻江	雅砻江
AFA49006	龙川江	长江干流
AFA49106	石者河	长江干流
AFA49206	蜻蛉河	长江干流
AFA50006	勐果河	长江干流

河流代码	名称	所属流域
AFA51006	普隆河	长江干流
AFA52006	糁鱼河	长江干流
AFA53006	普渡河	长江干流
AFA53106	掌鸠河	长江干流
AFA53206	洗马河	长江干流
AFAC1006	大桥河	长江干流
AFA54006	小 江	长江干流
AFA55006	以礼河	长江干流
AFA56006	黑水河	长江干流
AFAC2006	泥姑河	长江干流
AFA57006	西溪河	长江干流
AFA58006	牛栏江	长江干流
AFAC3006	金阳河	长江干流
AFA58106	马龙河	长江干流
AFA58206	硝 河	长江干流
AFA59006	美姑河	长江干流
AFAC4006	西苏角河	长江干流
AFAC5006	团结河	长江干流
AFAC6006	细沙河	长江干流
AFA60006	西宁河	长江干流
AFAC7006	中都河	长江干流
AFAC8006	大汶溪	长江干流
AFA61006	横 江	长江干流
AFA03000	长 江	长江干流
AFC00006	岷 江	岷 江

1.2 测 站 编 码

测站编码为 8 位码，采用目前行业通用的测站编码。第一位码表示一级流域，6 表示长江流域。第四位码表示站别：0 和 1 表示水文或者水位站，雨量站的站码第 4 位大于等于 2。其中 601 长江干流；602，603，604 宜宾上游支流；605 大宁河；606 岷沱江；607

嘉陵江；608 乌江；610 清江；615 洞庭湖；617 陆水；618 汉江干流；619，620 汉江支流；626 鄱阳湖。

附表 1. 2　　　　　　　　　　　　　测站编码示意表

序号	站码	站名	站别
1	60101300	石鼓	水文
2	60101900	金江街（四）	水文
3	60102100	攀枝花（二）	水文
4	60102200	三堆子（四）	水文
5	60102400	龙街（三）	水位
6	60102520	小河口	水位
7	60102527	乌东德上导进	水位
8	60102528	乌东德下导出	水位
9	60102525	乌东德	水文
10	60102526	黑磐盘	水位
…	…	…	…
…	…	…	…

1.3　断　面　编　码

编码依据：《水利工程基础信息代码编制规定》（SL213—98）。

编码目的：唯一标识一个全国现有的河道施测断面。

编码原则：用 11 位字母和数字的组合分别表示施测断面的工程类别、所在流域、水系和河流、编号及类别。

代码格式

A：为《水利工程基础信息代码编制规定》（SL213—98）中确定的"河道施测断面"工程类别，取值 L。

B：1 位字母表示一级流域，F 表示长江流域。

T：1 位字母表示二级流域（水系），A 表示长江干流水系；B 表示雅砻江水系；C 表示岷江水系；D 表示嘉陵江水系；E 表示乌江水系；F 表示洞庭湖水系；G 表示汉江水系；H 表示鄱阳湖水系；J 表示太湖水系。

FFSS：4 位数字或字母表示河流编号（参考河流代码）。

NNN：断面顺序号（001～999，A01～Z99）。新增加的断面可以向下顺序扩充。不足的可以用字母表示。

Y：1 位数字表示断面位置。1 上游河段横断面，2 中游河段横断面，3 下游河段横断面，4 上游河段纵断面，5 上游河段纵断面，6 上游河段纵断面，9 其他。

如断面 JX106 的编码为 LFA02005503，如断面 JX105 的编码为 LFA02005513。

附表 1.3　　　　　　　　　金沙江下游河道断面编码示意表

序号	断面编码	断面名称	所在河流	区间累积距离
1	LFA02005503	JX106	金沙江干流	196249
2	LFA02005513	JX105	金沙江干流	195375
3	LFA02005523	JX104	金沙江干流	192278
4	LFA02005533	JX103	金沙江干流	190559
5	LFA02005543	JX102	金沙江干流	188833
6	LFA02005553	JX101	金沙江干流	185981
7	LFA02005563	JX100	金沙江干流	184758
8	LFA02005573	JX99	金沙江干流	183465
9	LFA02005583	JX98	金沙江干流	181918
10	LFA02005593	JX97	金沙江干流	180269
…	…	…	…	…
…	…	…	…	…

1.4　项目编码

编码依据：《中国长江三峡集团公司标准》（CTGPC/SX—1998）技术文件分类与代码。

编码目的：唯一标识中国长江三峡集团公司的相关水文观测文件。

编码原则：用 9 位数字分别表示水电站工程、水文观测的区域、项目、细致项目、位置、顺序号及文件类别等。

代码格式：ABDEFNNNY

A：1 位数字表示中国长江三峡集团公司所属水电站。3 乌东德水电站，4 白鹤滩水电站，5 溪洛渡水电站，6 向家坝水电站，空为三峡工程（8 位码）。1、2、7、8、9 预留用于上、下游扩充。

B：1 位数字表示观测对象的区域分类，1 库区水文观测，2 坝区水文观测，3 两坝之间水文观测，4 葛洲坝坝区水文观测，5 坝下游水文观测，6 其他，7 水电站相关非水文勘测工作。

DEF：3 位字母表示项目与细致项目。D 表示项目；E 表示一级子项目；F 表示二级子项目。

NNN：3 位数字表示位置或顺序编号。001～999 表示。

Y：1位数字表示水文观测文件的类型。1水文泥沙观测整编成果，2泥沙观测分析研究成果，3水下地形测量成果，4水文调查报告，5水文分析研究报告，6其他成果。

下表以向家坝水电站为例说明对水文观测项目进行分类编码的过程。

附表1.4　　　　　　　　　　　　　向家坝水电站项目编码示意表

文件代码	第一层	第二层	第三层				第四层	名　　称
ABDEFNNNY	A	B	D	E	F	NNN	Y	
								向家坝水电站
610000000	6	1						库区水文观测
611000000	6	1	1					进库水沙观测及库区水位、波浪观测
611100000	6	1	1	1				进库水沙观测
611200000	6	1	1	2				库区水位观测
611300000	6	1	1	3				库区波浪观测
612000000	6	1	2					库区淤积观测
612100000	6	1	2	1				库区地形观测
612110000	6	1	2	1	1			干流
612120000	6	1	2	1	2			支流
612200000	6	1	2	2				固定断面观测（间取床沙）
612210000	6	1	2	2	1			干流
612220000	6	1	2	2	2			支流
612300000	6	1	2	3				水库沿程水力泥沙因素观测
612400000	6	1	2	4				库区异重流观测
612500000	6	1	2	5				淤积物干容重观测
613000000	6	1	3					库区变动回水区水流泥沙及冲淤观测
613100000	6	1	3	1				水流泥沙观测
613200000	6	1	3	2				变动回水区冲淤观测
613210000	6	1	3	2	1			变动回水区走沙观测
613220000	6	1	3	2	2			河床组成钻探与勘测调查
613220016	6	1	3	2	2	001	6	XJBKQ 坑1
613220026	6	1	3	2	2	002	6	XJBKQ 散点1
613220036	6	1	3	2	2	003	6	XJBKQ 坑2

文件代码	第一层	第二层	第三层				第四层	名　称
613220046	6	1	3	2	2	004	6	XJBKQ 散点 2
613220056	6	1	3	2	2	005	6	XJBKQ 坑 3
613220066	6	1	3	2	2	006	6	XJBKQ 散点 3
613220076	6	1	3	2	2	007	6	XJBKQ 坑 4
613220086	6	1	3	2	2	008	6	XJBKQ 散点 4
613220096	6	1	3	2	2	009	6	XJBKQ 坑 5
613220106	6	1	3	2	2	010	6	XJBKQ 散点 5
613220116	6	1	3	2	2	011	6	XJBKQ 坑 6
613220126	6	1	3	2	2	012	6	XJBKQ 散点 6
613220136	6	1	3	2	2	013	6	XJBKQ 坑 7
613220146	6	1	3	2	2	014	6	XJBKQ 散点 7
613220156	6	1	3	2	2	015	6	XJBKQ 散点 8
613220166	6	1	3	2	2	016	6	XJBKQ 坑 8
613220176	6	1	3	2	2	017	6	XJBKQ 散点 9
613220186	6	1	3	2	2	018	6	XJBKQ 坑 9
613220196	6	1	3	2	2	019	6	XJBKQ 散点 10
613220206	6	1	3	2	2	020	6	XJBKQ 坑 10
613220216	6	1	3	2	2	021	6	XJBKQ 散点 11
613220226	6	1	3	2	2	022	6	XJBKQ 坑 11
613220236	6	1	3	2	2	023	6	XJBKQ 散点 12
613220246	6	1	3	2	2	024	6	XJBKQ 坑 12
613220256	6	1	3	2	2	025	6	XJBKQ 散点 13
613220266	6	1	3	2	2	026	6	JSJ08-5
613220276	6	1	3	2	2	027	6	JSJ08-6
613220286	6	1	3	2	2	028	6	JSJ08-7
613220296	6	1	3	2	2	029	6	JSJ08-8
613230000	6	1	3	2	3			充水和消落观测
613240000	6	1	3	2	4			分汊河段观测
613250000	6	1	3	2	5			非恒定流观测
613300000	6	1	3	3				浅滩河床演变观测

续表

文件代码	第一层	第二层	第三层			第四层	名　称
614000000	6	1	4				水库勘测调查
614100000	6	1	4	1			库岸变形调查
614200000	6	1	4	2			洲滩调查
614300000	6	1	4	3			航道演变调查
614400000	6	1	4	4			水库来水来沙调查
614500000	6	1	4	5			支流淤积调查
614600000	6	1	4	6			上游卵石推移质来量及洲滩勘测调查
614700000	6	1	4	7			变动回水区河势勘测调查
614800000	6	1	4	8			其他调查
615000000	6	1	5				测量控制网设测
620000000	6	2					坝区水文观测
621000000	6	2	1				坝区水文测验
621100000	6	2	1	1			坝区水位观测
621200000	6	2	1	2			专用水文站观测
621300000	6	2	1	3			围堰及截流水文观测
622000000	6	2	2				坝区河道演变观测
622100000	6	2	2	1			水下地形观测
622110000	6	2	2	1	1		近坝区水下地形观测
622120000	6	2	2	1	2		围堰冲淤变化观测
622200000	6	2	2	2			固定纵横断面观测
622210000	6	2	2	2	1		近坝区固定纵横断面观测
622220000	6	2	2	2	2		围堰固定纵横断面观测
622300000	6	2	2	3			局部冲淤观测
622310000	6	2	2	3	1		通航建筑物（导流明渠、临时船闸、永久船闸）及其上、下引航道
622320000	6	2	2	3	2		水厂、码头、两岸护坡工程
622330000	6	2	2	3	3		坝下冲刷坑观测
623000000	6	2	3				坝区水流泥沙观测
623100000	6	2	3	1			坝区水流泥沙观测

文件代码	第一层	第二层	第三层			第四层	名　称
623200000	6	2	3	2			建筑物过水过沙测验
623300000	6	2	3	3			引航道水流泥沙观测及异重流观测
623400000	6	2	3	4			坝区河势、流态、流速流向观测
624000000	6	2	4				测量控制网设测
650000000	6	5					坝下游水文观测
651000000	6	5	1				水下地形观测
651100000	6	5	1	1			干流
651200000	6	5	1	2			支流
652000000	6	5	2				固定断面观测（间取床沙）
653000000	6	5	3				浅滩航道和险工观测
654000000	6	5	4				坝下游水沙测验
654100000	6	5	4	1			坝下游水沙观测
654200000	6	5	4	2			坝下游水位、沿程水面线变化观测
655000000	6	5	5				其他观测
655100000	6	5	5	1			河床组成钻探及普查
655110016	6	5	5	1	1	001 6	XJBBX 坑 1
655110026	6	5	5	1	1	002 6	XJBBX 散点 1
655110036	6	5	5	1	1	003 6	XJBBX 坑 2
655110046	6	5	5	1	1	004 6	XJBBX 散点 2
655110056	6	5	5	1	1	005 6	XJBBX 坑 3
655110066	6	5	5	1	1	006 6	XJBBX 散点 3
655110076	6	5	5	1	1	007 6	XJBBX 坑 4
655110086	6	5	5	1	1	008 6	XJBBX 散点 4
655110096	6	5	5	1	1	009 6	XJBBX 坑 5
655110106	6	5	5	1	1	010 6	XJBBX 散点 5
655110116	6	5	5	1	1	011 6	XJBBX 坑 6
655110126	6	5	5	1	1	012 6	XJBBX 散点 6
655110136	6	5	5	1	1	013 6	XJBBX 坑 7

续表

文件代码	第一层	第二层	第三层				第四层	名　称
655110146	6	5	5	1	1	014	6	XJBBX 散点 7
655110156	6	5	5	1	1	015	6	XJBBX 坑 8
655110166	6	5	5	1	1	016	6	XJBBX 散点 8
655110176	6	5	5	1	1	017	6	XJBBX 坑 9
655110186	6	5	5	1	1	018	6	XJBBX 散点 9
655110196	6	5	5	1	1	019	6	JSJ08-9
655110206	6	5	5	1	1	020	6	JSJ08-10
655110216	6	5	5	1	1	021	6	JSJ08-11
655200000	6	5	5	2				河势沿线调查
656000000	6	5	6					测量控制网设测
660000000	6	6						其他水文勘测工作
661000000	6	6	1					监测资料数据库系统研制及运行管理
662000000	6	6	2					水情预报方案编制成果
663000000	6	6	3					水文补充分析计算成果及其专题报告
664000000	6	6	4					水文泥沙研究成果
665000000	6	6	5					其他
670000000	6	7						电站相关非水文勘测工作

附录 2 业务属性数据表结构

2.1 基础水文数据库（摘录）

基础水文数据库表结构定义参考水利行业标准《基础水文数据库表结构及标识符标准》（SL 324—2005），主要分为基本信息表、摘录表、日表、旬表、月表、年表、实测调查表、率定表、数据说明表十大类。

2.1.1 基本信息表类

1. 测站一览表 HY_STSC_A

附表 2.1　　　　　　　　　　　测站一览表字段定义

序号	字段名	字段标识	类型及长度	是否允许空值	计量单位	主键序号
1	站码	STCD	C（8）	否		1
2	站名	STNM	C（24）	否		
3	站别	STCT	C（4）			
4	流域名称	BSHNCD	C（32）			
5	水系名称	HNNM	C（32）	否		
6	河流名称	RVNM	C（32）	否		
7	施测项目码	OBITMCD	C（12）	否		
8	行政区划码	ADDVCD	C（6）	否		
9	水资源分区码	WRRGCD	C（6）			
10	设站年份	ESSTYR	N（4）	否		
11	设站月份	ESSTMTH	N（2）			
12	撤站年份	WDSTYR	N（4）			
13	撤站月份	WDSTMTH	N（2）			
14	集水面积	DRAR	N（10.2）		km^2	
15	流入何处	FLTO	C（32）			
16	至河口距离	DSTRVM	N（5.1）		km	

序号	字段名	字段标识	类型及长度	是否允许空值	计量单位	主键序号
17	基准基面名称	FDTMNM	C (50)			
18	领导机关	ADMAG	C (30)			
19	管理单位	ADMNST	C (30)			
20	站址	STLC	C (50)			
21	东经	LGTD	N (12.9)		°	
22	北纬	LTTD	N (11.9)		°	
23	测站等级	STGRD	C (1)			
24	报汛等级	FRGRD	C (1)			
25	备注	NT	C (80)			

2. 调查站点表 HY_IVSP_A

附表 2.2　　　　　　　　　　　　调查站点表字段定义

序号	字段名	字段标识	类型及长度	是否允许空值	计量单位	主键序号
1	站点码	STPTCD	C (8)	否		1
2	站点名	STPTNM	C (30)	否		
3	测流方法	MSQMT	C (12)	否		
4	东经	LGTD	N (12.9)		°	
5	北纬	LTTD	N (11.9)		°	
6	站址	STLC	C (50)			
7	控水目的	CWPP	C (30)	否		
8	控水工程类型	CWPTP	C (30)	否		
9	控水工程代码	CWPCD	C (30)			
10	控水工程运行规则	CWPOR	VCHAR (255)			
11	推流参数	QCPR	VCHAR (255)			
12	引水点名	PPLCNM	C (30)	否		
13	排水点名	OWBNM	C (30)	否		
14	实际最大灌溉面积	PRMXIRA	N (12.2)		亩	
15	上界站站码	UBSTCD	C (8)			
16	至上界站河段长	UBSRL	N (7.1)		km	

序号	字段名	字段标识	类型及长度	是否允许空值	计量单位	主键序号
17	下界站站码	LBSTCD	C（8）			
18	至下界站河段长	LBSRL	N（7.1）		km	
19	基准基面名称	FDTMNM	C（10）			
20	高差基数	ELDFBS	N（7.3）		m	
21	流域水系码	BSHNCD	C（3）			
22	调查资料来源单位	IVDTO	C（100）			
23	备注	NT	VCHAR（255）			

3. 调查区表 HY_ZN_A

附表 2.3　　　　　　　　　　　调查区表字段定义

序号	字段名	字段标识	类型及长度	是否允许空值	计量单位	主键序号
1	区码	ZNCD	C（20）	否		
2	流域水系码	BSHNCD	C（3）	否		1
3	区名	ZNNM	C（30）	否		2
4	区类	ZNTP	C（12）	否		
5	水体总容量	WBTCP	N（13.5）		$10^4 m^3$	
6	灌溉水田面积	IRRPA	N（12.2）		亩	
7	灌溉面积	IRA	N（12.2）		亩	
8	城市人口	UBNP	N（10）		人	
9	工业总产值	GPTV	N（12.4）		万元	
10	水库和水闸控制面积	RWSDA	N（10.2）		km^2	
11	调查面积	IVA	N（10.2）		km^2	
12	量算地图比例尺	MMSC	N（10）			
13	连通试验可靠等级	CPTRR	C（6）			
14	旁证资料可靠等级	DWRR	C（6）			
15	面积成果合理性等级	ADRR	C（6）			
16	直接上级区名	PFZNM	C（30）			
17	备注	NT	VCHAR（255）			
18	调查报告编号	IVRPNO	VCHAR（255）			

4. 调查区与站点关系表 HY_ZNSTRL_A

附表 2.4　　　　　　　　　　调查区与站点关系表字段定义

序号	字段名	字段标识	类型及长度	是否允许空值	计量单位	主键序号
1	站点码	STPTCD	C（8）	否		1
2	流域水系码	BSHNCD	C（3）	否		2
3	区名	ZNNM	C（30）	否		3
4	地理包含关系	GCRL	C（6）	否		
5	站点类别	STPTCT	C（16）	否		
6	备注	NT	VCHAR（）			

5. 测站断面关系表 HY_STXSRL_A

附表 2.5　　　　　　　　　　测站断面关系表字段定义

序号	字段名	字段标识	类型及长度	是否允许空值	计量单位	主键序号
1	站码	STCD	C（8）	否		1
2	年	YR	N（4）	否		2
3	相关站码	CRSTCD	C（8）	否		3
4	关系标识	RLID	N（1）	否		
5	关系说明	RLILL	C（20）			

6. 水文水位站沿革表 HY_ZQDV_A

附表 2.6　　　　　　　　　　水文水位站沿革表字段定义

序号	字段名	字段标识	类型及长度	是否允许空值	计量单位	主键序号
1	站码	STCD	C（8）	否		1
2	主断面迁移号	XSMGNO	N（2）	否		2
3	断面名称	XSNM	C（20）	否		
4	断面位置	XSLC	C（60）	否		
5	变动年份	CGYR	N（4）	否		3
6	变动月份	CHGMTH	N（2）			4
7	变动日	CHGDY	N（2）			5
8	同系列标志	SSMK	C（1）	否		

续表

序号	字段名	字段标识	类型及长度	是否允许空值	计量单位	主键序号
9	变动情况	CHGCND	VCHAR（）	否		
10	水尺名称	GGNM	C（20）	否		
11	水尺型式	GGTP	C（20）			
12	水尺质料	GGMT	C（20）			
13	自记台类型	SRTP	C（20）			
14	水尺位置	GGLC	C（50）			
15	使用情况	USCND	C（100）			
16	集水面积	DRAR	N（10.2）		km^2	
17	流入何处	FLTO	C（32）			
18	至河口距离	DSTRVM	N（5，1）		km	
19	领导机关	ADMAG	C（30）			
20	站址	STLC	C（50）			
21	东经	LGTD	N（12.9）		°	
22	北纬	LTTD	N（11.9）		°	
23	河段情况	RCHC	VCHAR（512）			
24	备注	NT	VCHAR（512）			

7. 图片（多媒体）表 HY_GPH_A

附表 2.7　　　　　　　　　　　图片表字段定义

序号	字段名	字段标识	类型及长度	是否允许空值	计量单位	主键序号
1	站码	STCD	C（8）	否		1
2	年	YR	N（4）	否		2
3	图类型	GPHTP	N（1）	否		
4	图标题	GPHTL	C（50）	否		3
5	图	GPH	B			
6	MIME 类型	MIMETP	C（100）			

8. 水文水位站水准点沿革表 HY_STBMDV_A

附表 2.8   水文水位站水准点沿革表字段定义

序号	字段名	字段标识	类型及长度	是否允许空值	计量单位	主键序号
1	站码	STCD	C (8)	否		1
2	水准点编号	BMNO	C (20)	否		2
3	水准点类型	BMTP	C (20)			
4	变动日期	CHGDT	T	否		3
5	采用基面名称	ADDMNM	C (10)	否		
6	冻结或测站基面以上高程	STDMEL	N (7.3)	否	m	
7	绝对或假定基面以上高程	AADMEL	N (7.3)	否	m	
8	绝对基面名称	ABSDMNM	C (80)			
9	水准点型式	BMSTL	C (10)			
10	水准点位置	BMLC	C (60)			
11	引据水准点编号	MFBMNO	C (20)	否		
12	变动原因	CHGCA	C (50)			

9. 水库基本工程指标表 HY_RVENCH_A

附表 2.9   水库基本工程指标表字段定义

序号	字段名	字段标识	类型及长度	是否允许空值	计量单位	主键序号
1	站码	STCD	C (8)	否		1
2	工程名称	ENGNM	C (20)	否		
3	工程名称代码	ENGCD	C (11)			
4	开始蓄水年份	BGSWYR	N (4)	否		
5	开始蓄水月份	BGSWMTH	N (2)			
6	校核洪水位	CKFLZ	N (7.3)		m	
7	校核库容	CKFLCP	N (13.5)		$10^4 m^3$	
8	设计洪水位	DSFLZ	N (7.3)		m	
9	设计库容	DSFLCP	N (13.5)		$10^4 m^3$	
10	正常高水位	NRMZ	N (7.3)		m	
11	正常库容	NRMRW	N (13.5)		$10^4 m^3$	
12	死水位	DDZ	N (7.3)		m	
13	死库容	DDCP	N (13.5)		$10^4 m^3$	

10. 测站以上水利工程基本情况表 HY_PHPBF_A

附表 2.10 　　　　　　　　　测站以上水利工程基本情况表字段定义

序号	字段名	字段标识	类型及长度	是否允许空值	计量单位	主键序号
1	站码	STCD	C（8）	否		1
2	工程名称代码	ENGCD	C（11）	否		2
3	竣工年份	CPLYR	N（4）	否		
4	竣工月份	CPLMT	N（2）			
5	河流名称	RVNM	C（32）	否		
6	工程名称	ENGNM	C（20）	否		
7	工程地址	ENGLC	C（40）	否		
8	东经	LGTD	N（12.9）		°	
9	北纬	LTTD	N（11.9）		°	
10	控制面积	CTRA	N（10.2）		km^2	
11	总库容	TCP	N（13.5）		$10^4 m^3$	
12	最大实灌面积	MXAIRA	N（17.4）		万亩	
13	最大实引排水量	MXADDW	N（13.5）		$10^4 m^3$	
14	备注	NT	VCHAR（）			

11. 降水量观测场沿革表 HY_EVP_A

附表 2.11 　　　　　　　　　　降水量观测场沿革表字段定义

序号	字段名	字段标识	类型及长度	是否允许空值	计量单位	主键序号
1	站码	STCD	C（8）	否		1
2	变动年份	CHGYR	N（4）	否		2
3	变动月份	CHGMTH	N（2）			
4	变动日	CHGDY	N（2）			
5	仪器口径	GGDM	N（6）	否	cm	
6	仪器精度	GGPRC	C（6）	否		
7	记录模式	RCMD	C（4）	否		
8	获值模式	SENSMD	C（4）	否		
9	绝对高程	ABSEL	N（7.3）		m	
10	器口离地面高度	GGHGT	N（3.1）	否	m	

续表

序号	字段名	字段标识	类型及长度	是否允许空值	计量单位	主键序号
11	非汛期观测段制	NFOBRG	C（4）			
12	汛期观测段制	FLOBRG	C（4）			
13	备注	NT	C（255）			

12. 水面蒸发量观测场沿革表 HY_EVE_A

附表 2.12　　　　　　　　　水面蒸发量观测场沿革表字段定义

序号	字段名	字段标识	类型及长度	是否允许空值	计量单位	主键序号
1	站码	STCD	C（8）	否		1
2	变动年份	CHGYR	N（4）	否		2
3	变动月份	CHGMTH	N（2）			
4	变动日	CHGDY	N（2）			
5	变动情况	CHGCND	C（10）			3
6	蒸发场位置特征	ESLCCH	C（4）	否		
7	蒸发器型式	EETP	C（30）	否		
8	附近地势	NBTPG	VCHAR（）			
9	四周障碍物	ARSTOB	VCHAR（）			
10	领导机关	ADMAG	C（30）			
11	备注	NT	C（255）			

13. 测站施测项目沿革表 HY_EVIT_A

附 2.13　　　　　　　　　测站施测项目沿革表字段定义

序号	字段名	字段标识	类型及长度	是否允许空值	计量单位	主键序号
1	站码	STCD	C（8）	否		1
2	变动年份	CHGYR	N（4）	否		2
3	施测项目码	OBITMCD	C（12）	否		
4	备注	NT	C（255）			

2.1.2　摘录表类

1. 降水量摘录表 HY_PREX_B

附表 2.14　　　　　　　　　　　降水量摘录表字段定义

序号	字段名	字段标识	类型及长度	是否允许空值	计量单位	主键序号
1	站码	STCD	C（8）	否		1
2	起时间	BGTM	T	否		2
3	止时间	ENDTM	T	否		
4	降水量	P	N（1）		mm	
5	降水量注解码	PRCD	C（4）			

2. 洪水水文要素摘录表 HY_FDHEEX_B

附表 2.15　　　　　　　　　　洪水水文要素摘录表字段定义

序号	字段名	字段标识	类型及长度	是否允许空值	计量单位	主键序号
1	站码	STCD	C（8）	否		1
2	时间	TM	T	否		2
3	水位	Z	N（7.3）		m	
4	水位注解码	ZRCD	C（4）			
5	流量	Q	N（11.3）		m^3/s	
6	含沙量	S	N（12.6）		kg/m^3	

3. 水库洪水水文要素摘录表 HY_RVFHEX_B

附表 2.16　　　　　　　　　水库洪水水文要素摘录表字段定义

序号	字段名	字段标识	类型及长度	是否允许空值	计量单位	主键序号
1	站码	STCD	C（8）	否		1
2	时间	TM	T	否		2
3	坝上水位	DAMBHDZ	N（7.3）		m	
4	坝上水位注解码	DAMBHDZRCD	C（4）			
5	流量	Q	N（11.3）		m^3/s	
6	含沙量	S	N（12.6）		kg/m^3	
7	蓄水量	W	N（13.5）		$10^4 m^3$	
8	备注	NT	VCHAR（）			

2.1.3 日表类

1. 日降水量表 HY_DP_C

附表 2.17　　　　　　　　　　　日降水量表字段定义

序号	字段名	字段标识	类型及长度	是否允许空值	计量单位	主键序号
1	站码	STCD	C (8)	否		1
2	日期	DT	T	否		2
3	降水量	P	N (5, 1)		mm	
4	降水量注解码	PRCD	C (4)			

2. 日水面蒸发量表 HY_DWE_C

附表 2.18　　　　　　　　　　日水面蒸发量表字段定义

序号	字段名	字段标识	类型及长度	是否允许空值	计量单位	主键序号
1	站码	STCD	C (8)	否		1
2	日期	DT	T	否		2
3	蒸发器型式	EETP	C (30)	否		3
4	水面蒸发量	WSFE	N (5, 1)		mm	
5	水面蒸发量注解码	WSFERCD	C (4)			

3. 日水面蒸发量辅助项目表 HY_DWEAP_C

附表 2.19　　　　　　　　日水面蒸发量辅助项目表字段定义

序号	字段名	字段标识	类型及长度	是否允许空值	计量单位	主键序号
1	站码	STCD	C (8)	否		1
2	日期	DT	T	否		2
3	观测高度	OBHGT	N (3.1)	否	m	3
4	气温	ATMP	N (4.1)		℃	
5	气温注解码	ATMPRCD	C (4)			
6	水汽压	VP	N (5, 1)		$10^2 Pa$	
7	水汽压注解码	VPRCD	C (4)			
8	水汽压力差	VPD	N (5, 1)		$10^2 Pa$	
9	水汽压力差注解码	VPDRCD	C (4)			
10	风速	WNDV	N (5, 2)		m/s	
11	风速注解码	WNDVRCD	C (4)			

4. 日平均水位表 HY_DZ_C

附表 2.20   日平均水位表字段定义

序号	字段名	字段标识	类型及长度	是否允许空值	计量单位	主键序号
1	站码	STCD	C (8)	否		1
2	日期	DT	T	否		2
3	平均水位	AVZ	N (7.3)		m	
4	平均水位注解码	AVZRCD	C (4)			

5. 日平均流量表 HY_DQ_C

附表 2.21   日平均流量表字段定义

序号	字段名	字段标识	类型及长度	是否允许空值	计量单位	主键序号
1	站码	STCD	C (8)	否		1
2	日期	DT	T	否		2
3	平均流量	AVQ	N (11.3)		m^3/s	
4	平均流量注解码	AVQRCD	C (4)			

6. 日平均含沙量表 HY_DCS_C

附表 2.22   日平均含沙量表字段定义

序号	字段名	字段标识	类型及长度	是否允许空值	计量单位	主键序号
1	站码	STCD	C (8)	否		1
2	日期	DT	T	否		2
3	平均含沙量	AVCS	N (12.6)		kg/m^3	
4	平均含沙量注解码	AVCSRCD	C (4)			

7. 日平均输沙率表 HY_DQS_C

附表 2.23   日平均输沙率表字段定义

序号	字段名	字段标识	类型及长度	是否允许空值	计量单位	主键序号
1	站码	STCD	C (8)	否		1
2	泥沙类型	SDTP	C (10)	否		2
3	日期	DT	T	否		3
4	平均输沙率	AVQS	N (12.6)		kg/s	
5	平均输沙率注解码	AVQSRCD	C (4)			

8. 日水温表 HY_DWT_C

附表 2.24 　　　　　　　　　　　　日水温表字段定义

序号	字段名	字段标识	类型及长度	是否允许空值	计量单位	主键序号
1	站码	STCD	C (8)	否		1
2	日期	DT	T	否		2
3	水温	WTMP	N (3.1)		℃	
4	水温注解码	WTMPRCD	C (4)			

2.1.4 旬表类

1. 旬降水量表 HY_DCP_D

附表 2.25 　　　　　　　　　　　　旬降水量表字段定义

序号	字段名	字段标识	类型及长度	是否允许空值	计量单位	主键序号
1	站码	STCD	C (8)	否		1
2	旬起始日期	PTBGDT	T	否		2
3	降水量	P	N (6.1)		mm	
4	降水量注解码	PRCD	C (4)			

2. 旬水面蒸发量表 HY_DCWE_D

附表 2.26 　　　　　　　　　　　旬水面蒸发量表字段定义

序号	字段名	字段标识	类型及长度	是否允许空值	计量单位	主键序号
1	站码	STCD	C (8)	否		1
2	蒸发器型式	EETP	C (30)	否		2
3	旬起始日期	PTBGDT	T	否		3
4	水面蒸发量	WSFE	N (5, 1)		mm	
5	水面蒸发量注解码	WSFERCD	C (4)			

3. 旬水面蒸发量辅助项目表 HY_DCWEAP_D

附表 2.27 旬水面蒸发量辅助项目表字段定义

序号	字段名	字段标识	类型及长度	是否允许空值	计量单位	主键序号
1	站码	STCD	C (8)	否		1
2	旬起始日期	PTBGDT	T	否		2
3	观测高度	OBHGT	N (3.1)	否	m	3
4	平均气温	AVATMP	N (4.1)		℃	
5	平均气温注解码	AVATMPRCD	C (4)			
6	平均水汽压	AVVP	N (5, 1)		10^2Pa	
7	平均水汽压注解码	AVVPRCD	C (4)			
8	平均水汽压力差	AVVPD	N (5, 1)		10^2Pa	
9	平均水汽压力差注解码	AVVPDRCD	C (4)			
10	平均风速	AVWDV	N (5, 2)		m/s	
11	平均风速注解码	AVWDVRCD	C (4)			

4. 旬平均水位表 HY_DCZ_D

附表 2.28 旬平均水位表字段定义

序号	字段名	字段标识	类型及长度	是否允许空值	计量单位	主键序号
1	站码	STCD	C (8)	否		1
2	旬起始日期	PTBGDT	T	否		2
3	平均水位	AVZ	N (7.3)		m	
4	平均水位注解码	AVZRCD	C (4)			

5. 旬平均流量表 HY_DCQ_D

附表 2.29 旬平均流量表字段定义

序号	字段名	字段标识	类型及长度	是否允许空值	计量单位	主键序号
1	站码	STCD	C (8)	否		1
2	旬起始日期	PTBGDT	T	否		2
3	平均流量	AVQ	N (11.3)		m³/s	
4	平均流量注解码	AVQRCD	C (4)			

6. 旬平均含沙量表 HY_DCCS_D

附表 2.30   旬平均含沙量表字段定义

序号	字段名	字段标识	类型及长度	是否允许空值	计量单位	主键序号
1	站码	STCD	C (8)	否		1
2	旬起始日期	PTBGDT	T	否		2
3	平均含沙量	AVCS	N (12.6)		kg/m³	
4	平均含沙量注解码	AVCSRCD	C (4)			

7. 旬平均输沙率表 HY_DCQS_D

附表 2.31   旬平均输沙率表字段定义

序号	字段名	字段标识	类型及长度	是否允许空值	计量单位	主键序号
1	站码	STCD	C (8)	否		1
2	泥沙类型	SDTP	C (10)	否		2
3	旬起始日期	PTBGDT	T	否		3
4	平均输沙率	AVQS	N (12.6)		kg/s	
5	平均输沙率注解码	AVQSRCD	C (4)			

8. 旬泥沙特征粒径表 HY_DCCHPD_D

附表 2.32   旬泥沙特征粒径表字段定义

序号	字段名	字段标识	类型及长度	是否允许空值	计量单位	主键序号
1	站码	STCD	C (8)	否		1
2	泥沙类型	SDTP	C (10)	否		2
3	旬起始日期	PTBGDT	T	否		3
4	中数粒径	MDPD	N (9.4)		mm	
5	平均粒径	AVPD	N (9.4)		mm	
6	最大粒径	MXPD	N (9.4)		mm	
7	备注	NT	C (50)			

9. 旬平均水温表 HY_DCWT_D

附表 2.33　　　　　　　　　旬平均水温表字段定义

序号	字段名	字段标识	类型及长度	是否允许空值	计量单位	主键序号
1	站码	STCD	C（8）	否		1
2	旬起始日期	PTBGDT	T	否		2
3	平均水温	AVWTMP	N（3.1）		℃	
4	平均水温注解码	AVWTMPRCD	C（4）			

2.1.5　月表类

1. 月降水量表 HY_MTP_E

附表 2.34　　　　　　　　　月降水量表字段定义

序号	字段名	字段标识	类型及长度	是否允许空值	计量单位	主键序号
1	站码	STCD	C（8）	否		1
2	年	YR	N（4）	否		2
3	月	MTH	N（2）	否		3
4	降水量	P	N（6.1）		mm	
5	降水量注解码	PRCD	C（4）			
6	降水日数	PDYNUM	N（2）			
7	降水日数注解码	PDYNUMRCD	C（4）			
8	最大日降水量	MXDYP	N（6.1）		mm	
9	最大日降水量注解码	MXDYPRCD	C（4）			
10	最大日降水量出现日期	MXDYPODT	T			

2. 月水面蒸发量表 HY_MTWE_E

附表 2.35　　　　　　　　　月水面蒸发量表字段定义

序号	字段名	字段标识	类型及长度	是否允许空值	计量单位	主键序号
1	站码	STCD	C（8）	否		1
2	蒸发器型式	EETP	C（30）	否		2
3	年	YR	N（4）	否		3
4	月	MTH	N（2）	否		4

续表

序号	字段名	字段标识	类型及长度	是否允许空值	计量单位	主键序号
5	水面蒸发量	WSFE	N (5, 1)		mm	
6	水面蒸发量注解码	WSFERCD	C (4)			
7	最大日水面蒸发量	MXDYE	N (5, 1)		mm	
8	最大日水面蒸发量注解码	MXDYERCD	C (4)			
9	最小日水面蒸发量	MNDYE	N (5, 1)		mm	
10	最小日水面蒸发量注解码	MNDYERCD	C (4)			

3. 月水面蒸发量辅助项目表 HY_MTWEAP_E

附表 2. 36　　　　　　　　　月水面蒸发量辅助项目表字段定义

序号	字段名	字段标识	类型及长度	是否允许空值	计量单位	主键序号
1	站码	STCD	C (8)	否		1
2	年	YR	N (4)	否		2
3	月	MTH	N (2)	否		3
4	观测高度	OBHGT	N (3.1)	否	m	4
5	平均气温	AVATMP	N (4.1)		℃	
6	平均气温注解码	AVATMPRCD	C (4)			
7	最高气温	MXATMP	N (4.1)		℃	
8	最高气温注解码	MXATMPRCD	C (4)			
9	最高气温日期	MXATMPDT	T			
10	最低气温	MNATMP	N (4.1)		℃	
11	最低气温注解码	MNATMPRCD	C (4)			
12	最低气温日期	MNATMPDT	T			
13	平均水汽压	AVVP	N (5, 1)		10^2 Pa	
14	平均水汽压注解码	AVVPRCD	C (4)			
15	平均水汽压力差	AVVPD	N (5, 1)		10^2 Pa	
16	平均水汽压力差注解码	AVVPDRCD	C (4)			
17	月平均风速	AVWDV	N (5, 2)		m/s	
18	平均风速注解码	AVWDVRCD	C (4)			

4. 月水位表 HY_MTZ_E

附表 2.37 月水位表字段定义

序号	字段名	字段标识	类型及长度	是否允许空值	计量单位	主键序号
1	站码	STCD	C（8）	否		1
2	年	YR	N（4）	否		2
3	月	MTH	N（2）	否		3
4	平均水位	AVZ	N（7.3）		m	
5	平均水位注解码	AVZRCD	C（4）			
6	最高水位	HTZ	N（7.3）		m	
7	最高水位注解码	HTZRCD	C（4）			
8	最高水位日期	HTZDT	T			
9	最低水位	MNZ	N（7.3）		m	
10	最低水位注解码	MNZRCD	C（4）			
11	最低水位日期	MNZDT	T			

5. 月流量表 HY_MTQ_E

附表 2.38 月流量表字段定义

序号	字段名	字段标识	类型及长度	是否允许空值	计量单位	主键序号
1	站码	STCD	C（8）	否		1
2	年	YR	N（4）	否		2
3	月	MTH	N（2）	否		3
4	平均流量	AVQ	N（11.3）		m^3/s	
5	平均流量注解码	AVQRCD	C（4）			
6	最大流量	MXQ	N（11.3）		m^3/s	
7	最大流量注解码	MXQRCD	C（4）			
8	最大流量日期	MXQDT	T			
9	最小流量	MNQ	N（9.3）		m^3/s	
10	最小流量注解码	MNQRCD	C（4）			
11	最小流量日期	MNQDT	T			

6. 月含沙量表 HY_MTCS_E

附表 2.39　　　　　　　　　　月含沙量表字段定义

序号	字段名	字段标识	类型及长度	是否允许空值	计量单位	主键序号
1	站码	STCD	C（8）	否		1
2	年	YR	N（4）	否		2
3	月	MTH	N（2）	否		3
4	平均含沙量	AVCS	N（12.6）		kg/m³	
5	平均含沙量注解码	AVCSRCD	C（4）			
6	最大含沙量	MXS	N（12.6）		kg/m³	
7	最大含沙量注解码	MXSRCD	C（4）			
8	最大含沙量日期	MXSDT	T			
9	最小含沙量	MNS	N（12.6）		kg/m³	
10	最小含沙量注解码	MNSRCD	C（4）			
11	最小含沙量日期	MNSDT	T			

7. 月输沙率表 HY_MTQS_E

附表 2.40　　　　　　　　　　月输沙率表字段定义

序号	字段名	字段标识	类型及长度	是否允许空值	计量单位	主键序号
1	站码	STCD	C（8）	否		1
2	泥沙类型	SDTP	C（10）	否		2
3	年	YR	N（4）	否		3
4	月	MTH	N（2）	否		4
5	平均输沙率	AVQS	N（12.6）		kg/s	
6	平均输沙率注解码	AVQSRCD	C（4）			
7	最大日平均输沙率	MXDYQS	N（12.6）		kg/s	
8	最大日平均输沙率注解码	MXDYQSRCD	C（4）			
9	最大日平均输沙率出现日期	MXDYQSODT	T			

8. 月平均泥沙颗粒级配表 HY_MTPDDB_E

附表 2.41　　　　　　　　月平均泥沙颗粒级配表字段定义

序号	字段名	字段标识	类型及长度	是否允许空值	计量单位	主键序号
1	站码	STCD	C (8)	否		1
2	泥沙类型	SDTP	C (10)	否		2
3	年	YR	N (4)	否		3
4	月	MTH	N (2)	否		4
5	上限粒径	LTPD	N (7.3)	否	mm	5
6	平均沙重百分数	AVSWPCT	N (4.1)			

9. 月泥沙特征粒径表 HY_MTCHPD_E

附表 2.42　　　　　　　　月泥沙特征粒径表字段定义

序号	字段名	字段标识	类型及长度	是否允许空值	计量单位	主键序号
1	站码	STCD	C (8)	否		1
2	泥沙类型	SDTP	C (10)	否		2
3	年	YR	N (4)	否		3
4	月	MTH	N (2)	否		4
5	中数粒径	MDPD	N (9.4)		mm	
6	平均粒径	AVPD	N (9.4)		mm	
7	最大粒径	MXPD	N (9.4)		mm	
8	备注	NT	C (50)			

10. 月水温表 HY_MTWT_E

附表 2.43　　　　　　　　月水温表字段定义

序号	字段名	字段标识	类型及长度	是否允许空值	计量单位	主键序号
1	站码	STCD	C (8)	否		1
2	年	YR	N (4)	否		2
3	月	MTH	N (2)	否		3
4	平均水温	AVTMP	N (3.1)		℃	
5	平均水温注解码	AVWTMPRCD	C (4)			
6	最高水温	MXWTMP	N (3.1)		℃	
7	最高水温注解码	MXWTMPRCD	C (4)			

序号	字段名	字段标识	类型及长度	是否允许空值	计量单位	主键序号
8	最高水温日期	MXWTMPDT	T			
9	最低水温	MNWTMP	N (3.1)		℃	
10	最低水温注解码	MNWTMPRCD	C (4)			
11	最低水温日期	MNWTMPDT	T			

2.1.6 年表类

1. 年降水量表 HY_YRP_F

附表 2.44 年降水量表字段定义

序号	字段名	字段标识	类型及长度	是否允许空值	计量单位	主键序号
1	站码	STCD	C (8)	否		1
2	年	YR	N (4)	否		2
3	降水量	P	N (6.1)		mm	
4	降水量注解码	PRCD	C (4)			
5	降水日数	PDYNUM	N (3)			
6	降水日数注解码	PDYNUMRCD	C (4)			
7	终霜日期	FRDSDT	T			
8	初霜日期	FRAPDT	T			
9	终雪日期	SNDSDT	T			
10	初雪日期	SNAPDT	T			

2. 分钟时段最大降水量表 HY_MMXP_F

附表 2.45 分钟时段最大降水量表字段定义

序号	字段名	字段标识	类型及长度	是否允许空值	计量单位	主键序号
1	站码	STCD	C (8)	否		1
2	年	YR	N (4)	否		3
3	起时间	BGTM	T			
4	最大降水量时段长	MXPDR	N (4)	否	min	2
5	最大降水量	MXP	N (5, 1)		mm	
6	最大降水量注解码	MXPRC	C (4)			

3. 小时时段最大降水量表 HY_HMXP_F

附表 2.46　　　　　　　　　　小时时段最大降水量表字段定义

序号	字段名	字段标识	类型及长度	是否允许空值	计量单位	主键序号
1	站码	STCD	C（8）	否		1
2	年	YR	N（4）	否		3
3	起时间	BGTM	T			
4	最大降水量时段长	MXPDR	N（10）	否	h	2
5	最大降水量	MXP	N（8）		mm	
6	最大降水量注解码	MXPRC	C（4）			

4. 日时段最大降水量表 HY_DMXP_F

附表 2.47　　　　　　　　　　日时段最大降水量表字段定义

序号	字段名	字段标识	类型及长度	是否允许空值	计量单位	主键序号
1	站码	STCD	C（8）	否		1
2	年	YR	N（4）	否		3
3	起始日期	BGDT	T			
4	最大降水量时段长	MXPDR	N（3）	否		2
5	最大降水量	MXP	N（5，1）		mm	
6	最大降水量注解码	MXPRC	C（4）			

5. 年水面蒸发量表 HY_YRWE_F

附表 2.48　　　　　　　　　　年水面蒸发量表字段定义

序号	字段名	字段标识	类型及长度	是否允许空值	计量单位	主键序号
1	站码	STCD	C（8）	否		1
2	蒸发器型式	EETP	C（30）	否		2
3	年	YR	N（4）	否		3
4	水面蒸发量	WSFE	N（5，1）		mm	
5	水面蒸发量注解码	WSFERCD	C（4）			
6	最大日水面蒸发量	MXDYE	N（5，1）		mm	
7	最大日水面蒸发量注解码	MXDYERCD	C（4）			

序号	字段名	字段标识	类型及长度	是否允许空值	计量单位	主键序号
8	最大日水面蒸发量出现日期	MXDYEODT	T			
9	最小日水面蒸发量	MNDYE	N (5, 1)		mm	
10	最小日水面蒸发量注解码	MNDYERCD	C (4)			
11	最小日水面蒸发量出现日期	MNDYEODT	T			
12	终冰日期	IDSDT	T			
13	初冰日期	ICAPD	T			
14	蒸发场位置特征	ESLCCH	C (4)			
15	备注	NT	C (250)			

6. 年水面蒸发量辅助项目表 HY_YRWEAP_F

附表 2.49 年水面蒸发量辅助项目表字段定义

序号	字段名	字段标识	类型及长度	是否允许空值	计量单位	主键序号
1	站码	STCD	C (8)	否		1
2	年	YR	N (4)	否		2
3	观测高度	OBHGT	N (3.1)	否	米	3
4	平均气温	AVATMP	N (4.1)		℃	
5	平均气温注解码	AVATMPRCD	C (4)			
6	最高气温	MXATMP	N (4.1)		℃	
7	最高气温注解码	MXATMPRCD	C (4)			
8	最高气温日期	MXATMPDT	T			
9	最低气温	MNATMP	N (4.1)		℃	
10	最低气温注解码	MNATMPRCD	C (4)			
11	最低气温日期	MNATMPDT	T			
12	平均水汽压	AVVP	N (5, 1)		10^2Pa	
13	平均水汽压注解码	AVVPRCD	C (4)			
14	平均水汽压力差	AVVPD	N (5, 1)		10^2Pa	
15	平均水汽压力差注解码	AVVPDRCD	C (4)			
16	平均风速	AVWDV	N (5, 2)		m/s	
17	平均风速注解码	AVWDVRCD	C (4)			

7. 年水位表 HY_YRZ_F

附表 2.50　　　　　　　　　　年水位表字段定义

序号	字段名	字段标识	类型及长度	是否允许空值	计量单位	主键序号
1	站码	STCD	C (8)	否		1
2	年	YR	N (4)	否		2
3	平均水位	AVZ	N (7.3)		m	
4	平均水位注解码	AVZRCD	C (4)			
5	最高水位	HTZ	N (7.3)		m	
6	最高水位注解码	HTZRCD	C (4)			
7	最高水位日期	HTZDT	T			
8	最低水位	MNZ	N (7.3)		m	
9	最低水位注解码	MNZRCD	C (4)			
10	最低水位日期	MNZDT	T			

8. 保证率水位表 HY_WFDZ_F

附表 2.51　　　　　　　　　　保证率水位表字段定义

序号	字段名	字段标识	类型及长度	是否允许空值	计量单位	主键序号
1	站码	STCD	C (8)	否		1
2	年	YR	N (4)	否		2
3	保证率	WF	N (3)	否	d	
4	保证率水位	RZ	N (7.3)		m	
5	保证率水位注解码	RZRCD	C (4)			

9. 年流量表 HY_YRQ_F

附表 2.52　　　　　　　　　　年流量表字段定义

序号	字段名	字段标识	类型及长度	是否允许空值	计量单位	主键序号
1	站码	STCD	C (8)	否		1
2	年	YR	N (4)	否		2
3	平均流量	AVQ	N (11.3)		m^3/s	
4	平均流量注解码	AVQRCD	C (4)			

续表

序号	字段名	字段标识	类型及长度	是否允许空值	计量单位	主键序号
5	最大流量	MXQ	N (11.3)		m^3/s	
6	最大流量注解码	MXQRCD	C (4)			
7	最大流量日期	MXQDT	T			
8	最小流量	MNQ	N (9.3)		m^3/s	
9	最小流量注解码	MNQRCD	C (4)			
10	最小流量日期	MNQDT	T			
11	径流量	RW	N (13.5)		$10^4 m^3$	
12	径流量注解码	RWRCD	C (4)			
13	径流模数	RM	N (13.6)		$dm^3/(km^2 \cdot s)$	
14	径流深	RD	N (7.1)		mm	

10. 时段最大洪量表 HY_IMXFW_F

附表 2.53 时段最大洪量表字段定义

序号	字段名	字段标识	类型及长度	是否允许空值	计量单位	主键序号
1	站码	STCD	C (8)	否		1
2	年	YR	N (4)	否		3
3	起始日期	BGDT	T			
4	最大洪量时段长	MXWDR	N (3)	否	d	2
5	最大洪量	MXW	N (13.5)		$10^4 m^3$	
6	最大洪量注解码	MXWRC	C (4)			

11. 年含沙量表 HY_YRCS_F

附表 2.54 年含沙量表字段定义

序号	字段名	字段标识	类型及长度	是否允许空值	计量单位	主键序号
1	站码	STCD	C (8)	否		1
2	年	YR	N (4)	否		2
3	平均含沙量	AVCS	N (12.6)		kg/m^3	
4	平均含沙量注解码	AVCSRCD	C (4)			
5	最大含沙量	MXS	N (12.6)		kg/m^3	

续表

序号	字段名	字段标识	类型及长度	是否允许空值	计量单位	主键序号
6	最大含沙量注解码	MXSRCD	C (4)			
7	最大含沙量日期	MXSDT	T			
8	最小含沙量	MNS	N (12.6)		kg/m^3	
9	最小含沙量注解码	MNSRCD	C (4)			
10	最小含沙量日期	MNSDT	T			

12. 年输沙率表 HY_YRQS_F

附表 2.55　　年输沙率表字段定义

序号	字段名	字段标识	类型及长度	是否允许空值	计量单位	主键序号
1	站码	STCD	C (8)	否		1
2	泥沙类型	SDTP	C (10)	否		2
3	年	YR	N (4)	否		3
4	平均输沙率	AVQS	N (12.6)		kg/s	
5	平均输沙率注解码	AVQSRCD	C (4)			
6	最大日平均输沙率	MXDYQS	N (12.6)		kg/s	
7	最大日平均输沙率注解码	MXDYQSRCD	C (4)			
8	最大日平均输沙率出现日期	MXDYQSODT	T			
9	输沙量	SW	N (13.7)		10^{4}t	
10	输沙量注解码	SWRC	C (4)			
11	输沙模数	SM	N (13.6)		$t/(km^2 \cdot a)$	
12	采样仪器型号	SIMN	C (30)			
13	采样效率系数	SMEC	N (9.5)			
14	备注	NT	VCHAR ()			

13. 年平均泥沙颗粒级配表 HY_YRPDDB_F

附表 2.56　　年平均泥沙颗粒级配表字段定义

序号	字段名	字段标识	类型及长度	是否允许空值	计量单位	主键序号
1	站码	STCD	C (8)	否		1
2	泥沙类型	SDTP	C (10)	否		2

续表

序号	字段名	字段标识	类型及长度	是否允许空值	计量单位	主键序号
3	年	YR	N（4）	否		3
4	上限粒径	LTPD	N（7.3）	否	mm	4
5	平均沙重百分数	AVSWPCT	N（4.1）			

14. 年泥沙特征粒径表 HY_YRCHPD_F

附表 2.57　　　　　　　　　　年泥沙特征粒径表字段定义

序号	字段名	字段标识	类型及长度	是否允许空值	计量单位	主键序号
1	站码	STCD	C（8）	否		1
2	泥沙类型	SDTP	C（10）	否		2
3	年	YR	N（4）	否		3
4	中数粒径	MDPD	N（9.4）		mm	
5	平均粒径	AVPD	N（9.4）		mm	
6	最大粒径	MXPD	N（9.4）		mm	
7	备注	NT	VCHAR（）			

15. 年水温表 HY_YRWT_F

附表 2.58　　　　　　　　　　年水温表字段定义

序号	字段名	字段标识	类型及长度	是否允许空值	计量单位	主键序号
1	站码	STCD	C（8）	否		1
2	年	YR	N（4）	否		2
3	平均水温	AVWTMP	N（3.1）		℃	
4	平均水温注解码	AVWTMPRCD	C（4）			
5	最高水温	MXWTMP	N（3.1）		℃	
6	最高水温注解码	MXWTMPRCD	C（4）			
7	最高水温日期	MXWTMPDT	T			
8	最低水温	MNWTMP	N（3.1）		℃	
9	最低水温注解码	MNWTMPRCD	C（4）			
10	最低水温日期	MNWTMPDT	T			

2.1.7 实测调查表类

1. 实测大断面成果表 HY_XSMSRS_G

附表 2.59　　　　　　　　　　　实测大断面成果表字段定义

序号	字段名	字段标识	类型及长度	是否允许空值	计量单位	主键序号
1	站码	STCD	C（8）	否		1
2	施测日期	OBDT	T	否		2
3	测次号	OBNO	N（2）	否		3
4	垂线号	VTNO	C（8）	否		4
5	起点距	DI	N（7.2）		m	
6	河底高程	RVBDEL	N（7.3）		m	
7	河底高程注解码	RVBDELRCD	C（4）			
8	测时水位	OBDRZ	N（7.3）		m	
9	测时水位注解码	OBDRZRCD	C（4）			
10	垂线方位	VTAZ	C（30）			

2. 大断面参数及引用情况表 HY_XSPAQT_G

附表 2.60　　　　　　　　　　大断面参数及引用情况表字段定义

序号	字段名	字段标识	类型及长度	是否允许空值	计量单位	主键序号
1	站码	STCD	C（8）	否		1
2	施测日期	OBDT	T	否		2
3	测次号	OBNO	N（2）	否		3
4	断面名称及位置	XSNMLC	C（60）			
5	测次说明	OBNONT	C（50）			
6	引用施测日期	QTOBDT	T	否		
7	引用测次号	QTOBNO	N（2）	否		
8	引用起始起点距	QTBGDI	N（7.2）		m	
9	引用终止起点距	QTEDDI	N（7.2）		m	

3. 痕迹表 HY_TC_G

附表 2.61　　　　　　　　　　　痕迹表字段定义

序号	字段名	字段标识	类型及长度	是否允许空值	计量单位	主键序号
1	站点码	STPTCD	C（8）	否		1
2	岸别符号	BKSB	N（2）	否		
3	痕迹类型	TRTP	N（3）	否		2
4	调查日期	IVDT	T	否		3
5	年	YR	N（5）	否		4
6	月	MTH	N（2）			
7	日	DY	N（2）			
8	时	HR	N（2）			
9	分	MNT	N（2）			
10	点编号	PONO	N（4）	否		5
11	点详细位置	PTDL	VCHAR（）			
12	点东经	PLGTD	N（12.9）		°	
13	点北纬	PLTTD	N（11.9）		°	
14	点高程	PTEL	N（7.3）		m	
15	点参数	PTPA	N（17.6）			
16	指认人及印象	WTMI	VCHAR（）			
17	目击和旁证可靠等级	WRR	C（6）			
18	痕迹和标志物可靠等级	TFRR	C（6）			
19	估计误差范围	ESTER	N（5，3）		m	
20	备注	NT	VCHAR（）			
21	调查报告编号	IVRPNO	VCHAR（）			

4. 实测降水量表 HY_OBP_G

附表 2.62　　　　　　　　　　　实测降水量表字段定义

序号	字段名	字段标识	类型及长度	是否允许空值	计量单位	主键序号
1	站码	STCD	C（8）	否		1
2	起时间	BGTM	T	否		2
3	止时间	ENDTM	T	否		
4	降水量	P	N（5，1）		mm	
5	降水量注解码	PRCD	C（4）			

5. 调查降水量表 HY_IVP_G

附表 2.63　　　　　　　　　　　　　　　　**调查降水量表字段定义**

序号	字段名	字段标识	类型及长度	是否允许空值	计量单位	主键序号
1	站点码	STPTCD	C（8）	否		1
2	调查日期	IVDT	T	否		2
3	起始年	BGYR	N（5）	否		3
4	起始月	BGMTH	N（2）			
5	起始日	BGDY	N（2）			
6	起始时	BGHR	N（2）			
7	起始分	BGMNT	N（2）			
8	终止年	ENDYR	N（5）	否		
9	终止月	ENDMTH	N（2）			
10	终止日	ENDDY	N（2）			
11	终止时	ENDHR	N（2）			
12	终止分	ENDMNT	N（2）			
13	降水量	P	N（5，1）		mm	
14	降水量注解码	PRCD	C（4）			
15	雨情描述	RNDSC	VCHAR（）			
16	重现期	RCINT	N（2）			
17	重现期统计截止年	RCINTCUTYR	N（5）			
18	目击和水痕可靠等级	WTRR	C（6）			
19	承雨器障碍物可靠等级	RCBRR	C（6）			
20	承雨器雨前可靠等级	RCRR	C（6）			
21	承雨器漫溢渗漏可靠等级	LQRCRR	C（6）			
22	备注	NT	VCHAR（）			
23	调查报告编号	IVRPNO	C（50）			

6. 洪枯水调查考证成果表 HY_FDLFIV_G

附表 2.64　　　　　　　　　　　　　　　　**洪枯水调查考证成果表字段定义**

序号	字段名	字段标识	类型及长度	是否允许空值	计量单位	主键序号
1	站点码	STPTCD	C（8）	否		1
2	调查日期	IVDT	T	否		2
3	年	YR	N（5）	否		3

续表

序号	字段名	字段标识	类型及长度	是否允许空值	计量单位	主键序号
4	月	MTH	N（2）			
5	日	DY	N（2）			
6	时	HR	N（2）			
7	分	MNT	N（2）			
8	水位	Z	N（7.3）		m	
9	水位注解码	ZRCD	C（4）			
10	水位可靠等级	ZRL	C（6）			
11	流量	Q	N（11.3）		m^3/s	
12	推算流量方法	QCMT	VCHAR（）			
13	水流边界	FLWBD	C（50）			
14	推算流量资料可靠等级	QCDRL	C（6）			
15	推算流量方法可靠等级	QCMTRL	C（6）			
16	推算流量成果合理性等级	QCRL	C（6）			
17	次水量	OW	N（13.5）		$10^4 m^3$	
18	水情描述	HYINFDSC	VCHAR（）			
19	备注	NT	VCHAR（）			
20	调查报告编号	IVRPNO	C（50）			

7. 实测流量成果表 HY_OBQ_G

附表 2.65　　　　　　　　　实测流量成果表字段定义

序号	字段名	字段标识	类型及长度	是否允许空值	计量单位	主键序号
1	站码	STCD	C（8）	否		1
2	流量施测号数	QOBNO	N（4）	否		3
3	测流起时间	MSQBGTM	T	否		2
4	测流止时间	MSQEDTM	T	否		
5	测流断面位置	XSQLC	C（60）	否		4
6	测流方法	MSQMT	C（30）			
7	基本水尺水位	BSGGZ	N（7.3）		m	
8	流量	Q	N（11.3）		m^3/s	
9	流量注解码	QRCD	C（4）			

续表

序号	字段名	字段标识	类型及长度	是否允许空值	计量单位	主键序号
10	断面总面积	XSTTA	N (7.2)		m^2	
11	断面过水面积	XSA	N (7.2)		m^2	
12	断面面积注解码	XSARCD	C (4)			
13	断面平均流速	XSAVV	N (5, 3)		m/s	
14	断面最大流速	XSMXV	N (5, 3)		m/s	
15	水面宽	TPWD	N (9.3)		m	
16	断面平均水深	XSAVDP	N (7.3)		m	
17	断面最大水深	XSMXDP	N (7.3)		m	
18	水浸冰冰底宽	IBWD	N (9.3)		m	
19	水浸冰冰底平均水深	IBAVDP	N (7.3)		m	
20	水浸冰冰底最大水深	IBMXDP	N (7.3)		m	
21	水面比降	RVSFSL	N (7.3)			
22	糙率	N	N (5, 4)			
23	测次说明	OBNONT	C (50)			

8. 站点水量表 HY_STW_G

附表 2.66   站点水量表字段定义

序号	字段名	字段标识	类型及长度	是否允许空值	计量单位	主键序号
1	站点码	STPTCD	C (8)	否		1
2	起时间	BGTM	T	否		2
3	止时间	ENDTM	T	否		3
4	时段类别	INTCT	C (12)	否		
5	水量类别	WCT	C (20)	否		4
6	水量	WQTTY	N (13.5)		$10^4 m^3$	
7	水量测算方法	WEMT	VCHAR ( )			
8	年实测水量占比	OBWP	N (8.7)			
9	水量计算方法可靠等级	WEMTRL	C (6)			
10	水量成果合理性等级	WDFR	C (6)			
11	起时间闸（坝）上水位	BGTMUPZ	N (7.3)		m	

续表

序号	字段名	字段标识	类型及长度	是否允许空值	计量单位	主键序号
12	起时间闸（坝）上水位注解码	BGTMUPZRCD	C（4）			
13	起时间闸（坝）下水位	BGTMDWZ	N（7.3）		m	
14	起时间闸（坝）下水位注解码	BGTMDWZRCD	C（4）			
15	最大流量	MXQ	N（11.3）		m^3/s	
16	最大流量出现时间	MXQTM	T			
17	调查日期	IVDT	T			
18	备注	NT	VCHAR（）			
19	调查报告编号	IVRPNO	VCHAR（）			

9. 区水量表 HY_ZNW_G

附表 2.67　　　　　　　　　　　区水量表字段定义

序号	字段名	字段标识	类型及长度	是否允许空值	计量单位	主键序号
1	流域水系码	BSHNCD	C（3）	否		1
2	区名	ZNNM	C（30）	否		2
3	起时间	BGTM	T	否		3
4	止时间	ENDTM	T	否		4
5	时段类别	ITNM	C（12）	否		
6	实测蓄水变量	OBVD	N（13.5）		$10^4 m^3$	
7	调查蓄水变量	IVVD	N（13.5）		$10^4 m^3$	
8	实测灌溉还原水量	OBIRRW	N（13.5）		$10^4 m^3$	
9	调查灌溉还原水量	IVIRRW	N（13.5）		$10^4 m^3$	
10	水平梯田拦蓄地面径流量	LTFRW	N（13.5）		$10^4 m^3$	
11	工业生活还原水量	IDRW	N（13.5）		$10^4 m^3$	
12	实测工业生活还原水量	OBIDRW	N（13.5）		$10^4 m^3$	
13	区内除涝排水量	ZNWLCW	N（13.5）		$10^4 m^3$	
14	实测区内除涝排水量	OBWLCW	N（13.5）		$10^4 m^3$	
15	跨流域引水量	IBW	N（13.5）		$10^4 m^3$	
16	实测跨流域引水量	OBIBW	N（13.5）		$10^4 m^3$	

续表

序号	字段名	字段标识	类型及长度	是否允许空值	计量单位	主键序号
17	跨区回归水量	CZRFW	N（13.5）		$10^4\,\mathrm{m}^3$	
18	实测跨区回归水量	OBCZRFW	N（13.5）		$10^4\,\mathrm{m}^3$	
19	跨区回归水量测算方法	CZRFWEM	VCHAR（）			
20	跨区溃坝水量	CZDBW	N（13.5）		$10^4\,\mathrm{m}^3$	
21	实测跨区溃坝水量	OBCZDBW	N（13.5）		$10^4\,\mathrm{m}^3$	
22	跨区溃坝水量测算方法	CZDBWEM	VCHAR（）			
23	溃坝还原水量	DBRW	N（13.5）		$10^4\,\mathrm{m}^3$	
24	跨区分洪水量	CZFDW	N（13.5）		$10^4\,\mathrm{m}^3$	
25	实测跨区分洪水量	OBCZFDW	N（13.5）		$10^4\,\mathrm{m}^3$	
26	跨区分洪水量测算方法	CZFDWEM	VCHAR（）			
27	分洪还原水量	FDRW	N（13.5）		$10^4\,\mathrm{m}^3$	
28	跨区决口水量	CZBRW	N（13.5）		$10^4\,\mathrm{m}^3$	
29	实测跨区决口水量	OBCZBRW	N（13.5）		$10^4\,\mathrm{m}^3$	
30	跨区决口水量测算方法	CZBRWEM	VCHAR（）			
31	决口还原水量	BRRW	N（13.5）		$10^4\,\mathrm{m}^3$	
32	暗河交换水量	UREXW	N（13.5）		$10^4\,\mathrm{m}^3$	
33	暗河交换水量估算方法	UREXWEM	VCHAR（）			
34	暗河交换水量参证站相似程度	UREXWSML	C（8）			
35	暗河交换水量平衡程度	UREXWBLL	C（30）			
36	跨区渗漏水量	CZSPW	N（13.5）		$10^4\,\mathrm{m}^3$	
37	浅层地下水还原水量	SGWRW	N（13.5）		$10^4\,\mathrm{m}^3$	
38	实测浅层地下水还原水量	OBSUWRW	N（13.5）		$10^4\,\mathrm{m}^3$	
39	浅层地下水还原水量测算方法	SGWRWEMT	VCHAR（50）			
40	深层地下水还原水量	DGWRW	N（13.5）		$10^4\,\mathrm{m}^3$	
41	实测深层地下水还原水量	OBDUWRW	N（13.5）		$10^4\,\mathrm{m}^3$	
42	深层地下水还原水量测算方法	DGWRWEMT	VCHAR（50）			
43	泉水出露量	SPW	N（13.5）		$10^4\,\mathrm{m}^3$	
44	总进水量	TINW	N（13.5）		$10^4\,\mathrm{m}^3$	
45	总出水量	TOTW	N（13.5）		$10^4\,\mathrm{m}^3$	
46	降水总量	PW	N（13.5）		$10^4\,\mathrm{m}^3$	

序号	字段名	字段标识	类型及长度	是否允许空值	计量单位	主键序号
47	蒸散发总量	TEV	N（13.5）		$10^4 m^3$	
48	蓄水水面蒸发增损水量	CEW	N（13.5）		$10^4 m^3$	
49	出口水体起时间水位	BTZ	N（7.3）		m	
50	出口水体起时间蓄水量	BTV	N（13.5）		$10^4 m^3$	
51	备注	NT	VCHAR（50）			
52	调查报告编号	IVRPNO	VCHAR（50）			

10. 实测输沙率成果表 HY_OBQS_G

附表 2.68　　　　　　　　　　实测输沙率成果表字段定义

序号	字段名	字段标识	类型及长度	是否允许空值	计量单位	主键序号
1	站码	STCD	C（8）	否		1
2	泥沙类型	SDTP	C（10）	否		2
3	输沙率施测号数	QSOBNO	N（4）	否		4
4	流量施测号数	QOBNO	N（4）			
5	测沙起时间	MSSBGTM	T	否		3
6	测沙止时间	MSQEDTM	T	否		
7	测沙断面位置	XSSLC	C（60）			
8	取样方法	SMMT	C（30）			
9	水位	Z	N（7.3）		m	
10	流量	Q	N（11.3）		m^3/s	
11	流量注解码	QRCD	C（4）			
12	断面平均水深	XSAVDP	N（7.3）		m	
13	断面平均流速	XSAVV	N（5.3）		m	
14	水面宽	TPWD	N（9.3）		m	
15	断面平均含沙量	XSAVCS	N（12.6）		kg/m^3	
16	断面平均含沙量注解码	XSAVCSRC	C（4）			
17	单样含沙量	IXCS	N（12.6）		kg/m^3	
18	单样含沙量测验方法	IXCSOM	C（30）			
19	悬移质输沙率	SSQS	N（12.6）		kg/s	
20	悬移质输沙率注解码	SSQSRCD	C（4）			

续表

序号	字段名	字段标识	类型及长度	是否允许空值	计量单位	主键序号
21	推移质输沙率	BLQS	N（12.6）		kg/s	
22	推移质输沙率注解码	BLQSRC	C（4）			
23	单样推移质输沙率	IXBLQS	N（12.6）		kg/(s·m)	
24	推移质平均底速	BLAVV	N（6.3）		m/s	
25	推移带宽度	BLWD	N（9.3）		m	
26	断面平均单宽输沙率	XSSAUNQS	N（12.4）		g/(s·m)	
27	垂线最大输沙率	VTMXSK	N（12.4）		g/(s·m)	
28	垂线最大输沙率相应起点距	VTMXQSDI	N（7.2）		m	
29	测次说明	OBNONT	C（50）			

11. 实测泥沙颗粒级配表 HY_OBPDDB_G

附表 2.69　　　　　　　　实测泥沙颗粒级配表字段定义

序号	字段名	字段标识	类型及长度	是否允许空值	计量单位	主键序号
1	站码	STCD	C（8）	否		1
2	泥沙类型	SDTP	C（10）	否		2
3	单断沙码	IXXSCD	N（2）	否		3
4	起始施测号	BGOBNO	N（4）	否		5
5	终止施测号	EDOBNO	N（4）	否		
6	取样起时间	SMBGTM	T	否		4
7	取样止时间	SMENDTM	T	否		
8	垂线号	VTNO	N（8）	否		
9	上限粒径	LTPD	N（7.3）	否	mm	6
10	沙重百分数	SWP	N（4.1）			

12. 实测泥沙特征粒径表 HY_OBCHPD_G

附表 2.70　　　　　　　　实测泥沙特征粒径表字段定义

序号	字段名	字段标识	类型及长度	是否允许空值	计量单位	主键序号
1	站码	STCD	C（8）	否		1
2	泥沙类型	SDTP	C（10）	否		2

序号	字段名	字段标识	类型及长度	是否允许空值	计量单位	主键序号
3	单断沙码	IXXSCD	N (10)	否		3
4	起始施测号	BGOBNO	N (10)	否		5
5	终止施测号	EDOBNO	N (10)	否		
6	取样起时间	SMBGTM	T	否		4
7	取样止时间	SMENDTM	T	否		
8	垂线号	VTNO	N (10)	否		
9	起点距	DI	N (9.2)		m	
10	中数粒径	MDPD	N (13.4)		mm	
11	平均粒径	AVPD	N (13.4)		mm	
12	最大粒径	MXPD	N (13.4)		mm	
13	最大颗粒重量	MXPTWT	N (16.4)		克	
14	最大颗粒起点距	MXPTDI	N (9.2)		米	
15	单样含沙量	IXCS	N (82.6)		kg/m³	
16	平均沉速	AVSTV	N (11.4)		mm/s	
17	施测水温	WTMP	N (4.1)		℃	
18	取样方法	SMMT	C (30)			
19	粒径分析方法	PDALMT	C (20)			
20	注解码	RCD	C (20)			
21	测次说明	OBNONT	C (50)			

13. 站点沙量表 HY_STSW_G

附表 2.71　　　　　　　　　站点沙量表字段定义

序号	字段名	字段标识	类型及长度	是否允许空值	计量单位	主键序号
1	站点码	STPTCD	C (8)	否		1
2	起时间	BGTM	T	否		2
3	止时间	ENDTM	T	否		3
4	时段类别	INTCT	C (12)	否		

序号	字段名	字段标识	类型及长度	是否允许空值	计量单位	主键序号
5	沙量类别	SWCT	C（20）	否		4
6	沙量	SW	N（17.6）		t	
7	沙量测算方法	SWEMT	VCHAR（）			
8	年实测沙量占比	OBSWP	N（8.7）			
9	沙量测算方法可靠等级	SWEMTRL	C（6）			
10	沙量成果合理性等级	SWDRL	C（6）			
11	水量资料可靠等级	WSRR	C（6）			
12	调查日期	IVDT	T			
13	备注	NT	VCHAR（）			
14	调查报告编号	IVRPNO	VCHAR（）			

14. 区沙量表 HY_ZNSW_G

附表 2.72   **区沙量表字段定义**

序号	字段名	字段标识	类型及长度	是否允许空值	计量单位	主键序号
1	流域水系码	BSHNCD	C（3）	否		1
2	区名	ZNNM	C（30）	否		2
3	起时间	BGTM	T	否		3
4	止时间	ENDTM	T	否		4
5	时段类别	INTCT	C（12）	否		
6	冲淤量	SSSW	N（17.6）		t	
7	实测冲淤量	OBSSSW	N（17.6）		t	
8	灌溉挟沙量	IRSW	N（17.6）		t	
9	实测灌溉挟沙量	OBIRSW	N（17.6）		t	
10	工业生活挟沙量	IDSW	N（17.6）		t	
11	实测工业生活挟沙量	OBIDSW	N（17.6）		t	
12	跨流域引水挟沙量	IBSW	N（17.6）		t	
13	实测跨流域引水挟沙量	OBIBSW	N（17.6）		t	
14	溃坝冲淤量	DBSSSW	N（17.6）		t	
15	实测溃坝冲淤量	OBDBSSSW	N（17.6）		t	

续表

序号	字段名	字段标识	类型及长度	是否允许空值	计量单位	主键序号
16	分洪冲淤量	FDSSSW	N（17.6）		t	
17	实测分洪冲淤量	OBFDSSSW	N（17.6）		t	
18	决口冲淤量	BRSSSW	N（17.6）		t	
19	实测决口冲淤量	OBBRSSSW	N（17.6）		t	
20	总进沙量	TINSW	N（17.6）		t	
21	总出沙量	TTOSW	N（17.6）		t	
22	备注	NT	VCHAR（）			
23	调查报告编号	IVRPNO	VCHAR（）			

15. 水文调查报告表 HY_HYIVRP_G

附表 2.73　　　　　　　　　　水文调查报告表字段定义

序号	字段名	字段标识	类型及长度	是否允许空值	计量单位	主键序号
1	流域水系码	BSHNCD	C（3）	否		
2	区名	ZNNM	C（30）	否		
3	站点码	STPTCD	C（8）	否		
4	调查报告编号	IVRPNO	C（50）	否		1
5	调查报告标题	IVRPTL	C（50）	否		
6	调查项目	IVITM	C（20）	否		
7	起始年	BGYR	N（5）	否		
8	终止年	ENDYR	N（5）	否		
9	调查年份	IVYR	N（4）			
10	编写年份	RDYR	N（4）			
11	调查单位	IVO	C（100）			
12	主编单位	CHFEDINST	C（30）			
13	调查报告内容	IVRPCO	B	否		
14	调查报告格式	IVRPFM	C（100）	否		

16. 时间残缺数据表 HY_TMDFDA_G

附表 2.74　　　　　　　　　　时间残缺数据表字段定义

序号	字段名	字段标识	类型及长度	是否允许空值	计量单位	主键序号
1	表标识	TBID	C (10)	否		1
2	时间残缺记录编号	TDRNO	N (8)	否		2
3	字段标识	FLID	C (10)	否		3
4	取值	VL	C (255)	否		

2.1.8　率定表类

1. 关系线说明表 HY_RCNT_H

附表 2.75　　　　　　　　　　关系线说明表字段定义

序号	字段名	字段标识	类型及长度	是否允许空值	计量单位	主键序号
1	站码	STCD	C (8)	否		1
2	关系线类别	RICCTP	C (50)	否		2
3	线号	CVNO	N (7)	否		3
4	自变量名	IVNM	C (30)			
5	因变量名	DVNM	C (30)			
6	定线数据起时间	RLDABT	T			
7	定线数据止时间	RLDAET	T			
8	定线数据下限自变量值	RLDALLIV	N (20.9)			
9	定线数据上限自变量值	RLDAULIV	N (20.9)			
10	线参数表达式	CVPREXP	VCHAR ( )			
11	关系图名	CHRTNM	C (100)			
12	适用期起时间	APBGTM	T			
13	适用期止时间	APEDTM	T			
14	定线点据总数	RTPOCN	N (5)			
15	定线方法	RLMD	C (30)			
16	系统误差	SYSERR	N (10.5)			
17	随机不确定度	RDERR	N (10.5)			
18	备注	NT	VCHAR ( )			

2. 关系线表 HY_RC_H

附表 2.76　　　　　　　　　　　　　关系线表字段定义

序号	字段名	字段标识	类型及长度	是否允许空值	计量单位	主键序号
1	站码	STCD	C (8)	否		1
2	关系线类别	RCCTP	C (50)	否		2
3	线号	CVNO	N (7)	否		3
4	线上采样点编号	CVPTNO	N (4)	否		4
5	采样点自变量值	SMPTIV	N (20.9)	否		
6	采样点因变量值	SMPTDV	N (20.9)	否		
7	备注	NT	C (20)			

2.1.9　数据说明表类

1. 附注表 HY_DAEX_I

附表 2.77　　　　　　　　　　　　　附注表字段定义

序号	字段名	字段标识	类型及长度	是否允许空值	计量单位	主键序号
1	站码	STCD	C (8)	否		1
2	年	YR	N (4)	否		2
3	表标识	TBID	C (12)	否		3
4	附注	NT	VCHAR ()	否		

2. 计量单位采用情况表 HY_UNAD_I

附表 2.78　　　　　　　　　　　　计量单位采用情况表字段定义

序号	字段名	字段标识	类型及长度	是否允许空值	计量单位	主键序号
1	站码	STCD	C (8)	否		1
2	变动年份	CHGYR	N (4)	否		2
3	表标识	TBID	C (12)	否		3
4	字段标识	FLID	C (10)	否		4
5	计量单位	UNNM	C (30)	否		

3. 数据订正情况表 HY_ERCR_I

附表 2.79　　　　　　　　　　数据订正情况表字段定义

序号	字段名	字段标识	类型及长度	是否允许空值	计量单位	主键序号
1	站码	STCD	C（8）	否		1
2	表标识	TBID	C（12）	否		2
3	字段标识	FLID	C（10）	否		3
4	记录定位标识	RCLCID	C（255）	否		
5	原值	ORVL	N（15.5）	否		
6	改正值	CRVL	N（15.5）			
7	处理日期	CRDT	T			
8	处理情况说明	CREX	VCHAR（）			

4. 测站资料登记表 HY_DATBDL_I

附表 2.80　　　　　　　　　　测站资料登记表字段定义

序号	字段名	字段标识	类型及长度	是否允许空值	计量单位	主键序号
1	站码	STCD	C（8）	否		1
2	年	YR	N（4）	否		2
3	表标识	TBID	C（8）	否		3
4	入库标识	HLDID	C（1）			
5	备注	NT	C（100）			

2.1.10　字典表

1. 注解符号表 HY_RMSB_J

附表 2.81　　　　　　　　　　注解符号表字段定义

序号	字段名	字段标识	类型及长度	是否允许空值	计量单位	主键序号
1	注解符号	RSB	C（2）	否		2
2	ASCII 值	ASCIICD	C（8）	否		
3	注解符号类型	RSBTP	C（6）	否		
4	注解含义	RMKMN	C（50）	否		
5	备注	NT	C（100）			

2. 数据库表属性表 HY_DBTP_J

附表 2.82　　　　　　　　　　　数据库表属性表字段定义

序号	字段名	字段标识	类型及长度	是否允许空值	计量单位	主键序号
1	表标识	TBID	C（12）	否		1
2	表号	TBNO	C（3）	否		2
3	表中文名	TBCNNM	C（30）			
4	表英文名	TBENNM	C（50）			

3. 数据库字段属性表 HY_DBFP_J

附表 2.83　　　　　　　　　　　数据库字段属性表字段定义

序号	字段名	字段标识	类型及长度	是否允许空值	计量单位	主键序号
1	表标识	TBID	C（12）	否		1
2	字段标识	FLID	C（10）	否		2
3	字段中文名	FLDCNNM	C（30）			
4	字段英文名	FLDENNM	VCHAR（）			
5	字段类型及长度	FLDTPL	C（10）			
6	空值属性	NLATT	C（2）			
7	计量单位	UNNM	C（30）			
8	取值范围	VLRG	VCHAR（）			
9	主键属性	PKAT	C（2）			

4. 公农历日期对照表 HY_SOLUCT_J

附表 2.84　　　　　　　　　　　公农历日期对照表字段定义

序号	字段名	字段标识	类型	是否允许空值	计量单位	主键序号
1	日期	DT	T	否		1
2	农历年	LNYR	N（4）	否		
3	农历月	LNMTH	N（2）	否		
4	农历日	LNDY	N（2）	否		
5	农历年名	LNYRNM	C（4）	否		
6	农历月名	LNMTHNM	C（8）	否		
7	农历日名	LNDYNM	C（4）	否		

5. 行政区代码表 HY_ADDVCD_J

附表2.85　　　　　　　　　　　行政区代码表字段定义

序号	字段名	字段标识	类型及长度	是否允许空值	计量单位	主键序号
1	行政区划码	ADDVCD	C (6)	否		1
2	行政区划名	ADDVNM	C (24)	否		

6. 流域水系代码表 HY_BSCDNM_J

附表2.86　　　　　　　　　　　流域水系代码表字段定义

序号	字段名	字段标识	类型及长度	是否允许空值	计量单位	主键序号
1	流域水系码	BSHNCD	C (3)	否		1
2	流域名称	BSNM	C (32)			
3	水系名称	HNNM	C (32)			
4	备注	NT	C (255)			

2.2　扩充水文数据库

2.2.1　控制成果表 CTPS

附表2.87　　　　　　　　　　　控制成果表字段定义

字段名	字段标识	类型及长度	是否允许空值	计量单位	主键	索引序号
标正名	CTPNM	C (20)	否			
标别名	CTPNM1	C (20)				
年份	YR	N (4)	否			
月日	MD	N (4)	否			
平面控制等级	PLCTGD	C (4)				
纵（X）	X	N (11.3)				
横（Y）	Y	N (11.3)				
平面施测日期	PLMSDT	T				
高程控制等级	ELCTGD	C (4)				
高程	EL	N (7.3)				

字段名	字段标识	类型及长度	是否允许空值	计量单位	主键	索引序号
高程施测日期	ELMSDT	T				
平面坐标名称	PLCDNM	C（50）				
高程基面名称	ELDMNM	C（50）				
起点距	INPTDS	N（7.3）				
标志类型	FLAGTYPE	C（4）				
附注	NT	C（50）				

2.2.2　水尺考证表 GGDV

附表 2.88　　　　　　　　　　　　　　　水尺考证表字段定义

字段名	字段标识	类型及长度	是否允许空值	计量单位	主键	索引序号
水尺码	GGCD	C（8）	否			
尺号	GGNO	C（20）				
设立或变动年份	YR	N（4）	否			
设立或变动月日	MD	N（4）	否			
岸别	BKMK	C（1）				
水尺名称	GGNM	C（20）				
纵（X）	X	N（11.3）				
横（Y）	Y	N（11.3）				
引据点	MFBMNO	C（20）				
引据点等级	MFGD	C（4）				
引据点高程	MFBMEL	N（7.3）				
校核点	CHBMNO	C（20）				
校核点等级	CHMBGD	C（4）				
校核点高程	CHBMEL	N（7.3）				
校核点接测日期	CHMSDT	N（8）				
水尺零点高程	GGBMEL	N（7.3）				
零点接测日期	GGMSDT	N（8）				
变动原因	VRCA	C（20）				
平面坐标名称	PLCDNM	C（50）				
高程基面名称	ELDMNM	C（50）				
附注	NT	C（50）				

2.2.3 断面标题表 XSHD

附表 2.89　　　　　　　　　　断面标题表字段定义

字段名	字段标识	类型及长度	是否允许空值	计量单位	主键	索引序号
断面码	XSCD	C (11)	否		1	
断面名称	XSNM	C (20)				
断面位置	XSLC	C (50)				
年份	YR	N (4)	否		2	
月日	MD	N (4)	否			
水系	HNET	C (20)				
河名	RINM	C (20)				
流入何处	FLTOWH	C (20)				
起点标名称	CTPNM	C (20)				
对岸标名称	CTPNM1	C (20)				
平面坐标名称	PLCDNM	C (20)				
高程基面名称	ELDMNM	C (20)				
断面方位角	XSAST	C (20)				
至参考点累计距离	RIMODS	N (11.3)				
附注	NT	C (50)		50		
测次	MSNO	C (4)			3	
项目编码	PRJCD	C (11)			4	

2.2.4 参数索引表 XSGGPA

附表 2.90　　　　　　　　　　参数索引表字段定义

字段名	字段标识	类型及长度	是否允许空值	计量单位	主键	索引序号
断面码或水尺码	XSCD	C (11)	否		1	
测次	MSNO	C (4)			3	
类别	CLS	C (1)	否		2	
年份	YR	N (4)	否		4	

续表

字段名	字段标识	类型及长度	是否允许空值	计量单位	主键	索引序号
月日	MD	N (4)	否			
左岸水位	LOBZ	N (7.3)				
右岸水位	ROBZ	N (7.3)				
附注	NT	C (20)				
项目编码	PRJCD	C (9)	否		5	5

注：CLS 的取值：1—断面成果表；2—流速成果表；3—含沙量成果表；4—悬沙颗粒级配成果表；5—床沙颗粒级配成果表；6—实测水位成果表；7—异重流级配成果表；8—干容重成果表。

2.2.5　水文泥沙成果总表 TOTAL

附表 2.91　　　　　　　　　　　水文泥沙成果总表字段定义

字段名	字段标识	类型及长度	是否允许空值	计量单位	主键	索引序号
断面码	XSCD	C (11)	否			
测次	MSNO	C (4)				
年份	YR	N (4)	否			
月日	MD	N (4)	否			
水位	Z	N (7.3)				
流量	Q	N (9.3)				
面积	XSA	N (7.2)				
平均流速	V	N (6.3)				
水面宽	TPWD	N (7.2)				
平均水深	AVDP	N (4.2)				
平均含沙量	AVCS	N (9.3)				
悬沙输沙率	QS	N (9.3)				
悬沙中值粒径	MDSSPD	N (6.4)				
床沙中值粒径	MDBLPD	N (7.4)				
悬沙平均粒径	AVSSPD	N (6.4)				
床沙平均粒径	AVBLPD	N (7.4)				
施测水温	MST	N (3.1)				
附注	NT	C (20)				

2.2.6　实测水位表 OBZ

附表 2.92　　　　　　　　　　　实测水位表字段定义

字段名	字段标识	类型及长度	是否允许空值	计量单位	主键	索引序号
水尺码	GGCD	C (8)	否			
年份	YR	N (4)	否			
月日	MD	N (4)	否			
时分	HM	N (4)	否			
水位	Z	N (7.3)				
附注	NT	C (20)				

2.2.7　断面成果表 MSXSRS

附表 2.93　　　　　　　　　　　断面成果表字段定义

字段名	字段标识	类型及长度	是否允许空值	计量单位	主键	索引序号
断面码	XSCD	C (11)	否			1
年份	YR	N (4)	否			2
月日	MD	N (4)	否			3
测点号	VTNO	C (4)	否			
起点距	INPTDS	N (7.3)	否			4
高程	RIBBEL	N (7.3)				
说明	NT	C (20)				

2.2.8　流速成果表 OBV

附表 2.94　　　　　　　　　　　流速成果表字段定义

字段名	字段标识	类型及长度	是否允许空值	计量单位	主键	索引序号
断面码	XSCD	C (11)	否			
年份	YR	N (4)	否			
月日	MD	N (4)	否			
垂线号	VTNO	C (4)	否			
起点距	INPTDS	N (7.3)	否			

字段名	字段标识	类型及长度	是否允许空值	计量单位	主键	索引序号
垂线水深	VTDP	N (6.2)				
0.0 水深流速	V00	N (6.2)				
0.2 水深流速	V02	N (6.2)				
0.6 水深流速	V06	N (6.2)				
0.8 水深流速	V08	N (6.2)				
0.9 水深流速	V09	N (6.2)				
0.95 水深流速	V95	N (6.2)				
1.0 水深流速	V10	N (6.2)				
平均流速	AVV	N (6.2)				
附注	NT	C (20)				

2.2.9　含沙量成果表 OBCS

附表 2.95　　　　　　　　　含沙量成果表字段定义

字段名	字段标识	类型及长度	是否允许空值	计量单位	主键	索引序号
断面码	XSCD	C (8)	否			
年份	YR	N (4)	否			
月日	MD	N (4)	否			
垂线号	VTNO	C (4)	否			
起点距	INPTDS	N (7.3)	否			
垂线水深	VTDP	N (6.2)				
0.0 含沙量	CS00	N (9.3)				
0.2 含沙量	CS 02	N (9.3)				
0.6 含沙量	CS 06	N (9.3)				
0.8 含沙量	CS 08	N (9.3)				
0.9 含沙量	CS 09	N (9.3)				
0.95 含沙量	CS 95	N (9.3)				
1.0 含沙量	CS 10	N (9.3)				
平均含沙量	AVCS	N (9.3)				
附注	NT	C (20)				

2.2.10 悬沙粒径分析成果表 SSDSAN

附表 2.96 悬沙粒径分析成果表字段定义

字段名	字段标识	类型及长度	是否允许空值	计量单位	主键	索引序号
断面码	XSCD	C (8)	否			
年份	YR	N (4)	否			
月日	MD	N (4)	否			
级配名称	DSNM	C (8)				
起点距	INPTDS	N (7.3)	否			
PI%	PI	N (4.1)				
最大粒径	MXPD	N (6.4)				
中值粒径	MDPD	N (6.4)				
平均粒径	AVPD	N (6.4)				
分析方法	ANMT	C (20)				
附注	NT	C (50)				

2.2.11 床沙粒径分析成果表 BLDSAN

附表 2.97 床沙粒径分析成果表字段定义

字段名	字段标识	类型及长度	是否允许空值	计量单位	主键	索引序号
断面码	XSCD	C (8)	否			
年份	YR	N (4)	否			
月日	MD	N (4)	否			
级配名称	DSNM	C (8)				
起点距	INPTDS	N (7.3)	否			
PI%	PI	N (4.1)				
最大粒径	MXPD	N (7.4)				
中值粒径	MDPD	N (7.4)				
平均粒径	AVPD	N (7.4)				
分析方法	ANMT	C (20)				
附注	NT	C (50)				
	P2	N (4.1)				

2.2.12　计量单位表 MSUN2

附表 2.98　　　　　　　　　　　　　计量单位表字段定义

字段名	字段标识	类型及长度	是否允许空值	计量单位	主键	索引序号
断面码	XSCD	C（11）	否			
年份	YR	N（4）	否			
月日	MD	N（4）	否			
字段标识	FLID	C（2）				
计量单位（英）	EMSUN	C（10）				
计量单位（中）	CMSUN	C（20）				

注：FILD 的取值 含沙量为 CS，输沙率为 QS

2.2.13　注解表 RMTB2

附表 2.99　　　　　　　　　　　　　注解表字段定义

字段名	字段标识	类型及长度	是否允许空值	计量单位	主键	索引序号
断面码	XSCD	C（11）	否			
年份	YR	N（4）	否			
类别	CLS	C（2）				
注解	NT	C（240）				

注：CLS 的取值，1—断面成果表；2—流速成果表；3—含沙量成果表；4—悬沙颗粒级配成果表；5—床沙颗粒级配成果表；6—实测水位成果表。

2.2.14　技术报告摘要表 FILEABST

附表 2.100　　　　　　　　　　　技术报告摘要表字段定义

字段名	字段标识	类型及长度	是否允许空值	计量单位	主键	索引序号
档案码	FILECD	C（8）	否			
标题	TITLE	C（50）				
资料年份	YR	N（4）				
关键字	KEYWORDS	C（30）				
摘要	ABST	CLOB				

2.2.15 泥沙级配成果表 DSAN

附表 2.101   泥沙级配成果表字段定义

字段名	字段标识	类型及长度	是否允许空值	计量单位	主键	索引序号
断面码	XSCD	C (11)	否			
年份	YR	N (4)	否			
月日	MD	N (4)	否			
级配种类字段标识	DSMK	N (1)	否			
级配名称	DSNM	C (8)	否			
起点距	INPTDS	N (7.3)	否			
粒径级	PD	N (7.3)	否			
百分数	P	N (4.1)	否			

注：DSMK 的取值，1—悬沙颗粒级配成果表；5—床沙颗粒级配成果表；7—异重流级配成果表；8—干容重成果表。

2.2.16 泥沙级配统计说明表 DSANNT

附表 2.102   泥沙级配统计说明表字段定义

字段名	字段标识	类型及长度	是否允许空值	计量单位	主键	索引序号
断面码	XSCD	C (11)	否			
年份	YR	N (4)	否			
月日	MD	N (4)	否			
级配种类字段标识	DSMK	N (1)	否			
级配名称	DSNM	C (8)	否			
起点距	INPTDS	N (7.3)	否			
平均粒径	AVPD	N (7.4)				
中值粒径	MDPD	N (7.4)				
最大粒径	MXPD	N (7.4)				
平均沉速	AVSTV	N (7.4)				
单样含沙量	CS	N (9.3)				
水温	WT	N (3.1)				
取样方法	SMMT	C (30)				

字段名	字段标识	类型及长度	是否允许空值	计量单位	主键	索引序号
分析方法	ANMT	C (20)				
附注	NT	C (50)				
输沙模数	SM	N (7.3)				
干容重	DBD	N (9.3)				

2.3　河床组成勘测调查数据库

2.3.1　河床组成勘测调查控制成果表 KKPS

附表 2.103　　　　　　　　　河床组成勘测调查控制成果表字段定义

字段名	字段标识	类型及长度	是否允许空值	计量单位	主键	索引序号
坑孔编码	KKCD	C (40)	否		Y	1
坑孔名称	KKNM	C (30)	否			
开始年份	YR	N (4)	否		Y	2
开始月日	MD	N (4)	否		Y	3
坑孔种类字段标识	KKMK	N (1)	否		Y	4
坑孔位置	KKLC	C (50)				
X	X	N (11, 3)				
Y	Y	N (11, 3)				
平面坐标名称	PLCDNM	C (50)				
坑孔高程	KKEL	N (6, 2)		m		
坑孔深度	KKDP	N (6, 2)		m		
覆盖层厚	FGCH	N (6, 2)		m		
附近低泓高程	DHEL	N (6, 2)		m		
高程基面名称	ELDMNM	C (50)				
要求深度	YQDP	N (6, 2)		m		
取颗粒分析数	QYS	N (3)				
卵石分析组数	LSS	N (3)				
分析方法	ANMT	C (20)				
附注	NT	C (50)				

注：KKMK 的取值，1—坑探；5—钻探。

2.3.2 河床组成勘测调查泥沙级配成果表 KSAN

附表 2.104　　　　　　　　河床组成勘测调查泥沙级配成果表字段定义

字段名	字段标识	类型及长度	是否允许空值	计量单位	主键	索引序号
坑孔编码	KKCD	C（40）	否		Y	1
年份	YR	N（4）	否		Y	2
月日	MD	N（4）	否		Y	3
级配种类字段标识	KSMK	N（1）	否		Y	4
级配名称	DSNM	C（12）	否		Y	5
坑深	KS	N（7，3）		m	Y	6
粒径级	PD	N（7，3）	否	mm	Y	7
百分数	P	N（4，1）		%		
坑孔序号	KKNO	N（4，1）				

注：KSMK 的取值，1—<2mm；3—>2mm；

2.3.3 河床组成勘测调查泥沙级配统计说明表 KSANNT

附表 2.105　　　　　　河床组成勘测调查泥沙级配统计说明表字段定义

字段名	字段标识	类型及长度	是否允许空值	计量单位	主键	索引序号
坑孔编码	KKCD	C（40）	否		Y	1
年份	YR	N（4）	否		Y	2
月日	MD	N（4）	否		Y	3
级配种类字段标识	KSMK	N（1）	否		Y	4
级配名称	DSNM	C（12）	否		Y	5
坑深	KS	N（7，3）		m	Y	6
平均粒径	AVPD	N（7，4）		mm		
中值粒径	MDPD	N（7，4）		mm		
最大粒径	MXPD	N（7，4）		mm		
取样方法	SMMT	C（30）				
分析方法	ANMT	C（20）				
附注	NT	C（50）				

2.4　系统扩展数据库

2.4.1　河流基本信息表 RIVER_INFO

附表 2.106　　　　　　　　　　河流基本信息表字段定义

字段名	字段标识	类型及长度	是否允许空值	计量单位	主键	索引序号
河流代码	ENNMCD	C（8）	否		Y	1
流域名称	BSHNCD	C（32）				
水系名称	HNNM	C（32）	否			
河流名称	RVNM	C（32）	否			
集水面积	DRAR	N（10.2）		km^2		
等级	T	N（1）				
河源所在地	RVSTA	C（60）				
汇口所在地	RVEND	C（60）				
河流长度	RVLEN	N（6.2）		km		
流入何处	FLTO	C（32）				
至上一级河口距离	DSTRVM	N（6.1）		km		
出口控制站	CTLST	C（24）				
附注	NT	C（50）				

各字段的含义和填写方法应符合以下规定：

1）河流代码：依据《中国河流名称代码》；无代码的河流根据规则进行扩充。

2）流域名称：测站所在流域的中文名称。如长江。

3）水系名称：测站所在水系（或分区）的中文名称。如长江干流、金沙江下段。

4）河流名称：测站所在河流的中文名称。如金沙江、横江。

5）集水面积：流域分水线与入汇口之间所包围的平面面积，按最近量测的值填入。

6）等级：表明干支流之间的关系。如长江为1级，横江为2级，牛街河为3级等。

7）河源所在地：河流发源地所在的行政区域，精确到镇或村。

8）汇口所在地：河流与上一级河流交汇所在的行政区域，精确到镇或村。

9）河流长度：河源与汇口之间的距离。如横江到东海口的距离。

10）流入何处：填写河流直接汇入的河、库、湖、海的名称。如东海、金沙江。

11）至上一级河口距离：自入汇口到上一级入汇口的河流长度。

12）出口控制站：填写出口控制站。如横江水文站。

13）附注。

2.4.2 水电站工程基本信息表 HYDROPW _INFO

附表 2.107　　　　　　　　　　水电站工程基本信息表字段定义

字段名	字段标识	类型及长度	是否允许空值	计量单位	主键	索引序号
工程代码	ENGCD	C (11)	否		Y	
工程名称	ENGNM	C (20)	否		Y	
工程地址	ENGLC	C (60)	否			
东经	LGTD	N (12.9)		°		
北纬	LTTD	N (11.9)		°		
河流名称	RVNM	C (32)	否			
控制面积	CTRA	N (10.2)		km^2		
坝址岩石	RK	C (100)				
设计抗震烈度	ANTIEQ	C (6)				
竣工年份	CPLYR	N (4)	否			
竣工月份	CPLMT	N (2)				
主要功能	MF	C (100)				

2.4.3 大坝信息表 DAM _INFO

附表 2.108　　　　　　　　　　大坝信息表字段定义

字段名	字段标识	类型及长度	是否允许空值	计量单位	主键	索引序号
工程名称	ENGNM	C (20)	否		Y	1
大坝级别	DCLS	C (20)				
坝型	DTP	C (40)				
坝顶高程	DTPE	N (6.1)		m		
最大坝高	MAXH	N (6.1)		m		
坝顶长度	TPLTH	N (6.1)		m		
坝顶宽度	TPWD	N (6.1)		m		
坝基防渗形式	SPT	C (40)				
坝体总填充量	TFA	N (7)		$10^4 m^3$		

2.4.4 发电站信息表 POWERSTATION_INFO

附表 2.109　　　　　　　　　　**发电站信息表字段定义**

字段名	字段标识	类型及长度	是否允许空值	计量单位	主键	索引序号
工程名称	ENGNM	C（20）	否		Y	
形式	STL	C（20）				
厂房尺寸（长）	PLTH	N（6.1）		m		
厂房尺寸（宽）	PWD	N（6.1）		m		
厂房尺寸（高）	PHTH	N（6.1）		m		
装机容量	ICP	N（8.2）		10^4 kW		
装机台数	ICN	N（2）				
单机容量	UCP	N（10.2）		10^3 kW		
保证出力	EPW	N（8.2）		10^4 kW		
多年平均年发电量	APG	N（8.2）		10^8 kW·h		
枯水期发电量（12 月~5 月）	LWPG	N（8.2）		10^8 kW·h		
年利用小时数	YHRU	N（5）		h		
水量利用率	UWA	N（2）		%		
设计水头	DWH	N（4）		m		
水轮机形式	HTSTL	C（40）				
水轮机型号	HTTP	C（40）				
主变压器	MTRSF	C（40）				

2.4.5 水电站工程水文特征表 HYDROLOGY_FEATURE

附表 2.110　　　　　　　　**水电站工程水文特征表字段定义**

字段名	字段标识	类型及长度	是否允许空值	计量单位	主键	索引序号
工程名称	ENGNM	C（20）	否		Y	
多年平均年降雨量	MYAP	N（6.1）		mm		
实测多年平均年径流量	MMAAR	N（13.5）		10^4 m^3		
实测多年平均年输沙量	MMASD	N（13.7）		10^4 t		
多年平均流量	MAD	N（12.3）		m^3/s		
调查最大流量	SMAXD	N（12.3）		m^3/s		

续表

字段名	字段标识	类型及长度	是否允许空值	计量单位	主键	索引序号
实测最大流量	MMAXD	N (12.3)		m^3/s		
设计洪峰流量（0.1%）	DFD	N (12.3)		m^3/s		
校核洪峰流量（0.1%）	CFD	N (11.3)		m^3/s		
设计洪水总量	TDF	N (13.5)		$10^4 m^3$		
校核洪水总量	TCD	N (13.5)		$10^4 m^3$		

2.4.6 施工信息表 CONTRUCTION_INFO

附表 2.111　　　　　　　　施工信息表字段定义

字段名	字段标识	类型及长度	是否允许空值	计量单位	主键	索引序号
工程名称	ENGNM	C (20)	否		Y	
业主单位	OWUNIT	C (60)				
设计单位	DSUNIT	C (60)				
监理单位	SPUNIT	C (60)				
施工单位	CNUNIT	C (60)				
总投资	INVEST	N (6.3)		亿元		
前期工程开工日期	PWSTDT	T				
主体工程开工日期	MWSTDT	T				
截流日期	CLDT	T				
第一台机组发电日期	FRDT	T				
竣工日期	FNDT	T				
总工期	TCT	N (2)		y		

2.4.7 水库特征表 RESERVOIR_FEATURE

附表 2.112　　　　　　　　水库特征表字段定义

字段名	字段标识	类型及长度	是否允许空值	计量单位	主键	索引序号
工程名称	ENGNM	C (20)	否		Y	
调节性能	OFCT	C (20)				
年份	YR	N (4)	否			
月日	MD	N (4)	否			

续表

字段名	字段标识	类型及长度	是否允许空值	计量单位	主键	索引序号
校核洪水位	CKFLZ	N (7.3)		m		
总库容	TSC	N (13.5)		$10^8 m^3$		
设计洪水位	DSFLZ	N (7.3)		m		
设计洪水位下库容	DSFLSC	N (13.5)		$10^8 m^3$		
拦洪库容	FRSC	N (13.5)		$10^8 m^3$		
防洪高水位	FCHZ	N (7.3)		m		
防洪高水位下库容	FCHSC	N (13.5)		$10^8 m^3$		
防洪库容	FCSC	N (13.5)		$10^8 m^3$		
正常蓄水位	NRZ	N (7, 2)		m		
正常蓄水位下库容	NRSC	N (13.5)		$10^8 m^3$		
调节库容	RSC	N (13.5)		$10^8 m^3$		
防洪限制水位	FCLZ	N (7.3)		m		
防洪限制水位下库容	FCLSC	N (13.5)		$10^8 m^3$		
重叠库容	CMS	N (13.5)		$10^8 m^3$		
死水位	DDZ	N (7.3)		m		
死库容	DDCP	N (13.5)		$104 m^3$		
库容系数	SC	N (2)		%		

年份与月日：河床冲淤时刻都在发生，因此库容也在不断变化。年份与月日对应库容计算时采用的断面资料或地形资料观测的时间。

总库容：校核洪水位以下的水库容积。

拦洪库容：设计洪水位至防洪限制水位之间的水库容积。

防洪库容：防洪高水位至防洪限制水位之间的水库容积。

调节库容：正常蓄水位至死水位之间的水库容。

重叠库容：正常蓄水位至防洪限制水位之间的水库容。

死库容：死水位以下的库容。

2.4.8　水库信息表 RESERVOIR_INFO

附表2.113　　　　　　　　　　水库信息表字段定义

字段名	字段标识	类型及长度	是否允许空值	计量单位	主键	索引序号
工程名称	ENGNM	C (20)	否		Y	
区域	AR	N (1)	否			
水库信息	WSINFO	B				

2.4.9　异重流测验成果表 DENSITY_CURRENT

附表 2.114　　　　　　　　　　　异重流测验成果表字段定义

字段名	字段标识	类型及长度	是否允许空值	计量单位	主键	索引序号
断面码	XSCD	C (11)	否			
取样起时间	SMBGTM	T	否			
取样止时间	SMENDTM	T	否			
水位	WT	N (3, 1)				
断面名称	XSNM	C (20)				
垂线号	VTNO	N (8)	否			
起点距	DI	N (7.2)		m		
水深	WD	N (7.3)		m		
浑水厚度	DSW	N (7.3)		m		
流速	V	N (6.3)		m/s		
流向	VD	C (250)				
含沙量	CS	N (9.3)		kg/m^3		
附注	NT	C (50)				

2.4.10　灾害信息表 HAZARD_INFO

附表 2.115　　　　　　　　　　　灾害信息表字段定义

字段名	字段标识	类型及长度	是否允许空值	计量单位	主键	索引序号
灾害编号	HCD	C (8)				
灾害名称	HNM	C (60)	否			
灾害类别	HCLS	C (16)	否			
影响范围	HRG	C (40)				
时间	TIME	T				
位置	LCT	C (40)				
简述	DSC	C (250)				

2.4.11 电站进沙数据表 HYDROPW_SEDIMENT

附表 2.116　　　　　　　　　电站进沙数据表字段定义

字段名	字段标识	类型及长度	是否允许空值	计量单位	主键	索引序号
工程名称	ENGNM	C (20)	否			
电站状态	ST	C (20)	否			
含沙量	S	N (12.6)		kg/m^3		
上游水位	UPSZ	N (7.3)		m		
下游水位	DWNSZ	N (7.3)		m		
闸门开启情况	SLCGT	C (60)				

2.4.12 档案索引表 DOC_INDEX

附表 2.117　　　　　　　　　档案索引表字段定义

字段名	字段标识	类型及长度	有无空值	计量单位	主键	索引序号
档案编号	ID	C (20)	N		Y	1
档案类型	TYPE	C (12)	N			
题名	TITLE	C (100)	N			
关键字	KEYWORD	C (60)				
中文摘要	CNABSTRACT	VARCHAR2 (800)				
英文摘要	ENABSTRACT	VARCHAR2 (800)				
编制单位	AUTHOR	C (200)				
编制时间	PUBTIME	T				
全宗号	CATID	C (20)				
归档年度	YEAR	T				
保管期限	RESERVE	C (4)				
件号	DOCNUM	N (4)				
密级	SECRET	C (8)				
备注	NT	C (250)				
档案类型	DOCTYPE	C (12)				
档案数据体	DOCDATA	BLOB				
档案类型编号	DOCTYPECODE	C (10)				

2.4.13 档案数据表 DOC_DATA

附表 2.118 档案数据表字段定义

字段名	字段标识	类型及长度	有无空值	计量单位	主键	索引序号
档案编号	ID	C (12)	N		Y	1
档案数据体	DOCDATA	B				
备注	NT	C (250)				

2.4.14 断面试坑泥沙级配成果表 DSAN_SK

附表 2.119 断面试坑泥沙级配成果表字段定义

字段名	字段标识	类型及长度	是否允许空值	计量单位	主键	索引序号
断面码	XSCD	C (11)	否		Y	1
试坑名称	SKNM	C (24)	否		Y	2
年份	YR	N (4)	否		Y	3
月日	MD	N (4)	否		Y	4
类别	CLS	C (1)	否			
级配名称	DSNM	C (12)				
坑深	KS	N (7, 3)	否	m	Y	5
粒径级	PD	N (7, 3)	否	mm	Y	6
百分数	P	N (4, 1)		%		

CLS：5—床沙颗粒级配成果表；8—表示干容重成果表。
KS：5556—坑平均。

2.4.15 断面试坑泥沙级配统计说明表 DSANNT_SK

附表 2.120 断面试坑泥沙级配统计说明表字段定义

字段名	字段标识	类型及长度	是否允许空值	计量单位	主键	索引序号
断面码	XSCD	C (11)	否			1
测次	MSNO	C (4)	否			2
试坑名称	SKNM	C (24)	否			3
类别	CLS	C (1)	否			

字段名	字段标识	类型及长度	是否允许空值	计量单位	主键	索引序号
河流	RvNM	C (32)	否			
年份	YR	N (4)	否		Y	4
月日	MD	N (4)	否			
距断面距离	DTXS	N (6, 2)	否		Y	5
X	X	N (11, 3)				
Y	Y	N (11, 3)				
平面坐标名称	PLCDNM	C (50)				
试坑高程	SKEL	N (6, 2)		m		
岸别	BKMK	C (32)				
级配名称	DSNM	C (12)				
坑深	KS	N (7, 3)	否	m	Y	6
平均粒径	AVPD	N (7, 4)		mm		
中值粒径	MDPD	N (7, 4)		mm		
最大粒径	MXPD	N (7, 4)		mm		
取样方法	SMMT	C (30)				
分析方法	ANMT	C (20)				
附注	NT	C (50)				
项目编码	PRJCD	C (9)	否			
干容重	DBD	N (9.3)				

DTXS：为负表示在断面下游，为正表示在断面上游。

CLS：5—床沙颗粒级配成果表；8—表示干容重成果表。

PRJCD：项目编码。

附录3 用户数据表结构

3.1 用户信息表 USER_INFO

附表3.1 用户信息表字段定义

字段	字段描述	数据类型	允许空值	主键索引
u_id	编号	NUMBER（4）	NOT	1
u_name	姓名	VARCHAR（20）	NOT	
password	密码	VARCHAR（20）		
rightstring	权限字符串	CLOB		
sex	性别	VARCHAR（6）		
birthday	出生年月	DATE		
birthplace	籍贯	VARCHAR（50）		
nationality	国籍	VARCHAR（20）		
job	职称	VARCHAR（100）		
degree	学历	VARCHAR（20）		
party	政治面貌	VARCHAR（20）		
head	头像图片	BLOB		
remark	备注	VARCHAR（255）		

3.2 组信息表 GROUP_INFO

附表3.2 组信息表字段定义

字段	字段描述	数据类型	允许空值	主键索引
g_name	组名	VARCHAR（20）	NOT	1

3.3　角色信息表 ROLE_INFO

附表 3.3　　　　　　　　　　　　　　　角色信息表字段定义

字段	字段描述	数据类型	允许空值	主键索引
ro_name	角色名	VARCHAR（20）	NOT	1
rightstring	权限字符串	CLOB		

3.4　权限表 RIGHT_INFO

附表 3.4　　　　　　　　　　　　　　　权限表字段定义

字段	字段描述	数据类型	允许空值	主键索引
rt_code	权限表达码	VARCHAR（20）	NOT	1
rt_name	权限名	VARCHAR（20）	NOT	
rt_fathercode	父权限表达码	VARCHAR（20）		
rt_rank	权限级别	NUMBER（2）	NOT	

3.5　储存本地渲染信息表 DICTIONARY_INFO

附表 3.5　　　　　　　　　　　　　储存本地渲染信息表字段定义

字段	字段描述	数据类型	允许空值	主键索引
keyid		VARCHAR（20）	NOT	1
blob_object		BLOB		

3.6　用户和组的关系表 USER_GROUP

附表 3.6　　　　　　　　　　　　　用户和组的关系表字段定义

字段	字段描述	数据类型	允许空值	主键索引
u_id	人员编码	NUMBER（4）	NOT	1
g_name	组名称	VARCHAR（20）	NOT	2

3.7 用户和角色的关系表 USER_ROLE

附表 3.7　　　　　　　　　　　用户和角色的关系表字段定义

字段	字段描述	数据类型	允许空值	主键索引
u_id	人员编码	NUMBER（4）	NOT	1
ro_name	角色名	VARCHAR（20）	NOT	2
rightstring	权限字符串	CLOB		

附录4 元数据表结构

4.1 字段元数据字典表 DIC_FLD

附表 4.1 字段元数据字典表字段定义

序号	字段名	字段标识	类型及长度	是否允许空值	计量单位	主键序号
1	字段编号	FLID	C（12）	否		1
2	字段中文名称	FLDCNNM	C（30）	否		
3	字段英文名称	FLDENNM	VCHAR（）	否		
4	所在表编号	TBID	C（12）	否		2
5	所在表名称	TBNM	C（30）	否		
6	主键序号	PKNUM	C（2）			
7	域值	DOMAIN	VCHAR（）			
8	单位	UNITS	C（10）			
9	数据类型	DTTYPE	C（10）			
10	长度	LENGTH	C（2）			
11	精度	PRECIS	C（2）			
12	小数点位数	DECIMAL	C（2）			
13	是否可以为空	ISNULL	C（2）			

4.2 表元数据字典表 DIC_TABLE

附表 4.2 表元数据字典表字段定义

序号	字段名	字段标识	类型及长度	是否允许空值	计量单位	主键序号
1	表编号	TBID	C（12）	否		1
2	表名称	TBNM	C（3）	否		
3	表类别	TBTYPE	C（3）	否		

续表

序号	字段名	字段标识	类型及长度	是否允许空值	计量单位	主键序号
4	表中文名	TBCNNM	C (30)	否		
5	表英文名	TBENNM	C (50)			

4.3 矢量数据集基本信息元数据字典表 DIC_VDSET

附表 4.3　　　　　　　矢量数据集基本信息元数据字典表字段定义

序号	字段名	字段标识	类型及长度	是否允许空值	计量单位	主键序号
1	数据集名称	DSNM	C (10)	否		1
2	数据集别名	DSANM	C (30)			
3	数据集类别	DSTYPE	C (3)	否		
4	数据集版本	DSVER	C (10)			
5	数据格式	DSDFMT	C (5)			
6	比例尺分母	SCALE	C (10)			
7	数据集生产时间	DSTM	T			
8	存储服务器 IP	DSSIP	C (20)			
9	存储服务器服务名	DSINST	C (10)			
10	存储数据库名	DSDBNM	C (10)			
11	存储用户名	DSDBUSER	C (20)			
12	存储密码	DSDBPW	C (20)			
13	坐标系	DSXYCOOR	C (20)			
14	高程系	DSVCOOR	C (20)			
15	要素类个数	DSFCNUM	N (4)			
16	备注	NT	C (50)			

4.4 注解符号表 DIC_SYMBOL

附表 4.4　　　　　　　　　　注解符号表字段定义

序号	字段名	字段标识	类型及长度	是否允许空值	计量单位	主键序号
1	注解符号	RSB	C (2)	否		1
2	ASCII 值	ASCIICD	C (8)	否		

续表

序号	字段名	字段标识	类型及长度	是否允许空值	计量单位	主键序号
3	注解符号类型	RSBTP	C（6）	否		
4	注解含义	RMKMN	C（50）	否		
5	备注	NT	C（100）			

4.5　公农历日期对照表 DIC_ SOLUCT

附表4.5　　　　　　　　　公农历日期对照表字段定义

序号	字段名	字段标识	类型及长度	是否允许空值	计量单位	主键序号
1	日期	DT	T	否		1
2	农历年	LNYR	N（4）	否		
3	农历月	LNMTH	N（2）	否		
4	农历日	LNDY	N（2）	否		
5	农历年名	LNYRNM	C（4）	否		
6	农历月名	LNMTHNM	C（8）	否		
7	农历日名	LNDYNM	C（4）	否		

4.6　行政区代码表 DIC_ADDVCD

附表4.6　　　　　　　　　行政区代码表字段定义

序号	字段名	字段标识	类型及长度	是否允许空值	计量单位	主键序号
1	行政区划码	ADDVCD	C（6）	否		1
2	行政区划名	ADDVNM	C（24）	否		

4.7　矢量要素类基本信息元数据字典表 DIC_FTCLS

附表4.7　　　　　　　矢量要素类基本信息元数据字典表字段定义

序号	字段名	字段标识	类型及长度	是否允许空值	计量单位	主键序号
1	要素类名称	FCNM	C（10）	否		1
2	要素类别名	FCANM	C（30）			

续表

序号	字段名	字段标识	类型及长度	是否允许空值	计量单位	主键序号
3	要素类类别	FCTYPE	C (3)	否		
4	所属数据集名称	FCDSNM	C (10)	否		
5	比例尺分母	SCALE	C (10)			
6	坐标系	DSXYCOOR	C (20)			
7	高程系	DSVCOOR	C (20)			
8	坐标范围	COORDOMAIN	C (50)	否		
9	关联属性表编号	TBID	C (12)			
10	要素个数	FCNUM	C (3)			
11	备注	NT	C (50)			

4.8 DEM 栅格数据集元数据字典表 DIC_RDEM

附表 4.8　　　　　　　　DEM 栅格数据集元数据字典表字段定义

序号	字段名	字段标识	类型及长度	是否允许空值	计量单位	主键序号
1	栅格数据集名称	DEMDSNM	C (10)	否		1
2	栅格数据集别名	DEMANM	C (30)			
3	栅格单元格大小	DEMCELL	N (10)			
4	栅格数据集版本	DEMVER	C (10)			
5	栅格数据格式	DEMDTYPE	C (20)			
6	数据集生产时间	DEMTM	T	否		2
7	数据集批次	DEMBATCH	C (20)	否		3
8	数据集项目名称	DEMPRO	C (20)	否		4
9	存储服务器 IP	DEMDSIP	C (20)			
10	存储服务器服务名	DEMDSINST	C (10)			
11	存储数据库名	DEMDSDBNM	C (10)			
12	存储用户名	DEMDSDBUSER	C (20)			
13	存储密码	DEMDSDBPW	C (20)			
14	栅格行数	DEMCOL	N (4)			
15	栅格列数	DEMROW	N (4)			
16	波段数	DEMBAND	N (2)			

续表

序号	字段名	字段标识	类型及长度	是否允许空值	计量单位	主键序号
17	未压缩大小	DEMUP	N（8）		MB	
18	像素类型	DEMPT	C（20）			
19	像素深度	DEMPL	N（4）		BIT	
20	空值值	DEMNVAL	N（10.4）			
21	压缩类型	DEMCPT	C（20）			
22	坐标系	DEMXYCOOR	C（20）			
23	高程系	DEMVCOOR	C（20）			
24	坐标范围	COORDOMAIN	C（50）			
25	备注	NT	C（50）			

4.9　平面坐标系元数据字典表 DIC_XYCOOR

附表 4.9　　　　　　　　平面坐标系元数据字典表字段定义

序号	字段名	字段标识	类型及长度	是否允许空值	计量单位	主键序号
1	坐标系名称	XYCNM	C（20）	否		1
2	坐标系类别	XYCTYPE	C（10）	否		2
3	地理坐标系名称	GEOCNM	C（20）			
4	投影坐标系名称	PROCNM	C（20）			
5	向东偏移距离	FELEN	N（10.4）			
6	向北偏移距离	FNLEN	N（10.4）			
7	中央经线	CM	N（3.5）			
8	长度单位	LUNIT	C（10）			
9	角度单位	ANGUNIT	C（10）			
10	本初子午线	PM	C（20）			
11	基准面名称	DATUMNM	C（20）			
12	基准面椭球体名称	SPHEROID	C（20）			
13	椭球体长半轴长	SEMIMAJOR	N（8.15）			
14	椭球体短半轴长	SEMIMINOR	N（8.15）			
15	扁率分母	IF	N（10）			
16	备注	NT	C（50）			

4.10 高程坐标系元数据字典表 DIC_VCOOR

附表 4.10　　　　　　　高程坐标系元数据字典表字段定义

序号	字段名	字段标识	类型及长度	是否允许空值	计量单位	主键序号
1	高程系名称	VCOORNM	C（20）	否		1
2	高程系类别	VCOORTP	C（20）			
3	高程系基准面	VOORDATUM	C（20）			
4	备注	NT	C（50）			

4.11 DWG 元数据字典表 DIC_DWG

附表 4.11　　　　　　　DWG 元数据字典表字段定义

序号	字段名	字段标识	类型及长度	是否允许空值	计量单位	主键序号
1	图幅编号	MAPID	C（20）	否		1
2	图幅名称	MAPNM	C（20）	否		
3	比例尺分母	SCALE	C（10）			
4	平面坐标系	DSXYCOOR	C（20）			
5	高程坐标系	DSVCOOR	C（20）			
6	等高距	CF	C（5）		米	
7	测图时间	MAPTM	T	否		2
	测图批次	MAPBATCH	C（20）	否		3
	项目名称	MAPPRO	C（20）	否		4
8	测图单位	MAPDEP	C（30）			
9	图式编号	SYMBNUM	C（20）			
10	左下角横坐标	ULXCOOR	C（50）			
11	左下角纵坐标	ULYCOOR	C（50）			
12	相邻图幅编号	NRMAPNUM	VCHAR（）			
13	图形数据	MAP	BLOB			
14	备注	NT	C（50）			

4.12 要素类与属性对应关系元数据字典表 DIC_FCRELATE

附表 4.12　　　　要素类与属性对应关系元数据字典表字段定义

序号	字段名	字段标识	类型及长度	是否允许空值	计量单位	主键序号
1	要素类名称	FCNM	C (10)	否		1
2	数据集名称	DSNM	C (10)	否		2
3	关联属性表编号	TBID	C (12)	否		3
4	关联字段编号	FLID	C (12)	否		4
5	备注	NT	C (50)			

4.13 属性表关系元数据字典表 DIC_ATRELATE

附表 4.13　　　　属性表关系元数据字典表字段定义

序号	字段名	字段标识	类型及长度	是否允许空值	计量单位	主键序号
1	字段编号	FLID	C (12)	否		1
2	所在表编号	TBID	C (12)	否		2
3	关联表编号	TBIDRELATE	C (12)	否		3
4	关联字段编号	FLIDELATE	C (12)	否		4
5	备注	NT	C (50)			

4.14 坝轴线位置表 DIC_DAM_LOCATION

附表 4.14　　　　坝轴线位置表字段定义

序号	字段名	字段标识	类型及长度	是否允许空值	计量单位	主键序号
1	坝轴	DAM	C (32)	否		
2	距向家坝坝轴距离	DISTANCE	N (12.1)	否	米	

4.15　工程文件编码表 DOC_TPNAME

附表 4.15　　　　　　　　　**工程文件编码表字段定义**

序号	字段名	字段标识	类型	是否允许空值	计量单位	主键序号
1	一层类名	一层类名	C（50）	否		
2	二层类名	二层类名	C（50）			
3	三层类名	三层类名	C（50）			
4	四层类名	四层类名	C（50）			
5	五层类名	五层类名	C（60）			
6	文档类型编码	文档类型编码	C（10）	否		1

4.16　测站基面关系表 HY_STRL

附表 4.16　　　　　　　　　**测站基面关系表字段定义**

序号	字段名	字段标识	类型	是否允许空值	计量单位	主键序号
1	站码	STCD	C（8）	否		1
2	基准基面名称	FDTMNM	C（40）			
3	绝对基面名称	ABSDMNM	C（40）			
4	基准与绝对基面高差	AADMEL	N（10.3）			

附录5 水文数据 GIS 分类编码标准（摘要）

5.1 图 层

5.1.1 图层划分

水文数据 GIS 图层可以按基础地理、水文要素和其他信息三部分进行划分。

对于基础地理部分的图层，可以按以下方式划分：

第1层，测量控制点层；

第2层，首曲线层；

第3层，计曲线层；

第4层，居民地及设施层；

第5层，交通层；

第6层，水系层；

第7层，植被与土质层；

第8层，地貌层；

第9层，图廓层；

第10层，图幅四角点坐标层；

第11层，境界与政区层；

第12层，管线层；

第13层：实测点层；

第14层：水利工程层；

第15层：可根据实际情况扩充。

对于水文要素部分的图层，可以按以下方式划分：

第16层：水文站层；

第17层：水位站层；

第18层：雨量站层；

第19层：蒸发站层；

第20层：地下水测站层；

第21层：水质站层；

　　第 22 层：墒情站层；

　　第 23 层：流量站层；

　　第 24 层：水边线层；

　　第 25 层：水边线数据层；

　　第 26 层：水体层；

　　第 27 层：退水口层；

　　第 28 层：水资源分区层；

　　第 29 层：水功能区划层；

　　第 30 层：蓄滞洪区层；

　　第 31 层：可以根据实际情况扩充。

对于其他信息部分，可以根据需要分层。

5.1.2　图层属性

1. 测量控制点属性表见附表 5.1，各字段含义和填写方法应符合下列规定

附表 5.1　　　　　　　　　　　　测量控制点属性表

序号	数据项名	数据项代码	数据类型及长度	单　位
1	图元序号	CHFCAC	N（5）	
2	图元编码	CHFCAA	C（6）	
3	点　名	CHAMBC	C（20）	
4	高　程	CHAJ	N（7.3）	m
5	等　级	PNTGRD	C（10）	

（1）图元序号

是指各级测量控制点、山峰高程点的编号。

（2）图元编码

按标准的有关规定填写代码。

（3）点名

填写各级测量控制点、山峰高程点等的汉字名称。无名者不填。

（4）高程

指各级高程控制点、山峰高程点的海拔高程，以米为单位按图中高程注记填写。

（5）等级

填写测量控制点的等级。

2. 首曲线属性表见附表 5.2，各字段含义和填写方法应符合下列规定

附表 5.2　　　　　　　　　　　　　　首曲线属性表

序号	数据项名	数据项代码	数据类型及长度	单　位
1	图元序号	CHFCAC	N（5）	
2	图元编码	CHFCAA	C（6）	
3	高　程	CHAJ	N（6.2）	m

（1）图元序号

是指首曲线的编号。

（2）图元编码

按标准的有关规定填写代码。

（3）高程

是指每条首曲线代表的海拔高程。以米为单位填写。

3. 计曲线属性表见附表 5.3，各字段含义和填写方法应符合下列规定

附表 5.3　　　　　　　　　　　　　　计曲线属性表

序号	数据项名	数据项代码	数据类型及长度	单　位
1	图元序号	CHFCAC	N（5）	
2	图元编码	CHFCAA	C（6）	
3	高　程	CHAJ	N（6.2）	m

（1）图元序号

是指计曲线的编号。

（2）图元编码

按标准的有关规定填写代码。

（3）高程

是指计曲线代表的海拔高程。以米为单位填写。

4. 居民地及设施属性表见附表 5.4，各字段含义和填写方法应符合下列规定

附表 5.4　　　　　　　　　　　　　居民地及设施属性表

序号	数据项名	数据项代码	数据类型及长度	单　位
1	图元序号	CHFCAC	N（5）	
2	图元编码	CHFCAA	C（6）	
3	图元名称	CHFCAD	C（24）	

（1）图元序号

指居民地及设施的图元编号。

（2）图元编码

按标准的有关规定填写代码。

（3）图元名称

填写居民地及设施的汉字名称，无名者不填。

5. 交通属性表见附表 5.5，各字段含义和填写方法应符合下列规定

附表 5.5　　　　　　　　　　　　交通属性表

序号	数据项名	数据项代码	数据类型及长度	单　位
1	图元序号	CHFCAC	N（5）	
2	图元编码	CHFCAA	C（6）	
3	图元名称	CHFCAD	C（24）	
4	技术等级	TCHGRD	C（12）	

（1）图元序号

是指铁路、公路等的图元编号。

（2）图元编码

按标准的有关规定填写代码。

（3）图元名称

填写铁路或公路汉字名称，无名者则填写其在图幅内起点、终点汉字名称。

（4）技术等级

填写铁路或公路的技术等级。

6. 水系属性表见附表 5.6，各字段含义和填写方法应符合下列规定

附表 5.6　　　　　　　　　　　　水系属性表

序号	数据项名	数据项代码	数据类型及长度	单　位
1	图元序号	CHFCAC	N（5）	
2	图元编码	CHFCAA	C（6）	
3	图元名称	CHFCAD	C（24）	
4	河段信息	RVINFO	C（40）	
5	水系等级	HNGRD	C（12）	

（1）图元序号

是指水系的图元编号。

（2）图元编码

按标准的有关规定填写代码。

（3）图元名称

填写河流、海岸线的汉字名称，无名者不填。

（4）河段信息

填写河段相关信息。

（5）水系等级

填写水系的等级。

7. 植被与土质属性表见附表 5.7，各字段含义和填写方法应符合下列规定

附表 5.7　　　　　　　　　　　　植被与土质属性表

序号	数据项名	数据项代码	数据类型及长度	单　位
1	图元序号	CHFCAC	N（5）	
2	图元编码	CHFCAA	C（6）	
3	图元名称	CHFCAD	C（24）	

（1）图元序号

指植被与土质的图元编号。

（2）图元编码

按标准的有关规定填写代码。

（3）图元名称

填写植被与土质的汉字名称，无名者不填。

8. 地貌属性表见附表 5.8，各字段含义和填写方法应符合下列规定

附表 5.8　　　　　　　　　　　　地貌属性表

序号	数据项名	数据项代码	数据类型及长度	单　位
1	图元序号	CHFCAC	N（5）	
2	图元编码	CHFCAA	C（6）	
3	图元名称	CHFCAD	C（24）	

（1）图元序号

是指地貌的图元编号。

（2）图元编码

按标准的有关规定填写代码。

（3）图元名称

填写地貌的汉字名称，无名者不填。

9. 图廓属性表见附表 5.9，各字段含义和填写方法应符合下列规定

附表 5.9 　　　　　　　　　　　　地貌和土质属性表

序号	数据项名	数据项代码	数据类型及长度	单　　位
1	图元序号	CHFCAC	N（5）	
2	图元编码	CHFCAA	C（6）	
3	图元名称	CHFCAD	C（24）	

（1）图元序号

是指图廓的图元编号。

（2）图元编码

按标准的有关规定填写代码。

（3）图元名称

填写图元的汉字名称，无名者不填。

10. 图幅四角点属性表见附表 5.10，各字段含义和填写方法应符合下列规定

附表 5.10 　　　　　　　　　　　　图幅角点属性表

序号	数据项名	数据项代码	数据类型及长度	单　　位
1	图幅角点编号	IDTIC	N（11）	
2	角点 X 坐标	XTIC	N（10.3）	m 或 ddmmss.sss
3	角点 Y 坐标	YTIC	N（11.3）	m 或 dddmmss.sss

（1）图幅角点编号

图幅四角点分别按自西向东、从南而北顺序统一编号填写。

（2）角点 X、Y 坐标

可填写平面坐标值，或地理坐标值。

11. 境界与政区属性表见附表 5.11，各字段含义和填写方法应符合下列规定

附表 5.11 　　　　　　　　　　　　境界与政区属性表

序号	数据项名	数据项代码	数据类型及长度	单　　位
1	图元序号	CHFCAC	N（5）	
2	图元编码	CHFCAA	C（6）	
3	图元名称	CHFCAD	C（30）	

（1）图元序号

是指境界与政区图元的编号。

（2）图元编码

按标准的有关规定填写代码。

（3）图元名称

填写境界与政区的汉字名称。

12. 管线属性表见附表 5.12，各字段含义和填写方法应符合下列规定

附表 5.12　　　　　　　　　　　　　　**管线属性表**

序号	数据项名	数据项代码	数据类型及长度	单　位
1	图元序号	CHFCAC	N（5）	
2	图元编码	CHFCAA	C（6）	
3	图元名称	CHFCAD	C（24）	

（1）图元序号

是指管线的编号。

（2）图元编码

按标准的有关规定填写代码。

（3）图元名称

填写管线的汉字名称，无名者不填。

13. 实测点属性表见附表 5.13，各字段含义和填写方法应符合下列规定

附表 5.13　　　　　　　　　　　　　　**实测点属性表**

序号	数据项名	数据项代码	数据类型及长度	单　位
1	图元序号	CHFCAC	N（5）	
2	图元编码	CHFCAA	C（6）	
3	图元名称	CHFCAD	C（24）	
4	高　程	CHAJ	N（6.2）	m
5	类　别	OBPTGRD	C（12）	

（1）图元序号

指实测点编号。

（2）图元编码

按标准的有关规定填写代码。

（3）图元名称

填写实测点的汉字名称。

（4）高程

指实测点的海拔高程。以米为单位填写。

（5）类别

填写实测点的类别。

14. 水利工程属性表见附表 5.14，各字段含义和填写方法应符合下列规定

附表 5.14 堤线属性表

序号	数据项名	数据项代码	数据类型及长度	单　位
1	图元序号	CHFCAC	N（5）	
2	图元编码	CHFCAA	C（6）	
3	图元名称	CHFCAD	C（24）	

（1）图元序号

指水利工程图元的编号。

（2）图元编码

按标准的有关规定填写代码。

（3）图元名称

填写水利工程的汉字名称，无名者不填。

15. 水文站、水位站、雨量站、蒸发站、地下水测站、水质站、墒情站、流量站等测站属性表见附表 5.15，各字段含义和填写方法应符合下列规定

附表 5.15 测站属性表

序号	数据项名	数据项代码	数据类型及长度	单　位
1	图元序号	CHFCAC	N（5）	
2	图元编码	CHFCAA	C（6）	
3	测站类型	CHFCAA	C（12）	
4	测站名称	STNM	C（20）	
5	测站编码	STCD	C（8）	
6	管理单位	MGDP	C（50）	

（1）图元序号

是指测站的图元序号，由系统自动生成。

（2）图元编码

按标准的有关规定填写代码。

（3）测站类型

填写测站的类型。

（4）测站名称

填写测站的汉字名称。

（5）测站编码

按规定填写测站编码。

（6）管理单位

填写管理单位的汉字名称。

16. 水边线属性表见附表 5.16，各字段含义和填写方法应符合下列规定

附表 5.16　　　　　　　　　　　　水边线属性表

序号	数据项名	数据项代码	数据类型及长度	单　位
1	图元序号	CHFCAC	N（5）	
2	图元编码	CHFCAA	C（6）	

（1）图元序号

是指水边线的图元序号。

（2）图元编码

按标准的有关规定填写代码。

17. 水边线数据层属性表见附表 5.17，各字段含义和填写方法应符合下列规定

附表 5.17　　　　　　　　　　　　水边线数据层属性表

序号	数据项名	数据项代码	数据类型及长度	单　位
1	图元序号	CHFCAC	N（5）	
2	图元编码	CHFCAA	C（6）	
3	高　程	CHAJ	N（6.2）	m
4	测量时间	SDAFAF	T	

（1）图元序号

是指水边线数据点的图元序号，由系统自动生成。

（2）图元编码

按标准的有关规定填写代码。

（3）高程

是指每个水边线数据点代表的海拔高程。以米为单位填写。

（4）测量时间

是指水边线数据点数据采集时间。

18. 水体属性表见附表 5.18，各字段含义和填写方法应符合下列规定

附表 5.18　　　　　　　　　　水体属性表

序号	数据项名	数据项代码	数据类型及长度	单　位
1	图元序号	CHFCAC	N（5）	
2	图元编码	CHFCAA	C（6）	
3	图元名称	CHFCAD	C（24）	

（1）图元序号

指水体的图元序号。

（2）图元编码

按标准的有关规定填写代码。

（3）图元名称

填写水体的汉字名称，无名者不填。

19. 退水口属性表见附表 5.19，各字段含义和填写方法应符合下列规定

附表 5.19　　　　　　　　　　退水口属性表

序号	数据项名	数据项代码	数据类型及长度	单　位
1	图元序号	CHFCAC	N（5）	
2	图元编码	CHFCAA	C（6）	
3	图元名称	CHFCAD	C（24）	

（1）图元序号

指退水口的图元序号。

（2）图元编码

按标准的有关规定填写代码。

（3）图元名称

填写退水口的汉字名称，无名者不填。

20. 水资源分区属性表见附表 5.20，各字段含义和填写方法应符合下列规定

附表 5.20　　　　　　　　　　水资源分区属性表

序号	数据项名	数据项代码	数据类型及长度	单　位
1	图元序号	CHFCAC	N（5）	
2	图元编码	CHFCAA	C（6）	
3	图元名称	CHFCAD	C（24）	

（1）图元序号

指水资源分区的图元序号，由系统自动生成。

（2）图元编码

按标准的有关规定填写代码。

（3）图元名称

填写水资源分区的汉字名称，无名者不填。

21. 水功能区划属性表见附表 5.21，各字段含义和填写方法应符合下列规定

附表 5.21　　　　　　　　　　　　水功能区划属性表

序号	数据项名	数据项代码	数据类型及长度	单　位
1	图元序号	CHFCAC	N（5）	
2	图元编码	CHFCAA	C（6）	
3	图元名称	CHFCAD	C（24）	

（1）图元序号

是指水功能区划的图元序号，由系统自动生成。

（2）图元编码

按标准的有关规定填写代码。

（3）图元名称

填写水功能区划的汉字名称，无名者不填。

22. 蓄滞洪区属性表见附表 5.22，各字段含义和填写方法应符合下列规定

附表 5.22　　　　　　　　　　　　蓄滞洪区属性表

序号	数据项名	数据项代码	数据类型及长度	单　位
1	图元序号	CHFCAC	N（5）	
2	图元编码	CHFCAA	C（6）	
3	图元名称	CHFCAD	C（24）	

（1）图元序号

是指蓄滞洪区的图元序号。

（2）图元编码

按标准的有关规定填写代码。

（3）图元名称

填写蓄滞洪区的汉字名称，无名者不填。

5.2 图 元

5.2.1 编码规则

图元编码应执行 GB/T 13923。代码采用 6 位十进制数字码，分别为按数据顺序排列的大类、中类、小类和子类码，具体代码结构见附图 5.1。

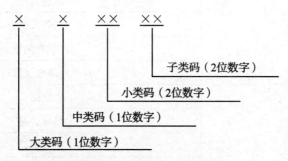

附图 5.1 代码结构示意图

左起第一位为大类码；左起第二位为中类码，在大类基础上细分形成的要素类；左起第三、四位为小类码，在中类基础上细分形成的要素类；左起第五、六位为子类码，在小类基础上细分形成的要素类。

地理信息要素的大类和中类分类宜按附表 5.23 中的规定进行分类。

附表 5.23 地理信息要素的大类与中类分类表

序号	要素大类	要 素 中 类
1	定位基础	测量控制点
		数学基础
2	水系	河流
		沟渠
		湖泊
		水库
		海洋要素
		其他水系要素
		水利及附属设施

续表

序号	要素大类	要素中类
3	居民地及设施	居民地
		工矿及其设施
		农业及其设施
		公共服务及其设施
		名胜古迹
		宗教设施
		科学观测站
		其他建筑物及其设施
4	交通	铁路
		城际公路
		城市道路
		乡村道路
		道路构筑物及附属设施
		水运设施
		航道
		空运设施
		其他交通设施
5	管线	输电线
		通信线
		油、气、水输送主管道
		城市管线
6	境界与政区	国外地区
		国家行政区
		省级行政区
		地级行政区
		县级行政区
		乡级行政区
		其他区域

序号	要素大类	要素中类
7	地貌	等高线
		高程注记点
		水域等值线
		水下注记点
		自然地貌
		人工地貌
8	植被与土质	农林用地
		城市绿地
		土质

5.2.2　图元编码

水文数据的图元编码按附表 5.24 中的规定执行，必要时可参考 GB/T 13923，并按其规定进行扩充。

附表 5.24　　　　　　　　　　图元对象分类代码表

分类代码	图 元 名 称
	定位基础
	测量控制点
110100	平面控制点
110101	大地原点
110102	三角点
110103	图根点
110200	高程控制点
110201	水准原点
110202	水准点
119000	测量控制点注记
	数学基础
120100	内图廓线
120200	坐标网线
120300	经线

续表

分类代码	图 元 名 称
120400	纬线
120500	其他要素
120501	正北方向
120502	外图廓线
120503	比例尺
120504	九宫格
120505	图幅角点
129000	数学基础注记
	水系
	河流
210100	常年河
210101	地面河流
210102	地下河段
210103	地下河段出入口
210104	消失河段
210200	时令河
210300	干涸河（干河床）
210301	河道干河
210302	漫流干河
210400	水边线
210401	水边线（左岸）
210402	水边线（右岸）
219000	河流注记
	沟渠
220800	倒虹吸
221100	正虹吸
	湖泊
230100	常年湖
230101	湖泊
230102	池塘

分类代码	图 元 名 称
230200	时令湖
230300	干涸湖
239000	湖泊注记
	水库
240100	库区
240101	水库
240102	建筑中水库
240103	大型水库
240104	中型水库
240105	小型水库
240200	溢洪道
240300	泄洪口、出水口
249000	水库注记
	其他水系要素
260100	水系交汇处
260200	河、湖岛
260300	沙洲
260400	高水界
260500	岸滩
260600	水中滩
260700	泉
260800	水井
260900	地热井
261000	蓄水池、水窖
261100	瀑布、跌水
261101	急流瀑布
261200	沼泽、湿地
261201	能通行
261201	不能通行
261300	流向

续表

分类代码	图 元 名 称
261301	河流流向
261302	沟渠流向
261303	潮汐流向
261304	海流流向
269000	其他水系要素注记
	水利及附属设施
270100	堤
270101	干堤
270102	一般堤
270103	土堤
270104	石堤
270105	小堤
270106	废堤
270200	闸
270201	水闸
270202	船闸
270203	涵闸
270204	节制闸
270300	扬水站
270400	行、蓄、滞洪区
270500	滚水坝
270600	拦水坝
270601	拦河坝
270602	水库大坝
270700	制水坝
270701	丁坝
270800	加固岸
270801	有防洪墙
270802	无防洪墙
270803	混凝土护岸

续表

分类代码	图元名称
270804	条石护岸
270805	碎石护岸
270900	水文观测设施
270901	气象场
270902	百叶箱
270903	雨量筒
270904	20cm 蒸发器
270905	E601 蒸发器
270906	水尺
270907	自记水位台
270908	地下水观测井
270909	断面桩及断面标志桩
270910	浮标投放器（两端加支架符号）
270911	水文缆车（两端加支架符号）
270912	水文缆道（两端加支架符号）
270913	过河索吊船（两端加支架符号）
270914	水文测桥
270915	钢支架
270916	混凝土支架
270917	木支架
270918	基本水尺断面
270919	基本水尺兼流速仪测流断面
270920	流速仪测流断面
270921	浮标测流断面
270922	比降断面
270923	流速仪兼浮标测流断面
270924	流速仪测流兼比降断面
270925	流速仪兼浮标测流及比降断面
270926	浮标测流兼比降断面
270927	水质监测断面

续表

分类代码	图 元 名 称
270928	水文站站址
270929	调查点
271000	堰
271100	退水口
279000	水利及附属设施注记
	居民地及设施
	科学观测站
370100	科学观测台（站）
370102	水文站
370106	水位站
370107	流量站
370108	验潮站
370109	泥沙站
370110	水质站
370111	雨量站
370112	蒸发站
370113	地下水测站
370114	墒情站
370115	水文辅助站
370116	水位辅助站
	地貌
	等高线
710100	等高线
710101	首曲线
710102	计曲线
719000	等高线注记
	高程注记点
720100	高程点
720200	比高点
720300	特殊高程点

水文数据的图元符号应符合相关标准的规定。

5.3 图幅数据组织

（1）数字栅格地图（DRG）、数字正射影像图（DOM）、数字高程模型（DEM）和数字线划图（DLG）四种数字产品宜以图幅为单位进行管理。

（2）1：5000～1：1000000 比例尺的标准图幅的分幅和编号，应符合《国家基本比例尺地形图分幅和编号》（GB/T 13989）的规定。1：500～1：2000 比例尺的标准图幅的分幅和编号，应符合《1：500 1：1000 1：2000 地形图图式》（GB/T 7929）的规定。

（3）图幅中使用的图式符号宜符合相关国家标准和行业标准，特殊情况下，使用替代符号时，应做出说明。

（4）标准图幅应满足相应比例尺数字化图的几何精度、属性精度、逻辑一致性和完整性的要求。

（5）标准图幅宜以分幅产品为存储单元进行存储。

（6）图幅属性表见下表，各字段含义和填写方法应符合下列规定：

附表 5.25   图幅属性表

序号	数据项名	数据项代码	数据类型及长度	单 位
1	图幅编号	CHAMAC	C（12）	
2	图 名	CHAMAA	C（30）	
3	比例尺	CHAMDB	N（7）	
4	平面系统	CHAG	C（1）	
5	平面系统名称	CHAMAJ	C（30）	
6	高程系统	CHAI	C（1）	
7	高程系统名称	CHAMAK	C（30）	
8	等高距	CTITV	N（4.2）	
9	左下角横坐标	DDAEBE	C（10）	
10	右上角横坐标	DDAEBF	C（10）	
11	左下角纵坐标	DDAEBG	C（9）	
12	右上角纵坐标	DDAEBH	C（9）	
13	成图方法	QDAQ	C（1）	
14	调查单位	QDAE	C（30）	
15	图幅验收单位	QDYGG	C（30）	
16	评分等级	QDYH	C（1）	
17	完成时间	QDAF	T	

续表

序号	数据项名	数据项代码	数据类型及长度	单　位
18	出版时间	DDAEED	T	
19	资料来源	PKIGJ	C（60）	
20	数据采集时间	SDAFAF	T	

1）图幅编号

按 GB/T 13989 和 GB/T 7929 的规定填写。

2）图名

按图幅的汉字名填写。

3）比例尺

指图幅比例尺，填写比例尺分母值。

4）平面系统

指图幅采用的平面系统，按下列代码填写：1—国家大地坐标系统；2—北京坐标系（1954 年北京坐标系）；3—假定坐标系；4—独立坐标系；5—地方坐标系；6—建筑坐标系；7—施工坐标系；8—80 坐标系；9—西安坐标系。未列举出的平面系统可用单个大写英文字母进行编码，但需编制代码与平面系统的对照表。

5）平面系统名称

按图幅所用的平面系统名称填写。

6）高程系统

指图幅采用的高程系统标准，按下列代码填写：1—黄海高程系（1956 年黄海高程系）；2—地方高程系；3—假定高程系；4—独立高程系；5—1985 国家高程基准；6—吴淞基面。未列举出的高程系统可用单个大写英文字母进行编码，但需编制代码与高程系统的对照表。

7）高程系统名称

按图幅所用的高程系统名称填写。

8）等高距

按图幅的固定等高距填写。

9～12）左下角横坐标、右上角横坐标、左下角纵坐标、右上角纵坐标

指图幅四个图廓角点的坐标值。地理坐标，按"度、分、秒"格式填写到 0.1 秒，经度度 3 位、纬度度 2 位、分 2 位、秒 3 位（第 3 位为 1/10 秒）；平面坐标，填写坐标整数位。

13）成图方法

按下列代码填写：1. 实测　2. 编图　3. 测编结合

14）调查单位

指图幅的水文测量承担单位，填写汉字名称。

15）图幅验收单位

指组织图幅验收的单位，填写汉字名称。

16）评分等级

指图幅成果验收时评定的质量等级，按下列代码填写：

1. 优秀　　2. 良好　　3. 合格　　4. 不合格

17）完成时间

指图幅注明的完成时间。

18）出版时间

指图幅注明的出版时间。

19）资料来源

指图幅资料来源，填写汉字。

20）数据采集时间

指图幅数据采集完成时间。

5.4 元 数 据

（1）元数据元素代码应由大写英文字母、连字符（"_"）和数字组成，代码的首字符应是英文字母。

（2）图幅元数据子集的核心元素可按以下规定填写：

1）图幅编号

按 GB/T 13989 和 GB/T 7929 的规定填写。

2）图名

按图幅的汉字名填写。

3）比例尺

指图幅比例尺，填写比例尺分母值。

4）平面系统

指图幅采用的平面系统，按下列代码填写：1—国家大地坐标系统；2—北京坐标系（1954 年北京坐标系）；3—假定坐标系；4—独立坐标系；5—地方坐标系；6—建筑坐标系；7—施工坐标系；8—80 坐标系；9—西安坐标系。未列举出的平面系统可用单个大写英文字母进行编码，但需编制代码与平面系统的对照表。

5）平面系统名称

按图幅所用的平面系统名称填写。

6）高程系统

指图幅采用的高程系统标准，按下列代码填写：1—黄海高程系（1956 年黄海高程系）；2—地方高程系；3—假定高程系；4—独立高程系；5—1985 国家高程基准；6—吴淞基面。未列举出的高程系统可用单个大写英文字母进行编码，但需编制代码与高程系统的对照表。

7）高程系统名称

按图幅所用的高程系统名称填写。

8）左下角横坐标、右上角横坐标、左下角纵坐标、右上角纵坐标。

指图幅四个图廓角点的坐标值。地理坐标，按"度、分、秒"格式填写到 0.1 秒，经度度 3 位、纬度度 2 位、分 2 位、秒 3 位（第 3 位为 1/10 秒）；平面坐标，填写坐标整数位。

9）成图方法

按下列代码填写：1. 实测　　2. 编图　　3. 测编结合

10）调查单位

指图幅的水文测量承担单位，填写汉字名称。

11）图幅验收单位

指组织图幅验收的单位，填写汉字名称。

12）评分等级

指图幅成果验收时评定的质量等级，按下列代码填写：

　　1. 优秀　　　2. 良好　　　3. 合格　　　4. 不合格

13）完成时间

指图幅注明的完成时间。

14）出版时间

指图幅注明的出版时间。

15）资料来源

指图幅资料来源，填写汉字。

16）数据采集时间

指图幅数据采集完成时间。

17）测次

指图幅测绘的测次。

18）投影方式

图幅的投影方式。

19）采集方式

图幅的采集方式。

20）密级

图幅的保密等级

21）项目名称

说明项目的名称。

22）项目类型

说明项目的类型，例如：国家攻关项目、国家自然科学基金、国家计划、部门攻关计划、地方政府部门计划、单位自筹等。

23）使用限制

使用图幅时涉及的隐私权、知识产权的保护，或任何特定的约束、限制或注意事项，如"版权"、"许可证"、"无限制"等。

24）空间表示类型

表示地理信息的方法，包括栅格和矢量两种表示方式。

（3）各类水文信息元数据核心元素可按以下规定填写：

1）数据库名

按实际采用的数据库名称填写。

2）表名

按实际采用的表名填写。

3）起始站码

按表内的最小站码填写。

4）终止站码

按表内的最大站码填写。

5）起始时间

按表内资料的最早时间填写。

6）终止时间

按表内资料的最后时间填写。

7）数据库建设单位

按数据库建设的实际单位填写。

8）验收单位

填写数据库的验收单位。

9）完成时间

填数据库建设的完成时间或验收时间。

10）资料来源单位

填写水文数据（包括水文年鉴等纸记录数据）的来源单位或管理单位。

11）数据提交时间

指数据（数据库或纸记录水文数据）的提交时间。

（4）其他信息的核心元素的填写应符合相关标准的规定。

附录6 数据提交要求

6.1 基础水文数据

数据提交时按《基础水文数据库表结构及标识符标准》（SL 324—2005）以数据库格式或 Excel 表形式提供。

6.2 固定断面监测数据

6.2.1 固定断面测量数据

固定断面测量数据包括固定断面控制成果、断面成果、及断面考证信息等内容。提交成果按照规定的表结构格式提供数据库格式或 Excel 文件。主要数据表如下：

（1）控制成果表 CTPS；

（2）断面标题表 XSHD；

（3）断面成果表 MSXSRS；

（4）参数索引表 XSGGPA；

（5）注解表 RMTB2。

其中：记录数据时，必须填写参数索引表 XSGGPA，将字段 CLS 的取值为 1，即表示记录断面成果表，控制成果表 CTPS 中只对左右岸标有所变动的数据进行更新，其他表则记录每一个项目的各个测次数据，有些表需要填入项目编码。

如提供文本文件（*.dat），则数据格式如下：

1. 断面实测成果

第　行：断面名，测量时间，测次，测点数，平均水位；

第　行：起点标名称，起点标 X 坐标，起点标 Y 坐标；

第　行：对岸标名称，对岸标 X 坐标，对岸标 Y 坐标；

第　行：起点距，高程，说明

第　测点数　　行：起点距，高程，说明。

以下为示例：

J16，2008.03.15，2008—0，28，280.93

L1，3166860.34，35412473.01

R1，3166746.76，35412599.61

-54.8，306.59，围墙上

-46.6，303.41，围墙脚

-33.0，300.93，石

-22.2，299.33，沙

-12.3，297.43，沙

0.0，297.39，L1

12.6，293.07，石

24.0，286.64，石

27.3，284.76，石

31.4，282.46，石

36.7，280.93，左水边

48.6，267.1，

56.2，267.8，

64.5，269.2，

71.7，268.7，

80.6，268.7，

88.3，268.5，

96.9，268.3，

103.7，267.9，

111.6，267.1，

120.2，266.5，

120.2，266.5，

126.9，266.3，

134.7，272.3，

148.6，280.93，右水边

153.3，292.00，石崖

162.3，308.54，石崖

170.7，311.74，R1

2. **断面考证数据**

第 行 断面码，断面名称，断面位置，年份，月日，水系，河名，流入何处，起点标名称，对岸标名称，平面坐标名称，高程基面名称，断面方位角，至参考点累计距离，附注。

......

第 行 断面码，断面名称，断面位置，年份，月日，水系，河名，流入何处，起点标名称，对岸标名称，平面坐标名称，高程基面名称，断面方位角，至参考点累计距离，附注。

以下为示例：

　　LFAC8001993，DW01，，2008，316，长江，大汶溪，金沙江下段，DW01L1，DW01R1，1954 年北京坐标系，1956 年黄海高程系统，119°45′53″，638，

　　LFAC8001983，DW02，，2008，316，长江，大汶溪，金沙江下段，DW02L1，DW02R1，1954 年北京坐标系，1956 年黄海高程系统，74°41′29″，1556，

　　LFAC8001973，DW03，，2008，316，长江，大汶溪，金沙江下段，DW03L1，DW03R1，1954 年北京坐标系，1956 年黄海高程系统，120°02′17″，4281，

　　LFAC8001963，DW04，，2008，316，长江，大汶溪，金沙江下段，DW04L1，DW04R1，1954 年北京坐标系，1956 年黄海高程系统，60°44′56″，5018，

　　LFAC8001953，DW05，，2008，316，长江，大汶溪，金沙江下段，DW05L1，DW05R1，1954 年北京坐标系，1956 年黄海高程系统，43°34′55″，5914，

　　LFA61001993，HJ01，，2008，525，长江，横江，金沙江下段，HJ01L1，HJ01R1，1954 年北京坐标系，1956 年黄海高程系统，176°10′05″，283，

　　LFA61001983，HJ02，，2008，525，长江，横江，金沙江下段，HJ02L1，HJ02R1，1954 年北京坐标系，1956 年黄海高程系统，92°50′24″，1384，

　　LFA02007533，J100，，2008，305，长江，金沙江，长江干流，J100L1，J100R1，1954 年北京坐标系，1956 年黄海高程系统，226°16′52″，152164，

　　LFA02007523，J101，，2008，305，长江，金沙江，长江干流，J101L1，J101R1，1954 年北京坐标系，1956 年黄海高程系统，208°59′57″，153679。

　　3. 断面控制成果

　　第　行　标正名，标别名，年份，月日，平面控制等级，纵（X），横（Y），平面施测日期，高程控制等级，高程，高程施测日期，平面坐标名称，高程基面名称，起点距，标志类型，附注。

　　……

　　第　行　标正名，标别名，年份，月日，平面控制等级，纵（X），横（Y），平面施测日期，高程控制等级，高程，高程施测日期，平面坐标名称，高程基面名称，起点距，标志类型，附注。

　　以下为示例：

　　JH01L1，，2008，201，E，3052678.635，35325073.724，2008.02，四等，539.810，2008.02，1954 年北京坐标系，1956 年黄海高程系统，0.0，石刻，零点标

　　JH01R1，，2008，201，E，3052669.727，35324988.006，2008.02，四等，537.684，2008.02，1954 年北京坐标系，1956 年黄海高程系统，86.2，石刻，

　　JH02L1，，2008，201，图根，3053526.685，35324602.043，2008.02，图根，552.593，2008.02，1954 年北京坐标系，1956 年黄海高程系统，0.0，石刻，零点标

　　JH02R1，，2008，201，E，3053434.256，35324570.711，2008.02，四等，556.714，2008.02，1954 年北京坐标系，1956 年黄海高程系统，97.6，石刻，

　　JH02P，，2008，201，E，3053431.338，35324637.284，2008.02，四等，541.492，2008.02，1954 年北京坐标系，1956 年黄海高程系统，，石刻。

6.2.2　水文泥沙监测数据

固定断面水文泥沙监测数据按照规定的表结构格式提供数据库格式或 Excel 文件。主要数据表如下：

(1) 水尺考证表 GGDV；

(2) 参数索引表 XSGGPA；

(3) 水文泥沙成果总表 TOTAL；

(4) 实测水位表 OBZ；

(5) 流速成果表 OBV；

(6) 含沙量成果表 OBCS；

(7) 悬沙粒径分析成果表 SSDSAN；

(8) 床沙粒径分析成果表 BLDSAN；

(9) 计量单位表 MSUN2；

(10) 注解表 RMTB2；

(11) 泥沙级配成果表 DSAN；

(12) 泥沙级配统计说明表 DSANNT；

(13) 断面试坑泥沙级配成果表 DSAN_SK；

(14) 断面试坑泥沙级配统计说明表 DSANNT_SK。

6.2.3　异重流、干容重数据

异重流测验成果按照规定的表结构格式提供数据库格式或 Excel 文件。主要数据表如下：

(1) 异重流测验成果表 DENSITY_CURRENT；

(2) 泥沙级配成果表 DSAN；

(3) 泥沙级配统计说明表 DSANNT；

(4) 断面试坑泥沙级配成果表 DSAN_SK；

(5) 断面试坑泥沙级配统计说明表 DSANN_SK。

干容重数据按照规定的表结构格式提供 Excel 文件。主要数据表如下：

(1) 泥沙级配成果表 DSAN；

(2) 泥沙级配统计说明表 DSANNT；

(3) 断面试坑泥沙级配成果表 DSAN_SK；

(4) 断面试坑泥沙级配统计说明表 DSANN_SK。

6.2.4　断面试坑泥沙数据

断面试坑泥沙数据按照规定的表结构格式提供数据库格式或 Excel 文件。主要数据表如下：

(1) 断面试坑泥沙级配成果表 DSAN_SK；

(2) 断面试坑泥沙级配统计说明表 DSANN_SK。

说明：断面监测数据涉及的有些表格中，需要填入项目编码，其编码规则参见2.2.4，具体编码见附件。

6.3 金沙江下游基本信息

金沙江下游基本信息按照规定的表结构格式提供 EXCEL 文件。主要数据表如下：

（1）河流基本信息表 RIVER_INFO；

（2）水电站工程基本信息表 HYDROPW _INFO；

（3）大坝信息表 DAM _INFO；

（4）发电站信息表 POWERSTATION_INFO；

（5）水电站工程水文特征表 HYDROLOGY_FEATURE；

（6）施工信息表 CONTRUCTION_INFO；

（7）水库特征表 RESERVOIR_FEATURE；

（8）水库信息表 RESERVOIR_INFO；

（9）灾害信息表 HAZARD_INFO；

（10）电站进沙数据 HYDROPW_SEDIMENT。

6.4 地 形 数 据

地形数据主要是指控制测量和地形观测的数字化成果，数字化成果以 AUTOCAD 中的＊.DWG格式提供。地形数据的图幅分层满足下表分层要求。对于实测点、等高线等具备高程属性的图形要素，CAD 图中一般应填写其高程（标高或 Z 值）。等高线应为多线段（而非三维多线段），一个测次的地形数据应同时提供该测次的测量范围图，并提供有关地形测验项目的名称、时间、批次等信息。

附表 6.1　　　　　　　　　　　图幅分层表

序　号	层　名	说　明
1	测量控制点层	赋高程属性
2	首曲线层	赋高程属性
3	计曲线层	赋高程属性
4	居民地及设施层	
5	水利工程层	
6	交通层	
7	水系层	
8	植被与土质层	
9	地貌层	

续表

序 号	层 名	说 明
10	图廓层	
11	图幅四角点坐标层	
12	境界与政区层	
13	管线层	
14	基础地理注记层	
15	陡坎层	
16	断面线层	
17	深泓线层	
18	洲滩岸线层	
19	雨量蒸发站层	
20	流态层	
21	实测点层	赋高程属性
22	水文测站层	
23	水边线层	
24	水边线数据层	赋高程属性
25	水体层	
26	堤线层	赋高程属性
27	水文注记层	

6.5 河床组成勘测调查数据

河床组成勘测调查数据以数据库格式或 Excel 文件提供，具体表结构见本文档 3.4 节。主要数据表如下：

（1）河床组成勘测调查控制成果表 KKPS；

（2）河床组成勘测调查泥沙级配成果表 KSAN；

（3）河床组成勘测调查泥沙级配统计表说明表 KSANNT。

6.6 档 案 数 据

档案数据主要包括本系统开发中形成的一系列技术文档、会议纪要，及相关水文泥沙观测文档资料、规范资料、相关分析研究报告、历史资料、相关主题资料文件等。可以 Word 文档、扫描件、照片、图片、视频、录音等多种形式提交，主要以二进制格式存储。提交档案时应同时填写档案类型、题名、关键字、中文摘要、英文摘要、编制单位、编制时间、全宗号、归档年度、保管期限、件号、密级、备注等相关信息。

参 考 文 献

［1］汤国安，赵牡丹，杨昕等．地理信息系统（第二版）［M］．北京：科学出版社，2010.

［2］黄岚岚，孙丽云．地理信息系统在水利信息化中的应用与发展［J］．河南科技，2008（12）.

［3］李纪人．地理信息系统在水利中的应用［J］．中国水利，2001（7）.

［4］肖乐斌，钟耳顺，刘纪元，宋关福．GIS概念数据模型的研究［J］．武汉大学学报，2001，26（5）：387～392.

［5］陈华，郭生练等．地理信息系统中的水文数据模型研究与探讨［J］．长江科学院院报，2005，22（2）：32～34.

［6］David R, Maidment. Arc Hydro GIS for water resource［M］. California：ESRI Press, 2002：56.

［7］易卫华．基于Arc Hydro数据模型构建宛川河流域水文数据库［D］．兰州：兰州大学，2007.

［8］吕凯．元胞自动机的研究及模型的建立［D］．哈尔滨：哈尔滨理工大学，2007.

［9］常保华．动态水面场景建模与绘制［D］．青岛：中国海洋大学，2007.

［10］顾新晔．地理信息系统中时空数据变化模型和算法研究［D］．上海：华东师范大学，2007.

［11］Maune, D. F., Digital elevation model technologies and applications：the DEM users manual［M］. 2007：Asprs Pubns.

［12］Ai, T., The drainage network extraction from contour lines for contour line generalization［J］. ISPRS Journal of Photogrammetry and Remote Sensing, 2007. 62（2）：pp. 93-103.

［13］Palacios-Velez, O. L. and B. Cuevas-Renaud, Automated river-course, ridge and basin delineation from digital elevation data［J］. Journal of Hydrology, 1986. 86（3）：pp. 299-314.

［14］Jones, N. L. and S. G. Wright, Watershed Delineation with Triangle—Based Terrain Models［J］. Journal of Hydraulic Engineering, 1990. 116：p. 1232.

［15］Lindsay, J. B. and I. F. Creed, Distinguishing actual and artefact depressions in digital elevation data［J］. Computers & Geosciences, 2006. 32（8）：pp. 1192-1204.

［16］Peucker, T. K. and D. H. Douglas, Detection of Surface-Specific Points by Local Parallel Processing of Discrete Terrain Elevation Data［J］. Computer Graphics and Image Processing, 1975. 4（4）：pp. 375-387.

［17］ Lindsay，J. B. and I. F. Creed，Removal of artifact depressions from digital elevation models：towards a minimum impact approach ［J］. Hydrological processes，2005. 19（16）：pp. 3113-3126.

［18］ O'Callaghan，J. F. and D. M. Mark，The extraction of drainage networks from digital elevation data ［J］. Computer Vision，Graphics，and Image Processing，1984. 28（3）：pp. 323-344.

［19］郑子彦，张万昌，邰庆国. 基于 DEM 与数字化河道提取流域河网的不同方案比较研究 ［J］. 资源科学，2009（10）.

［20］李苏军，杨冰，吴玲达，海浪建模与绘制技术综述 ［J］，计算机应用研究，2008，25（3）：666～669.

［21］尚晶晶. Direct3D 游戏开发与技术详解 ［M］. 北京：人民邮电出版社，2006.

［22］沃特. 3D 计算机图形学 ［M］. 北京：机械工业出版社，2009.

［23］朱思蓉，吴华意. Arc Hydro 水文数据模型 ［J］. 测绘与空间地理信息，2006，9（5）：87～90.

［24］漆炜. 金沙江下游流域水流泥沙信息管理与分析研究 ［D］. 武汉大学博士学位论文，2012.

［25］赵庆亮. 基于 Arc Hydro 数据模型的金沙江下游水文数据管理研究 ［D］. 武汉大学硕士学位论文，2012.

［26］刘静波. 基于元胞自动机的河道槽蓄量计算方法研究 ［D］. 武汉大学硕士学位论文，2011.

［27］童俊涛. 虚拟地理环境中河流建模与渲染的研究 ［D］. 武汉大学硕士学位论文，2011.

［28］蒲慧龙. 不规则河道水面实时建模与绘制 ［D］. 武汉大学硕士学位论文，2010.

［29］王伟，王鹏，陈能成，谢俊. 一种面向大区域不规则河道的水流仿真方法 ［J］. 武汉大学学报信息科学版，2011（5）.

［30］中国长江三峡集团公司. 金沙江下游梯级水电站水文泥沙监测与研究规划大纲，2006.

［31］中国长江三峡集团公司. 金沙江下游梯级水电站水文泥沙监测与研究实施规划，2006.

［32］龚健雅，杜清运，李清泉，朱庆，朱欣焰，王伟，王艳东. 当代地理信息技术 ［M］. 北京：科学出版社，2004.

［33］陈述彭，鲁学军，周成虎. 地理信息系统导论 ［M］. 北京：科学出版社，1999.

［34］龚健雅. 地理信息系统基础. 北京：科学出版社，2001.

［35］GOODCHILD M F. Geographic Information Science ［J］. Geogra-phic Information Science，1992，6（3）：31～36.

［36］李德仁. 21 世纪遥感和 GIS 的发展 ［J］. 中国测绘，2011.

［37］龚健雅，林珲. 论虚拟地理环境 ［J］. 测绘学报，2002.

［38］常虹. 基于 GIS 的发展历程与趋势研究 ［J］. 武汉商业服务学院学报，2007.

[39] 李爱民，何正国. 万维网 GIS 的若干关键技术及实现［J］. 测绘通报，2004（11）：38～39.

[40] 刘建英，徐爱萍. 网格 GIS 中空间信息描述语言的研究［J］. 科技导报，2006，24（6）：46～47.

[41] 孙杭，孙芳. 浅谈可视化 3 维 GIS［J］. 测绘与空间地理信息，2009，32（4）：131～132.

[42] 刘明皓，夏英，袁正午等. 地理信息系统导论［M］. 重庆：重庆大学出版社，2010.

[43] 张正栋，邱国峰，郑春燕等. 地理信息系统原理、应用与工程［M］. 武汉：武汉大学出版社，2006.

[44] 刘刚，周炳俊，安铭刚等. 时态 GIS 理论及其数据模型初探［J］. 北京测绘，2007（4）：16～20.

[45] 陶宏才. 数据库原理及设计［M］. 北京：清华大学出版社，2004.

[46] 杨海霞. 数据库原理与设计［M］. 北京：人民邮电出版社，2007.

[47] 冯飞. 数据库原理［M］. 北京：清华大学出版社，2008.